思科系列丛书

路由与交换技术精要与实践

蒋建峰　刘　源　编著

電子工業出版社
Publishing House of Electronics Industry
北京 · BEIJING

内 容 简 介

本教材针对高职高专学生的认知特点以及高职高专教育的培养目标、特点和要求，全面介绍了路由与交换的精要技术和实践技能，根据改版更新后的思科网络技术 CCNA RS 版本及 CCNA 认证考试要求，合理安排教学与实验内容。全书共 10 章，第 1 章主要介绍思科路由器的概念、特点、内部结构和工作原理以及设备的基本操作技能；第 2 章介绍路由的概念以及静态路由的基本配置；第 3 章主要介绍 RIP 协议的工作原理和主要数据包的格式以及 RIP 协议的相关配置；第 4 章介绍 EIGRP 协议的工作原理与配置以及相关专业术语；第 5 章介绍 OSPF 协议的工作原理和相关配置命令；第 6 章详细介绍交换机的工作原理和相关基本操作；第 7 章介绍虚拟局域网与中继的关系、中继协商策略以及配置；第 8 章介绍传统 VLAN 间路由实现方式与三层交换原理；第 9 章介绍生成树协议的工作原理以及几种生成树协议的操作；第 10 章介绍下一代网络 IPv6 的特点以及在下一代网络中运用的各种协议原理与配置，包括 RIPng、IPv6 EIGRP、OSPFv3 等。

本教材既可作为高职高专计算机网络专业的教材，也可作为对计算机网络技术感性趣的相关专业技术人员和广大自学者的参考书。

图书在版编目（CIP）数据

路由与交换技术精要与实践 / 蒋建峰，刘源编著. —北京：电子工业出版社，2017.1
（思科系列丛书）

ISBN 978-7-121-30412-5

Ⅰ. ①路… Ⅱ. ①蒋… ②刘… Ⅲ. ①计算机网络－路由选择－高等学校－教材②计算机网络－信息交换机－高等学校－教材 Ⅳ. ①TN915.05

中国版本图书馆 CIP 数据核字（2016）第 280658 号

策划编辑：宋　梅
责任编辑：宋　梅
印　　刷：北京捷迅佳彩印刷有限公司
装　　订：北京捷迅佳彩印刷有限公司
出版发行：电子工业出版社
　　　　　北京市海淀区万寿路 173 信箱　邮编　100036
开　　本：787×980　1/16　印张：21.5　字数：482 千字
版　　次：2017 年 1 月第 1 版
印　　次：2024 年 8 月第 8 次印刷
定　　价：66.00 元

凡所购买电子工业出版社图书有缺损问题，请向购买书店调换。若书店售缺，请与本社发行部联系，联系及邮购电话：（010）88254888，88258888。

质量投诉请发邮件至 zlts@phei.com.cn，盗版侵权举报请发邮件至 dbqq@phei.com.cn。

本书咨询联系方式：mariams@phei.com.cn。

前　言

本教材是苏州工业园区服务外包学院江苏省示范教材建设项目，编著者长期从事网络技术专业的教学工作，同时也与业内知名企业合作紧密，在技能型人才培养方面有着独到的经验。本教材旨在提供一本理论与实践一体化教材，充分体现技能培养。

本教材内容安排以基础性和实践性为重点，力图在讲述路由与交换相关协议工作原理的基础上，注重对学生的实践技能培养，本教材的主要特色是教学内容设计做到了理论与技术应用对接，具有鲜明的专业教材特色。在理论上，把各个协议的原理讲述透彻；在实验设计方面，以实际工程应用为基础，体现与实际工程接轨，是一本以真实设备与仿真软件相结合编写的双语教材。

全书共 10 章。

第 1 章主要介绍思科路由器的概念、特点、内部结构和工作原理以及设备的基本操作技能。

第 2 章介绍路由的概念以及静态路由的基本配置。

第 3 章主要介绍 RIP 协议的工作原理和主要数据包的格式以及 RIP 协议的相关配置。

第 4 章介绍 EIGRP 协议的工作原理和相关专业术语以及配置。

第 5 章介绍 OSPF 协议的工作原理以及相关配置命令。

第 6 章详细介绍交换机的工作原理以及相关基本操作。

第 7 章介绍虚拟局域网与中继的关系、中继协商策略以及配置。

第 8 章介绍传统的 VLAN 间路由实现方式以及三层交换的原理。

第 9 章介绍生成树协议的工作原理以及几种生成树协议的操作。

第 10 章介绍下一代网络 IPv6 的特点以及在下一代网络中运用的各种协议原理与配置，包括 RIPng、IPv6 EIGRP、OSPFv3 等。

本教材作为苏州工业园区服务外包学院江苏省示范教材建设项目成果，第 1～5、10 章由蒋建峰老师撰稿，第 6～9 章由刘源老师撰稿，全书由蒋建峰老师修改定稿。参加本书编写工作的还有杜梓平、丁慧洁、蒋建锋和张娴。特别感谢思科公司华东区经理张冉和南京建策公司培训经理吉旭对编写工作的支持。

本教材配套有教学资源 PPT 课件，如有需要，请登录电子工业出版社华信教育资源网（www.hxedu.com.cn），注册后免费下载。

由于作者水平有限，书中难免存在错误和疏漏之处，敬请各位老师和同学指正，可发送邮件至 alaneroson@126.com。

编 著 者
2016 年 12 月

目　　录

第1章 >>>

路由器与基本配置

本章要点

- Cisco 路由器
- Cisco 路由器 IOS 模式
- 实训一：路由器基本配置
- 实训二：配置文件与 IOS 管理
- 实训三：路由器密码恢复

路由器（Router），是目前连接互联网和局域网的主要网络设备，通过路由表选择最佳路径顺序发送信号。路由器是互联网的枢纽，广泛应用于各种行业服务。目前，路由器的厂商和产品多样，本章主要介绍思科路由器的结构、启动过程、命令行，以及基本配置。

1.1 Cisco 路由器

思科是互联网的巨头，其网络设备路由器是智能信息网络的基础，为当前最核心的网络服务，如视频、IP 电话、金融业务等提供了一流的服务质量（QoS）。

思科的设备型号众多，如 Cisco 820/830 系列，适合小型远程办公机构；Cisco 1800 系列，适合小型企业和分支机构；Cisco 2800 系列，适合中小型企业和分支机构。本书所有路由实训将以 Cisco 2800 系列路由器为例。

1.1.1 Cisco 路由器介绍

路由器是一台小型的计算机，和常用的 PC 一样，其基本的硬件包括 CPU、RAM、ROM、FLASH；另外，和 PC 不同的是路由器还有一个特殊的存储部件 NVRAM，以及基本的网络连接接口：WAN 接口和 LAN 接口。路由器工作除了需要基本硬件支持外，也需要其自身的操作系统 IOS 支持。

路由器的各个部件及其基本功能如下所述。

- **CPU**：中央处理器，执行操作系统指令，主要负责路由的计算；
- **RAM**：随机存储器，又称内存，存储 CPU 执行的指令和数据，包括操作系统、运行配置文件（Running Configuration File）、IP 路由表、ARP 缓存、数据包缓存；
- **ROM**：只读存储器，存放诊断软件和引导程序，还可以存放精简版的 IOS；
- **NVRAM**：非易失性随机存储器，思科设备用来存放启动配置文件（Startup Configuration File）；
- **Flash**：闪存，用于存放 Cisco IOS；
- **Interface**：接口，连接广域网和局域网。

1.1.2 路由器的启动过程

路由器的启动过程主要有以下几个阶段。

① POST：加电自检。

② 加载 Bootstrap 程序。

③ 查找操作系统（IOS）。

④ 加载操作系统（IOS）。

⑤ 查找启动配置文件（Startup Configuration File）。

⑥ 加载启动配置文件（Startup Configuration File）。

图 1-1 显示了路由器启动的主要过程。

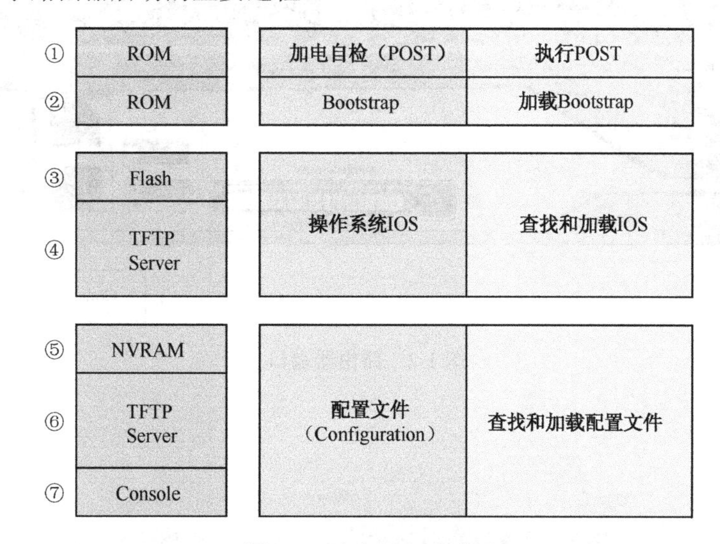

图 1-1　路由器启动过程

1.1.3　路由器的访问方式

路由器可以通过多种方式访问 CLI 环境，最常见的方法有以下几种。

- 控制台（Console）;
- Telnet;
- SSH;
- AUX 端口。

1. 通过控制台访问

控制台端口是一种管理端口，可以通过该端口对思科设备进行外带访问。如图 1-2 所示是 Cisco2800 系列的 2811 型号路由器的各个端口。通过控制台访问路由器需要一条 Console 线缆，如图 1-3 所示，一端（Com 接口）连接计算机的 Com 接口，另一端连接路由器的 Console 接口。

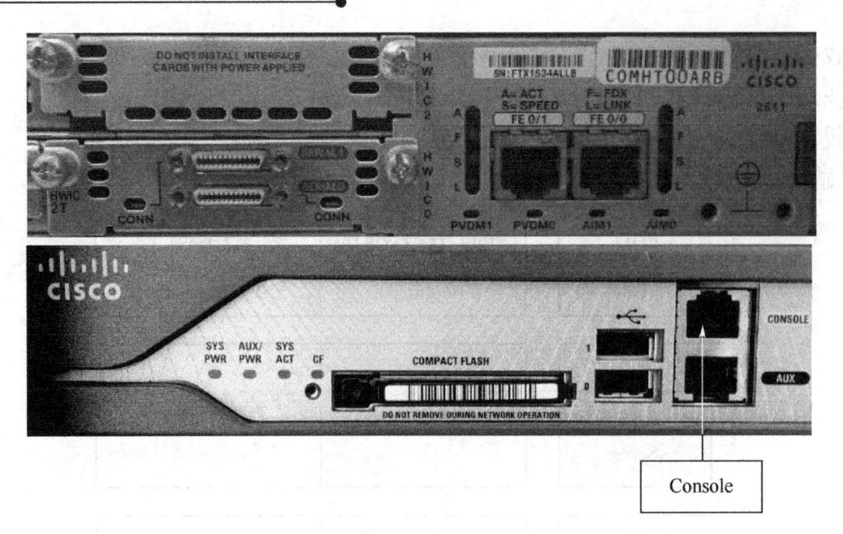

图 1-2　路由器端口

图 1-3　Console 线缆

2. 通过 Telnet 访问

Telnet 是通过虚拟连接在网络中建立远程设备的 CLI 会话方法。利用 Telnet 建立远程会话需要事先在设备上配置远程登录线路，并且给设备的接口配置 IPv4 地址，这样用户能够从 Telnet 客户端输入命令远程连接设备。

3. 通过 SSH 访问

安全外壳协议（SSH）提供与 Telnet 相同的远程登录功能，不同之处在于，当 Telnet 远程登录时，连接通信过程中的信息是不加密的，而 SSH 提供了更加严格的身份验证，采取加密手段，使用户 ID、密码等信息在传输过程中保持私密。

4. 通过 AUX 访问

AUX（路由器辅助端口）连接方法通过调制解调器进行拨号实现连接。

1.2　Cisco 路由器 IOS 模式

Cisco IOS 是一种模式化的操作系统，每个模式有各自的工作领域。对于这些模式，CLI（Command-Line interface）采用了层次结构。

- 用户执行模式：（Router>）路由器名字后面是一个“>”符号，仅允许一些基本的查看类型 IOS 命令；
- 用户特权模式：（Router#）路由器名字后面是一个“#”符号，允许登录到特权模式执行访问 IOS 的命令，特权模式还可以对路由器的配置进行保存；
- 全局配置模式：[Router（config）#]，路由器后面有 config 单词，此模式下可以执行路由器的各种配置；
- 其他配置模式：在路由器全局配置模式下可以进入其他各个高级配置模式或子模式。

表 1-1 展示了 IOS 的主要配置模式。

表 1-1　IOS 主要配置模式

配置模式	描述	提示符
用户执行模式	基本查看，远程访问	Router>
用户特权模式	详细查看，调试测试，文件处理，远程访问	Router#
全局配置模式	全局配置	Router(config)#
其他配置模式	特定服务配置	Router(config-mode)#

1.3　实训一：路由器基本配置

【实验目的】

- 根据图片和要求搭建网络拓扑；
- 完成设备的基本配置，如名字、特权密码、远程登录密码、控制台密码、标识信息、加密密码、禁止域名解析、禁止控制台超时、控制台信息回显等。
- 配置和激活路由器接口。
- 验证配置。

【实验拓扑】

实验拓扑如图 1-4 所示。

设备参数如表 1-2 所示。

图 1-4 实验拓扑

表 1-2 设备参数表

设 备	接 口	IP 地址	子网掩码	默认网关
R1	Fa0/0	192.168.1.1	255.255.255.0	N/A
	Loopback0	10.10.10.10	255.255.255.255	N/A
PC	NIC	192.168.1.100	255.255.255.0	192.168.1.1

【实验内容】

1. 执行路由器基本配置

根据之前 1.1.3 介绍，用 Console 线缆连接路由器和 PC，如果是 Windows XP，可以通过开始菜单—附件—通信里的超级终端登录设备。Windows 7 以上高版本的操作系统没有超级终端附件，可以通过安装第三方软件如 SecureCRT 来实现。安装好后打开 SecureCRT 软件，设置连接参数如图 1-5 所示，其中 Port（本机端口 COM1）须根据实际计算机上设备参数设置。（本书之后实验都是通过 SecureCRT 软件访问设备的）

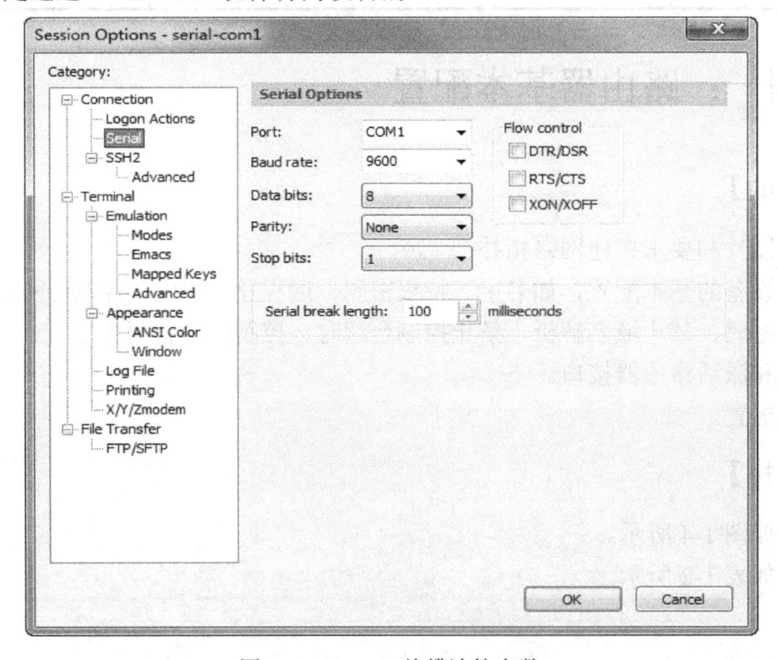

图 1-5 Console 线缆连接参数

路由器开机后，如果是新的设备，会出现如下的对话框，询问是否要初始化配置。必须输入“no”，结束对话框，进入路由器控制台，如下所示。

```
        --- System Configuration Dialog ---
Would you like to enter the initial configuration dialog? [yes/no]: no
Router>
Router>enable                                   //输入命令 enable 进入用户特权模式
Router#
Router# configure terminal
//输入命令 configure terminal 进入全局配置模式
Router(config)#
Router(config)# hostname R1
//配置路由器名字为 R1
R1(config)# no ip domain-lookup
//禁止域名解析
R1(config)#banner motd #Need Password!#
//配置标识信息“Need Password!”
```

（1）配置控制台相关信息

```
R1(config)#line console 0
//配置控制台密码，0 表示每次只能 1 个用户登录控制台
R1(config-line)#password cisco
R1(config-line)#logging synchronous
//控制台消息回显
R1(config-line)#exec-timeout 0 0
//配置控制台永不超时
R1(config-line)#login
//启用登录进程，否则密码不生效
R1(config-line)#exit
//退到上一层模式
```

（2）配置远程登录信息

```
R1(config)#line vty 0 4
//配置远程登录密码 0 4，表示每次可以有 5 个用户远程登录设备，路由器可以支持 0~988 个虚拟终端
R1(config-line)#password cisco
R1(config-line)#login
R1(config-line)#exit
```

（3）配置特权密码及加密

```
R1(config)#enable password cisco123
//配置特权模式密码，此密码不加密
R1(config)#enable secret cisco
//配置特权模式密码，此密码加密，当两个特权模式密码都配置时，enable secret 密码生效
R1(config)#service password-encryption
//把所有密码加密，默认情况下，远程登录密码和控制台密码等都是以明文形式存储的
```

（4）配置接口信息

```
R1(config)#interface fastEthernet 0/0
//进入接口，并配置 IP 地址和子网掩码
R1(config-if)#ip address 192.168.1.1 255.255.255.0
R1(config-if)#description Link to LAN          //接口描述“Link to LAN”
R1(config-if)#no shutdown
//路由器接口默认情况下是关闭的，需手动开启
R1(config)#interface loopback 0
*Mar 15 00:41:21.519: %LINEPROTO-5-UPDOWN: Line protocol on Interface Loopback0, changed state to up
//环回接口创建后自动开启，环回接口比较稳定，适合于之后的各种协议工作
R1(config-if)#ip address 10.10.10.10 255.255.255.255
R1(config-if)#end
//无论当前属于何种模式，使用 end 命令可以退到特权模式
```

（5）保存配置

```
R1#copy running-config startup-config
//保存当前配置，也可以用命令 write 保存
Destination filename [startup-config]?
Building configuration...
[OK]
```

（6）验证路由器版本信息

```
查看版本信息
R1#show version
Cisco IOS Software, 2800 Software (C2800NM-ADVENTERPRISEK9-M), Version 12.4(22)T, RELEASE SOFTWARE (fc1)   //IOS 版本
Technical Support: http://www.cisco.com/techsupport
```

```
Copyright (c) 1986-2008 by Cisco Systems, Inc.
Compiled Fri 10-Oct-08 00:05 by prod_rel_team
ROM: System Bootstrap, Version 12.4(13r)T11, RELEASE SOFTWARE (fc1)   //ROM 版本信息
R1 uptime is 3 minutes                                                 //启动时间
System returned to ROM by reload at 01:03:56 UTC Tue Mar 15 2016       //启动信息
System image file is "flash:c2800nm-adventerprisek9-mz.124-22.T.bin"   //IOS
(------省略部分输出------)
Cisco 2811 (revision 53.50) with 512000K/12288K bytes of memory.       //RAM
Processor board ID FTX1534ALLM                        //处理器
2 FastEthernet interfaces                             //两个快速以太网接口
2 Serial(sync/async) interfaces                       //两个串行接口
1 Virtual Private Network (VPN) Module
DRAM configuration is 64 bits wide with parity enabled.
191K bytes of non-volatile configuration memory.               //NVRAM
126976K bytes of ATA CompactFlash (Read/Write)                 //Flash
Configuration register is 0x2102                               //启动配置寄存器
```

（7）查看路由器当前配置信息

```
R1#show running-config
Building configuration...
Current configuration : 1284 bytes
version 12.4
service timestamps debug datetime msec
service timestamps log datetime msec
service password-encryption
hostname R1
enable secret 5 $1$PM0p$PaxBbdmh45SG/nroKRpj21
enable password 7 094F471A1A0A464058
no ip domain lookup
username cisco password 7 03550958525A77
interface Loopback0
 ip address 10.10.10.10 255.255.255.255
interface FastEthernet0/0
 description Link to LAN
 ip address 192.168.1.1 255.255.255.0
 duplex auto
 speed auto
```

```
(------省略部分输出------)
banner motd ^CNeed Password!^C
line con 0
 exec-timeout 0 0
 password 7 060506324F41
 logging synchronous
 login
line aux 0
line vty 0 4
 password 7 05080F1C2243
 login
transport input all
end
//路由器的当前配置信息，运行时保存在 RAM 中
```

（8）查看路由器启动配置文件

```
R1#show startup-config
Using 1284 out of 196600 bytes
!
version 12.4
service timestamps debug datetime msec
service timestamps log datetime msec
service password-encryption
!
hostname R1
logging message-counter syslog
enable secret 5 $1$PM0p$PaxBbdmh45SG/nroKRpj21
enable password 7 094F471A1A0A464058
(------省略部分输出------)
```

//路由器的启动配置文件，保存在 NVRAM 中，NVRAM 是思科特有的存储器，其他厂商的配置文件一般保存在 Flash 中。

（9）查看接口信息

```
R1#show interfaces fastEthernet 0/0
FastEthernet0/0 is up, line protocol is down
  Hardware is MV96340 Ethernet, address is d0c2.8254.6810 (bia d0c2.8254.6810)
//接口二层信息
```

```
  Description: Link to LAN
  Internet address is 192.168.1.1/24
//接口三层信息
  MTU 1500 bytes, BW 100000 Kbit/sec, DLY 100 usec,
     reliability 255/255, txload 1/255, rxload 1/255
 //接口最大传输单元，传送带宽、延迟、可靠性、负载等信息
 Encapsulation ARPA, loopback not set
  Keepalive set (10 sec)
  Auto-duplex, Auto Speed, 100BaseTX/FX
  ARP type: ARPA, ARP Timeout 04:00:00
  Last input never, output 00:00:08, output hang never
  Last clearing of "show interface" counters never
  Input queue: 0/75/0/0 (size/max/drops/flushes); Total output drops: 0
  Queueing strategy: fifo
  Output queue: 0/40 (size/max)
  5 minute input rate 0 bits/sec, 0 packets/sec
  5 minute output rate 0 bits/sec, 0 packets/sec
     0 packets input, 0 bytes
     Received 0 broadcasts, 0 runts, 0 giants, 0 throttles
     0 input errors, 0 CRC, 0 frame, 0 overrun, 0 ignored
     0 watchdog
     0 input packets with dribble condition detected
     244 packets output, 14725 bytes, 0 underruns
     0 output errors, 0 collisions, 0 interface resets
     0 unknown protocol drops
     0 babbles, 0 late collision, 0 deferred
     0 lost carrier, 0 no carrier
     0 output buffer failures, 0 output buffers swapped out
```

（10）查看串行接口信息

```
R1#show controllers serial 0/0/0
Interface Serial0/0/0
Hardware is GT96K
DTE V.35idb at 0x480F3634, driver data structure at 0x480F4B68
//此接口是 V.35 DTE 接口，如果是 DCE 接口，需要配置时钟，在高版本的 IOS 中，时钟信息已经默认配置在 DCE 接口
```

（11）查看接口三层信息

```
R1#show ip interface fastEthernet 0/0
FastEthernet0/0 is up, line protocol is up
  Internet address is 192.168.1.1/24
  Broadcast address is 255.255.255.255
  Address determined by non-volatile memory
  MTU is 1500 bytes
  Helper address is not set
  Directed broadcast forwarding is disabled
  Outgoing access list is not set
  Inbound   access list is not set
(------省略部分输出------)
```

（12）查看所有三层接口简要信息

```
R1#show ip interface brief
Interface              IP-Address      OK? Method Status                Protocol
FastEthernet0/0        192.168.1.1     YES NVRAM  up                    up
FastEthernet0/1        unassigned      YES NVRAM  administratively down down
Serial0/0/0            unassigned      YES NVRAM  administratively down down
Serial0/0/1            unassigned      YES NVRAM  administratively down down
SSLVPN-VIF0            unassigned      NO  unset  up                    up
Loopback0              10.10.10.10     YES NVRAM  up                    up
```

2. 过滤查看命令

默认情况下，生成的输出命令会显示 24 行，最底下会显示“--More--”，按下回车，或者空格键显示下一组输出，我们可以通过参数过滤输出。

（1）Section

显示从过滤表达式开始的整个部分。

```
R1#show running-config | section line con       //输出 line con 这个部分
line con 0
 exec-timeout 0 0
 password 7 060506324F41
 logging synchronous
 login
R1#
```

（2）Include

包括符合过滤表达式的输出。

```
R1#show ip interface brief | include up          //只显示包括 UP 的接口
FastEthernet0/0          192.168.1.1     YES NVRAM  up                    up
SSLVPN-VIF0              unassigned      NO  unset  up                    up
Loopback0                10.10.10.10     YES NVRAM  up                    up
R1#
```

（3）Exclude

排除符合过滤表达式的输出。

```
R1#show ip interface brief | exclude up          //排除 UP 的接口
Interface                IP-Address      OK? Method Status                Protocol
FastEthernet0/1          unassigned      YES NVRAM  administratively down down
Serial0/0/0              unassigned      YES NVRAM  administratively down down
Serial0/0/1              unassigned      YES NVRAM  administratively down down
R1#
```

（4）Begin

从符合表达式的行开始。

```
R1#show running-config | begin vty               //从 VTY 开始
line vty 0 4
 password 7 05080F1C2243
 login local
 transport input ssh
!
scheduler allocate 20000 1000
end
R1#
```

3. 验证 Telnet 功能

通过 SecureCRT 建立一个 Telnet 连接，如图 1-6 所示，利用环回接口地址连接。因为环回接口比较稳定。输入控制台密码、特权模式密码登录路由器，如图 1-7 所示。

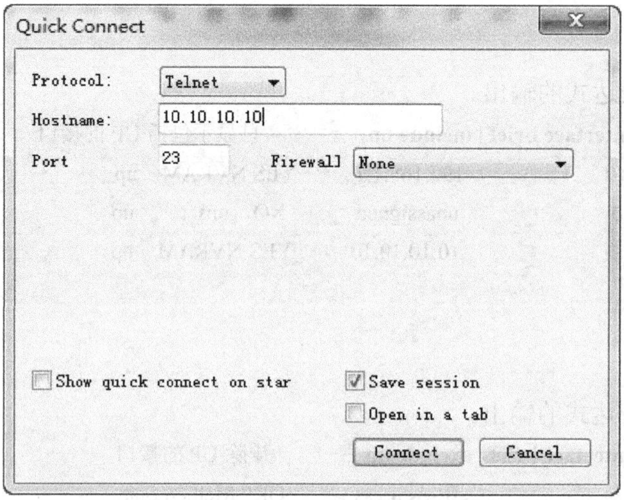

图 1-6　Telnet 连接

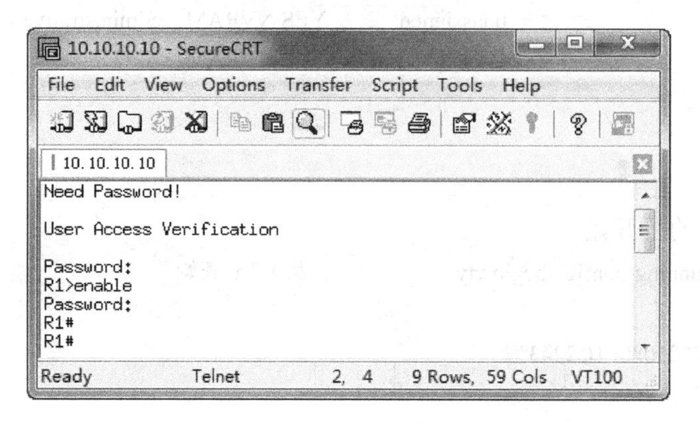

图 1-7　远程登录路由器

4. 验证 SSH 功能

开启路由器 SSH 功能。

R1(config)#**username cisco password 0 123456**
//创建本地账号用户名和密码
R1(config)#**ip domain-name** cisco.com　　//创建域名
R1(config)#**crypto key generate rsa**　　//创建密钥
The name for the keys will be: R1.cisco.com
Choose the size of the key modulus in the range of 360 to 2048 for your
General Purpose Keys. Choosing a key modulus greater than 512 may take
a few minutes.

```
How many bits in the modulus [512]: 1024                    //生成 1024bit 密钥
% Generating 1024 bit RSA keys, keys will be non-exportable...[OK]
*Mar 15 02:40:41.815: %SSH-5-ENABLED: SSH 1.99 has been enabled
R1(config)#ip ssh version 2                                 //开启版本 2
R1(config)#line vty 0 4
R1(config-line)#transport input ssh                         //允许 SSH 登录
R1(config-line)#login local                                 //使用本地账号登录
R1(config-line)#exit
```

通过 SecureCRT 建立一个 SSH 连接，如图 1-8 所示，利用环回接口地址连接。因为环回接口比较稳定。输入用户名和密码登录路由器，如图 1-9 所示，验证用户名和密码后，登录到路由器，如图 1-10 所示。

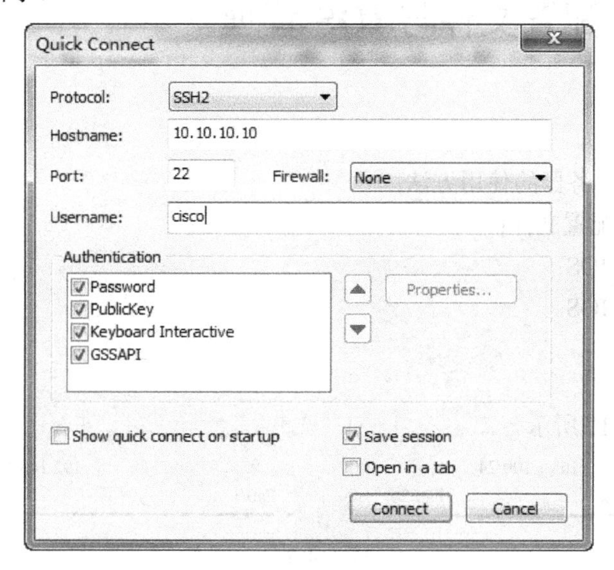

图 1-8　SSH 连接对话框

图 1-9　用户名和密码验证

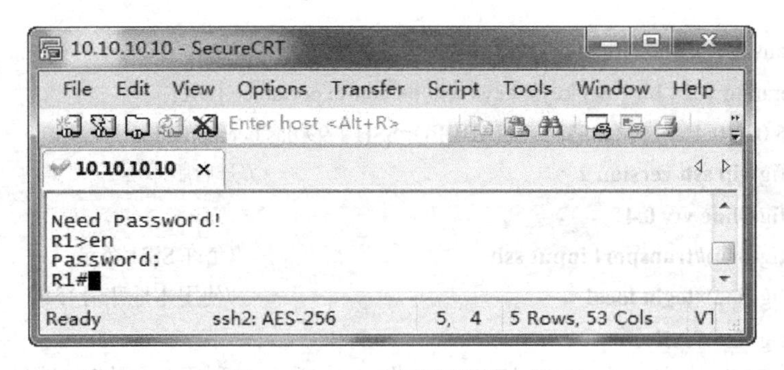

图 1-10　SSH 远程登录路由器

1.4　实训二：配置文件与 IOS 管理

【实验目的】

- 掌握 TFTP 服务器的使用方法；
- 备份路由器配置文件；
- 备份路由器 IOS；
- 还原路由器 IOS。

【实验拓扑】

实验拓扑如图 1-11 所示。

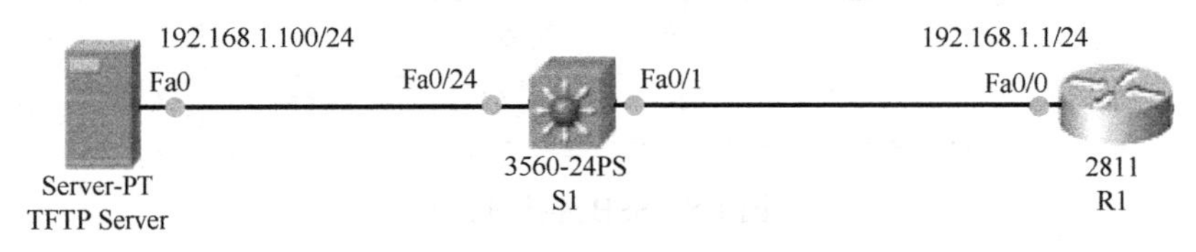

图 1-11　实验拓扑

设备参数如表 1-3 所示。

表 1-3　设备参数表

设　备	接　口	IP 地址	子网掩码	默认网关
R1	Fa0/0	192.168.1.1	255.255.255.0	N/A
TFTP Server	NIC	192.168.1.100	255.255.255.0	192.168.1.1

【实验准备】

TFTP 服务器软件准备：Cisco 公司出品的 TFTP 服务器，常用于 Cisco 路由器的 IOS 升级与备份工作，也可用于个人建立 TFTP 服务器，进行文件传输，如图 1-12 所示。默认情况下 TFTP 服务器以本机网卡的 IP 地址作为服务器地址。

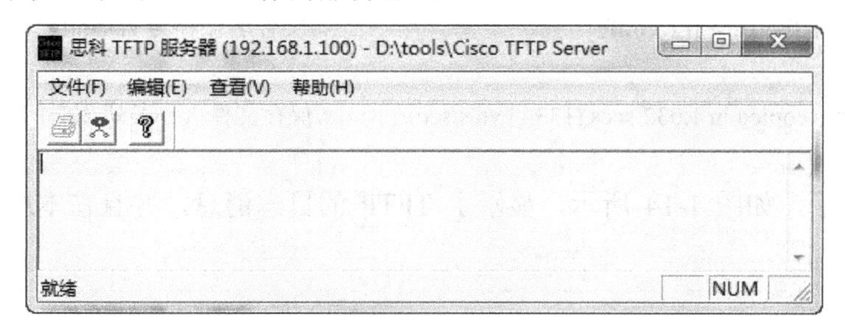

图 1-12　Cisco TFTP Server

打开配置对话框，设置服务器的日志路径和文件路径，如图 1-13 所示。

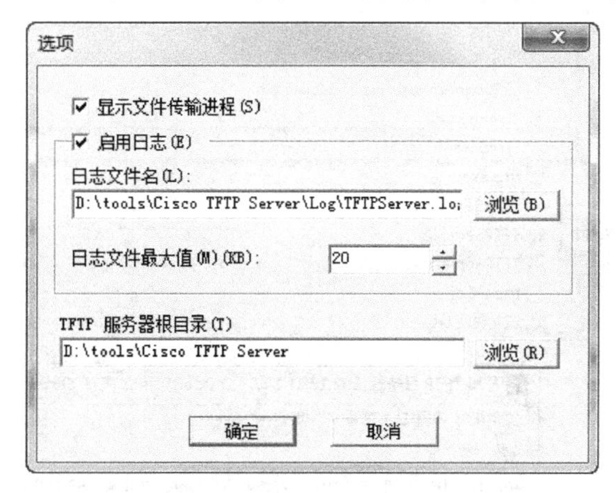

图 1-13　TFTP 配置对话框

【实验内容】

1.4.1　配置文件管理

1. 备份路由器配置文件

首先完成路由器的基本信息配置，主要是接口 IP 地址，并且保证 PC 的 IP 地址已经设置完成，与路由器接口在同一网段。

```
R1(config)#interface fastEthernet 0/0
R1(config-if)#ip address 192.168.1.1 255.255.255.0
R1(config-if)#no shutdown
R1(config-if)#end
```

```
R1#copy running-config tftp:                          //配置文件保存到 TFTP
Address or name of remote host []? 192.168.1.100      //输入 TFTP 服务器的地址
Destination filename [r1-confg]?                      //文件名保存为 r1-confg
!!
1377 bytes copied in 1.032 secs (1334 bytes/sec)      //保存文件大小及所用时间
R1#
```

保存完成之后，如图 1-14 所示，显示了 TFTP 的日志消息，并且在本地目录下面有一个 r1-confg 的文件。

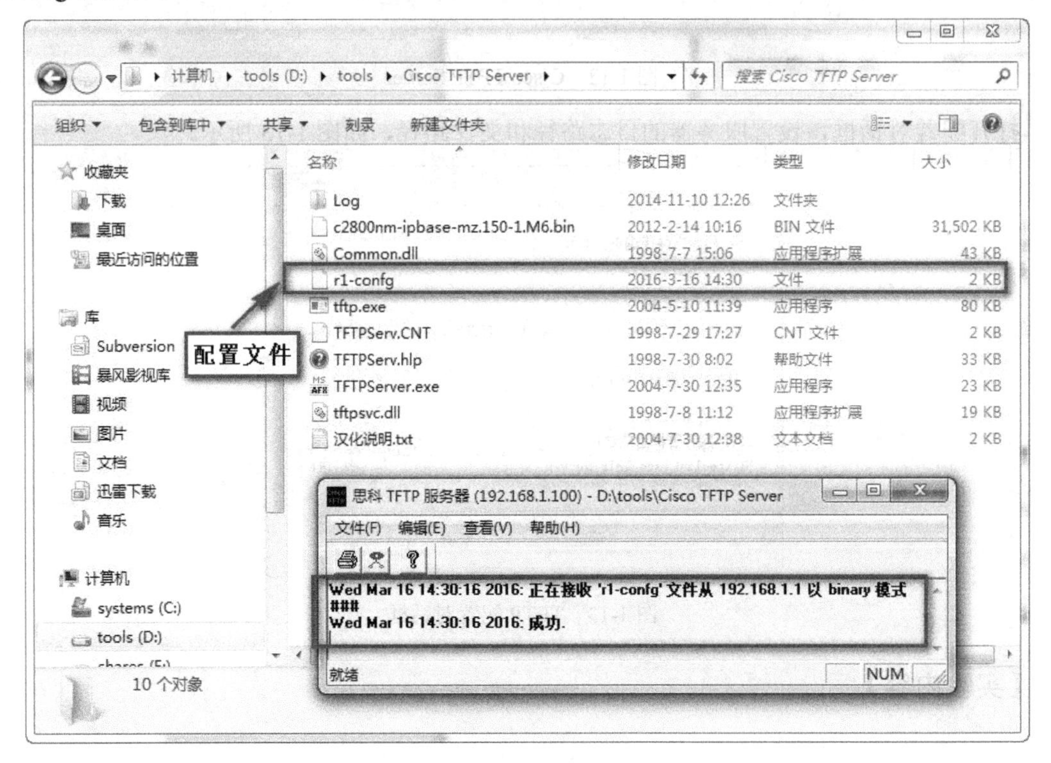

图 1-14　TFTP 保存的文件

2. 还原路由器配置文件

```
R1#copy tftp running-config
Address or name of remote host [192.168.1.100]?       //如果没有 IP 地址需自行输入
Source filename [r1-confg]?                           //如果没有名字需输入文件名
Destination filename [running-config]?
Accessing tftp://192.168.1.100/r1-confg...
Loading r1-confg from 192.168.1.100 (via FastEthernet0/0): !
```

```
[OK - 1377 bytes]
1377 bytes copied in 0.924 secs (1490 bytes/sec)
R1#
```

1.4.2　路由器 IOS 管理

1. 备份 IOS

Cisco IOS 默认情况下是存储在 Flash 中，首先，用命名查看 Flash 中的 IOS 名字。

```
R1#show flash:
-#- --length-- -----date/time------ path
1           0 Oct 31 2012 02:06:46 ips
2     8662169 Oct 31 2012 02:46:12 ips/IOS-S399-CLI.pkg
3      288444 Oct 31 2012 02:32:30 ips/Router-sigdef-default.xml
4         255 Oct 31 2012 02:18:18 ips/Router-sigdef-delta.xml
5        8509 Oct 31 2012 02:22:14 ips/Router-sigdef-typedef.xml
6       34761 Oct 31 2012 02:22:16 ips/Router-sigdef-category.xml
7         304 Oct 31 2012 02:18:20 ips/Router-seap-delta.xml
8         491 Oct 31 2012 02:18:20 ips/Router-seap-typedef.xml
9    11085111 Oct 28 2013 01:26:38 ips/IOS-S456-CLI.pkg
10          0 Apr 27 2013 03:19:36 ipsdir
11        727 Oct 28 2013 01:35:58 ipsdir/R3-sigdef-default.xml
12        255 Oct 28 2013 01:35:58 ipsdir/R3-sigdef-delta.xml
13       4365 Oct 28 2013 01:36:00 ipsdir/R3-sigdef-typedef.xml
14       1469 Oct 28 2013 01:36:00 ipsdir/R3-sigdef-category.xml
15        304 Oct 28 2013 01:36:00 ipsdir/R3-seap-delta.xml
16        491 Oct 28 2013 01:36:00 ipsdir/R3-seap-typedef.xml
17        727 Oct 27 2014 06:31:52 ipsdir/R1-sigdef-default.xml
18        255 Oct 27 2014 06:31:54 ipsdir/R1-sigdef-delta.xml
19       4365 Oct 27 2014 06:31:54 ipsdir/R1-sigdef-typedef.xml
20       1469 Oct 27 2014 06:31:54 ipsdir/R1-sigdef-category.xml
21        304 Oct 27 2014 06:31:54 ipsdir/R1-seap-delta.xml
22        491 Oct 27 2014 06:31:56 ipsdir/R1-seap-typedef.xml
23       2900 Aug 18 2011 13:43:04 cpconfig-2811.cfg
24    2941440 Aug 18 2011 13:43:26 cpexpress.tar
25       1038 Aug 18 2011 13:43:34 home.shtml
26     115712 Aug 18 2011 13:43:42 home.tar
27     527849 Aug 18 2011 13:43:52 128MB.sdf
```

```
28      1697952 Aug 18 2011 13:44:10 securedesktop-ios-3.1.1.45-k9.pkg
29       415956 Aug 18 2011 13:44:24 sslclient-win-1.1.4.176.pkg
30     58246016 Jul 21 2012 00:41:46 c2800nm-adventerprisek9-mz.124-22.T.bin
31     11085111 Oct 27 2014 06:03:40 IOS-S456-CLI.pkg
34525184 bytes available (95227904 bytes used)
```

然后，备份 IOS 到 TFTP 服务器。

```
R1#copy flash: tftp:
Source filename []? c2800nm-adventerprisek9-mz.124-22.T.bin
//输入需备份的 IOS 名字，可以事先复制名字
Address or name of remote host []? 192.168.1.100
//TFTP 服务器地址
Destination filename [c2800nm-adventerprisek9-mz.124-22.T.bin]?
//确认备份的 IOS 名字
!!!!!!!!!!!!!!!!!!!!!!!!!!!!!!!!!!!!!!!!!!!!!!!!!!!!!!!!!!!!!!!!!!!!!!!!!!!!!!!!!!!!!!!!!!!!!!!!!!!!!!!!!!!!!!!!!!!!!!!!!!!
!!!!!!!!!!!!!!!!!!!!!!!!!!!!!!!!!!!!!!!!!!!!!!!!!!!!!!!!!!!!!!!!!!!!!!!!!!!!!!!!!!!!!!!!!!!!!!!!!!!!!!!!!!
58246016 bytes copied in 238.228 secs (244497 bytes/sec)
R1#
```

如图 1-15 所示，在 TFTP 服务器的目录下面，路由器的 IOS 已经成功备份。

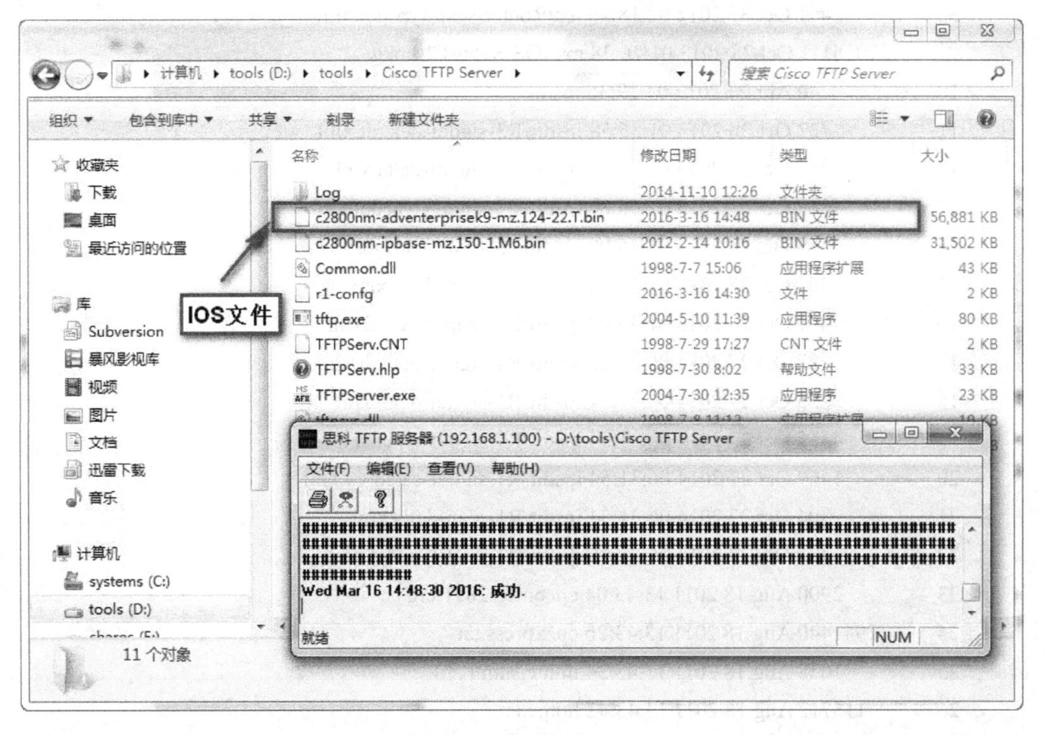

图 1-15 成功备份 IOS

2. 恢复 IOS

为了演示路由器 IOS 的还原操作，我们首先在路由器中用命令删除 Flash 中的 IOS，这样没有 IOS 路由器是无法启动的。

```
R1#delete flash:
Delete filename []? c2800nm-adventerprisek9-mz.124-22.T.bin
Delete flash:c2800nm-adventerprisek9-mz.124-22.T.bin? [confirm]
R1#reload
(------省略部分输出------)
Readonly ROMMON initialized
Entering rommon> prompt after several failed attempts to boot an IOS image.
Please check your internal/external flash drives for the correct IOS image
and issue 'reset' at the rommon> prompt to re-try the boot process.
rommon 1 >
//由于路由器的 IOS 已经删除，所以无法正常启动，路由器会进入 rommon 模式，此刻必须恢复路由器 IOS，由于我们已经把 IOS 备份到 TFTP 服务器，所以可以直接使用该 IOS 文件，否则你必须把 IOS 文件放到 TFTP 服务器的相关目录下
```

路由器的 IOS 恢复有多种方法，下面介绍从 TFTP 服务器恢复路由器 IOS

```
rommon 1 > IP_ADDRESS=192.168.1.1                    //路由器接口使用的 IP 地址
rommon 2 > IP_SUBNET_MASK=255.255.255.0              //子网掩码
rommon 3 > DEFAULT_GATEWAY=192.168.1.100             //网关指向 TFTP 服务器就行
rommon 4 > TFTP_SERVER=192.168.1.100                 //指定 TFTP 服务器地址
rommon 5 > TFTP_FILE=c2800nm-adventerprisek9-mz.124-22.T.bin  //指定 IOS 文件
rommon 6 > tftpdnld                                  //开始从 TFTP 服务器下载 IOS
        IP_ADDRESS: 192.168.1.1
        IP_SUBNET_MASK: 255.255.255.0
        DEFAULT_GATEWAY: 192.168.1.100
         TFTP_SERVER: 192.168.1.100
         TFTP_FILE: c2800nm-adventerprisek9-mz.124-22.T.bin
         TFTP_VERBOSE: Progress
         TFTP_RETRY_COUNT: 18
         TFTP_TIMEOUT: 7200
         TFTP_CHECKSUM: Yes
         TFTP_MACADDR: d0:c2:82:54:68:10
         FE_PORT: Fast Ethernet 0
         FE_SPEED_MODE: Auto
Invoke this command for disaster recovery only.
WARNING: all existing data in all partitions on flash: will be lost!
```

```
Do you wish to continue? y/n:  [n]:  yes
//确认开始恢复IOS，此过程需要花费十几分钟，所有的命令注意大小写
.......
Receiving c2800nm-adventerprisek9-mz.124-22.T.bin from 192.168.1.100!!!!!!!!!!!!!!!!!!!!!!!!!!
(------省略部分输出------)
File reception completed.
Validating checksum.
Copying file c2800nm-adventerprisek9-mz.124-22.T.bin to flash:.
program load complete, entry point: 0x8000f000, size: 0xcb80
Format: All system sectors written. OK...
Format: Operation completed successfully.
Format of flash: complete
program load complete, entry point: 0x8000f000, size: 0xcb80
rommon 7 > reset                              //重新启动路由器
```

1.5 实训三：路由器密码恢复

【实验目的】

- 路由器密码恢复；
- 验证配置。

【实验拓扑】

实验拓扑继续使用图 1-4 所示。

【实验内容】

当网络管理员忘记或者不知道路由器的密码时，就须要恢复密码，恢复密码实际上是修改原有的密码，并不能查出原来的密码，须要关闭路由器电源重新启动。

PC 与路由器 Console 口相连，关闭电源重启路由器，启动时同时按住**【Ctrl】**+**【Break】**键，进入 rommon 模式。

```
System Bootstrap, Version 12.4(13r)T11, RELEASE SOFTWARE (fc1)
Technical Support: http://www.cisco.com/techsupport
Copyright (c) 2009 by cisco Systems, Inc.
Initializing memory for ECC
.....
c2811 platform with 524288 Kbytes of main memory
Main memory is configured to 64 bit mode with ECC enabled
```

```
Readonly ROMMON initialized
program load complete, entry point: 0x8000f000, size: 0xcb80
program load complete, entry point: 0x8000f000, size: 0xcb80
monitor: command "boot" aborted due to user interrupt
rommon 1 > confreg 0x2142
//改变启动配置寄存器，使得路由器启动时不去寻找加载启动配置文件
You must reset or power cycle for new config to take effect
rommon 2 > reset
//重新启动，重启后提示是否要进行初始配置对话，输入“no”，进入控制台
Router>enable
Router#copy startup-config running-config
Destination filename [running-config]?
1377 bytes copied in 0.868 secs (1586 bytes/sec)
//把启动配置文件加载到内存中，然后进入全局配置模式修改信息，包括各种密码，这样其他的配置信息还保存着。也可以用命令“erase startup-config”删除原有的启动配置文件，进行全新配置
R1#configure terminal
R1(config)#enable secret cisco
R1(config)#config-register 0x2102
//需要把启动配置寄存器改回来，否则每次启动都不读取配置；也可以重新启动进入 rommon 模式，以同样的方法修改
R1(config)#end
R1#write    //保存配置
Building configuration...
[OK]
R1#reload    //重启
```

第2章 >>>

静态路由

本章要点

- IP 路由基础
- 直连路由与静态路由
- 实训一：IPv4 静态路由
- 实训二：IPv4 汇总静态路由与默认路由
- 实训三：路由负载均衡与浮动静态路由

路由器是工作在网络层的网络互连设备，其主要的作用是在互联网上转发数据包。路由器根据数据包中的目的地 IP 地址，查看路由表，然后决定一条最佳路径转发数据。路由表是路由器工作的核心，存储在路由器的 RAM 中，路由表的形成主要有两种方式：静态设定与动态生成。静态设定就是通过配置路由器静态路由的方式完成。本章主要介绍路由器配置静态路由的方法。

2.1 IP 路由基础

2.1.1 路由协议（Routing Protocol）

互联网上的路由协议众多，根据路由算法对网络变化的适应能力，主要分为以下两种类型。

① 静态路由选择策略：非自适应路由选择，其特点是简单，开销较小，但不能及时适应网络状态的变化。

② 动态路由选择策略：自适应路由选择，其特点是能较好地适应网络状态的变化，但实现起来较为复杂，开销也比较大。

动态路由器协议由分为以下两类。

① 内部网关协议（Interior Gateway Protocol，IGP）：IGP 是在一个自治系统内部使用的路由选择协议，目前这类路由选择协议使用得最多，如 RIP 和 OSPF 协议。

② 外部网关协议（External Gateway Protocol，EGP）：EGP 是在自治系统之间使用的路由协议，若源站和目的站处在不同的自治系统中，当数据报传到一个自治系统的边界时，就需要使用一种协议将路由选择信息传递到另一个自治系统中，这样的协议就是 EGP。在外部网关协议中，目前使用最多的是 BGP-4。

2.1.2 路由表（Routing Table）

路由是指为每个到达网关接口的数据包做出转发决定的过程。将数据包转发到目的地网络，路由器需要有到那个网络的路由条目。如果在路由器上目的网络的路由条目不存在，数据包就会被转发到默认网关。如果没有默认网关，则数据包就会被丢弃。而路由器中转发数据包所依据的路由条目就组成了路由器的路由表。

1. 路由器的路由表存储的信息

① 直连网络：这些路由条目来自于路由器的活动接口。当接口配置了 IP 地址并且已经激活时，路由器将会直接将接口所在的网络条目加入到路由表。路由器的每一个接口都连接了不同的网络。

② 远程网络：这些路由条目来自于连接到本路由器的其他路由器的远程网络。通向这些网络的路由条目可以由网络管理员手动安排，或者配置动态路由让路由器自动学习并且计算到

达远程网络的路径。

2. 路由器的路由表条目中包括的主要信息

- 目的网络；
- 与目的网络相关的度量；
- 到达目的网络需要经过的下一跳 IP 地址。

在 Cisco IOS 路由器上，查看路由器路由表的命令是 show ip route。路由器还提供了其他路由信息，包括路由信息是如何交换的，每隔多少时间交换一次信息等。

如图 2-1 所示拓扑，并且已配置好动态路由协议 OSPF。

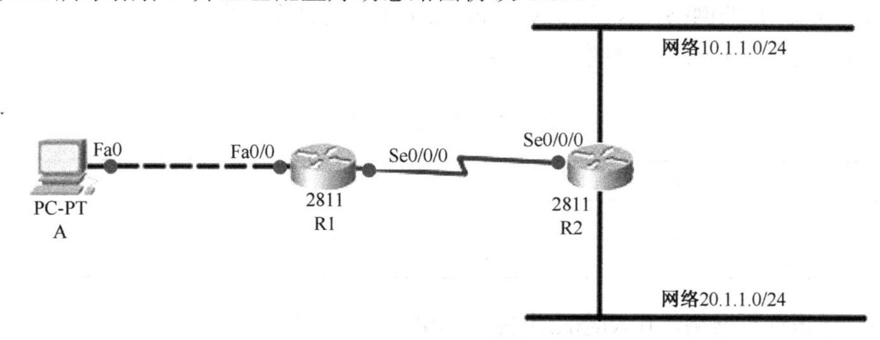

图 2-1　拓扑结构

在路由器 R1 上查看路由表，输入命令 show ip route，查看结果如下所示。

```
R1#show ip route
Codes: C - connected, S - static, R - RIP, M - mobile, B - BGP
       D - EIGRP, EX - EIGRP external, O - OSPF, IA - OSPF inter area
       N1 - OSPF NSSA external type 1, N2 - OSPF NSSA external type 2
       E1 - OSPF external type 1, E2 - OSPF external type 2
       i - IS-IS, su - IS-IS summary, L1 - IS-IS level-1, L2 - IS-IS level-2
       ia - IS-IS inter area, * - candidate default, U - per-user static route
       o - ODR, P - periodic downloaded static route

Gateway of last resort is not set

C    192.168.12.0/24 is directly connected, Serial0/0/0
     20.0.0.0/32 is subnetted, 1 subnets
O       20.1.1.1 [110/65] via 192.168.12.2, 00:01:21, Serial0/0/0
     10.0.0.0/32 is subnetted, 2 subnets
O       10.1.1.1 [110/65] via 192.168.12.2, 00:01:21, Serial0/0/0
C    192.168.1.0/24 is directly connected, FastEthernet0/0
```

从 R1 的路由表中可以看出，直连路由条目有 2 条，如表 2-1 所示。远程网络也有条路由条目，如表 2-2 所示。

表 2-1 直连路由条目

Type	Network	Port	Next Hop IP	Metric
C	192.168.12.0/24	Serial0/0/0	---	0/0
C	192.168.1.0/24	FastEthernet0/0	---	0/0

- C：标识直连网络。接口配置好并且激活后，条目将自动转入路由器路由表。
- Network：目的网络，is directly connected 代表是直连网络。
- Port：端口，表示连接的路由器的接口。

表 2-2 远程路由条目

Type	Network	Port	Next Hop IP	Metric
O	10.1.1.1/24	Serial0/0/0	192.168.12.2	110/65
O	20.1.1.1/24	Serial0/0/0	192.168.12.2	110/65

- O：标识远程网络，由动态路由协议 OSPF 学习得到。
- Next Hop IP：下一跳 IP 地址，指示到达目的地网络需要经过的接口 IP 地址。
- Metric：度量，到达目的网络需要的开销，不同的路由协议计算机度量的参数不同，OSPF 主要以带宽作为衡量参数。

2.1.3 度量（Metric）

度量是动态路由协议用来衡量达到远程网络开销的值。如果使用相同的路由协议，当到达目的地网络有多条路径时，路由器就会寻找一条最佳路径，选择的依据就是根据度量的值。一般情况下，度量值越小，路径越优。

在 IPv4 网络中，路有协议的度量值一般由以下参数确定。

- 跳数（Hop count）：经过路由器的个数，每经过一个路由器，跳数加一。
- 带宽（Bandwidth）：标识信号传输的数据传输能力，主要是指单位时间内通过链路的数据量。
- 开销（Cost）：链路上的消耗，带宽越大，开销越小。此度量主要用于 OSPF 路由协议。
- 延迟（Delay）：数据传输通过链路时的时间消耗。
- 负载（Load）：链路的数据容量
- 可靠性（Reliability）：通常指数据链路上的数据传输错误率。

对于不同的路由协议，使用的度量值也是不同的，表 2-3 展示了不同路由协议度量的相关参数。

表 2-3　路由协议度量参数

	RIP	IGRP&EIGRP	ISIS&OSPF
跳数	√		
带宽		√	√
开销			√
延迟		√	
负载		√	
可靠性		√	

2.1.4　负载均衡（Load Balance）

当去往目的网络有多条路径，并且每条路径上的度量值相同时，路由器就会执行负载均衡，即数据被平均分配到每条链路上传输。如图 2-2 所示，R1 路由器去往目的地网络 192.168.1.0 有两条路径可以走，网络使用 RIP 路由协议，R1 去往目的网络的两条路径度量值都是 2，所以路由器会执行负载分担。

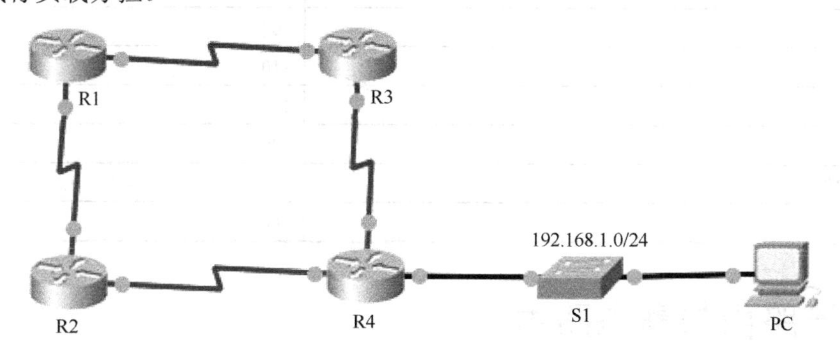

图 2-2　负载负担拓扑结构

R1 路由器的路由表如下所示，达到目的网络有两个下一跳地址。

```
R1#show ip route
(------省略部分输出------)

C 172.16.0.0/16 is directly connected, Serial2/0
C 172.17.0.0/16 is directly connected, Serial3/0
R 172.18.0.0/16 [120/1] via 172.16.0.2, 00:00:11, Serial2/0
R 172.19.0.0/16 [120/1] via 172.17.0.1, 00:00:09, Serial3/0
R 192.168.1.0/24 [120/2] via 172.17.0.1, 00:00:09, Serial3/0
                 [120/2] via 172.16.0.2, 00:00:11, Serial2/0
```

```
R1#
```

2.1.5 管理距离（Administrative Distance）

管理距离（Administrative Distance，AD）是用来说明路由协议优先级的参数。当路由器配置多种路由协议时，去往相同目的地网络可以通过多种路由协议到达，这时路由器就会根据路由优先级来选择。Cisco 的管理距离值范围从 0～255，数值越小，优先级越大。管理距离为 0，优先级最高；管理距离 255，优先级最低。路由协议的管理距离值也是可以改动的。各个路由协议默认的管理距离参数如表 2-4 所示。

表 2-4　管理距离默认值

路由来源	管理距离
直连路由	0
静态路由	1
EIGRP 汇总路由	5
外部 BGP	20
内部 EIGRP	90
IGRP	100
OSPF	110
IS-IS	115
RIP	120
外部 EIGRP	170
内部 BGP	200

2.2 直连路由与静态路由

2.2.1 直连路由（Connected Route）

新部署的路由器的接口默认都是关闭的，只有一个空路由表。当路由器的接口配置好后，路由器接口的网络就会加入路由表。搭建如图 2-3 所示拓扑，首先开启调试信息，配置接口，观察路由表变化。

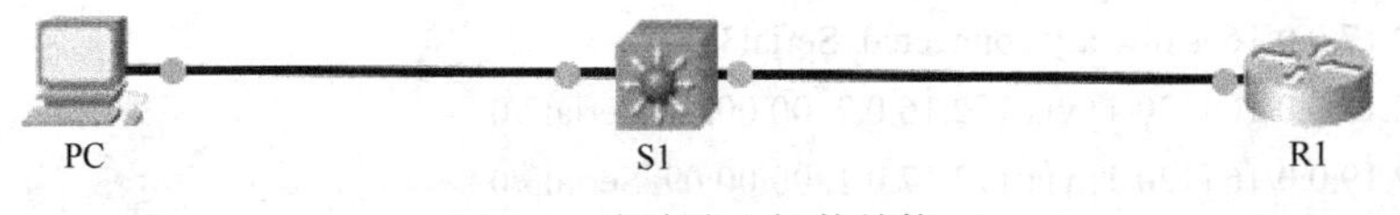

图 2-3　直连路由拓扑结构

```
R1#debug ip routing
IP routing debugging is on          //开启 IP 路由调试
R1#configure terminal
R1(config)#interface fastEthernet 0/0
R1(config-if)#ip address 192.168.1.1 255.255.255.0
R1(config-if)#no shutdown
*Mar 21 03:12:27.227: RT: is_up: FastEthernet0/0 1 state: 4 sub state: 1 line: 1 has_route: True
*Mar 21 03:12:27.231: RT: add 192.168.1.0/24 via 0.0.0.0, connected metric [0/0]
*Mar 21 03:12:27.231: RT: NET-RED 192.168.1.0/24
*Mar 21 03:12:27.235: RT: interface FastEthernet0/0 added to routing table
*Mar 21 03:12:27.235: RT: is_up: FastEthernet0/0 1 state: 4 sub state: 1 line: 1 has_route: True
//以上信息表示以太网接口 fastethernet 启动，192.168.1.0/24 网络加入路由表，管理距离和度量都是 0
```

查看路由表

```
R1#show ip route
(------省略部分输出------)

C      192.168.1.0/24 is directly connected, FastEthernet0/0
```

直连路由加入路由表必须满足以下条件：

- 分配有效的 IP 地址；
- 用 no shutdown 命令开启接口；
- 路由器接口收到其他设备（路由器、交换机或者其他终端设备）的载波信号。

2.2.2 静态路由（Static Route）

静态路由是手工配置的路由，可由网络管理员指定数据包发送的路径。

（1）静态路由的主要特点

- 通常不受网络规模限制，但比较适合小型网络使用；
- 节省带宽，不消耗 CPU 资源；
- 数据包传输路径确定，不能根据拓扑变化做出调整；
- 安全性较高。

（2）静态路由的主要类型

- 标准静态路由；
- 默认静态路由；
- 汇总静态路由；

- 浮动静态路由。

2.2.3 默认路由（Default Route）

默认静态路由又叫缺省静态路由，是能够与所有数据包匹配的路由。在没有获取具体路由的情况下，路由器会根据默认静态路由转发数据包。一般情况下，会在网络的边界（一般指连接到 ISP 的边界路由器），又叫做末节网络（Stub Network），配置默认静态路由，如图 2-4 所示，R1 为末节网络中的末节路由器。

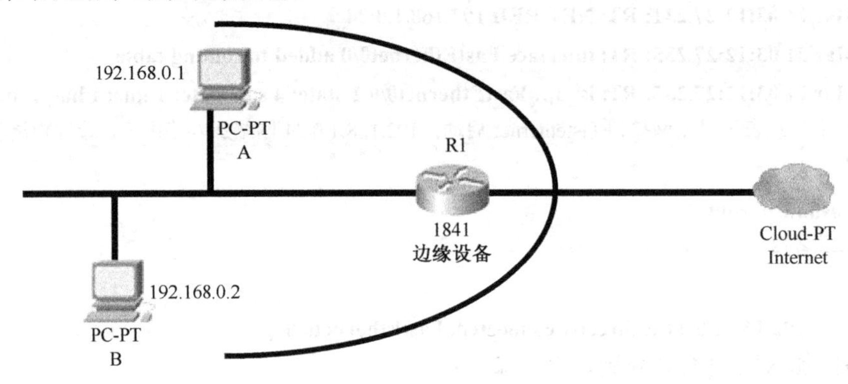

图 2-4 末节网络和末节路由器

2.3 实训一：IPv4 静态路由

【实验目的】

- 根据图片和要求搭建网络拓扑；
- 完成设备的接口配置；
- 部署静态路由并修改、删除静态路由；
- 验证配置。

【实验拓扑】

实验拓扑如图 2-5 所示。

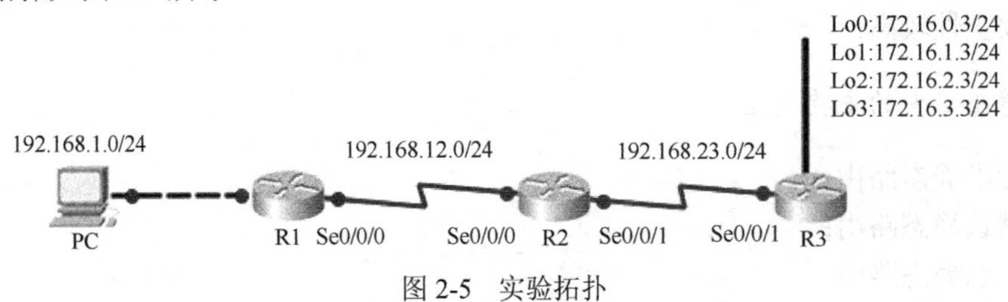

图 2-5 实验拓扑

设备参数如表 2-5 所示。

表 2-5　设备参数表

设　备	接　口	IP 地址	子网掩码	默认网关
R1	Fa0/0	192.168.1.1	255.255.255.0	N/A
	S0/0/0	192.168.12.1	255.255.255.0	N/A
R2	S0/0/0	192.168.12.2	255.255.255.0	N/A
	S0/0/1	192.168.23.2	255.255.255.0	N/A
R3	S0/0/1	192.168.23.3	255.255.255.0	N/A
	Loopback0	172.16.0.3	255.255.255.0	N/A
	Loopback1	172.16.1.3	255.255.255.0	N/A
	Loopback2	172.16.2.3	255.255.255.0	N/A
	Loopback3	172.16.3.3	255.255.255.0	N/A
PC	NIC	192.168.1.100	255.255.255.0	192.168.1.1

【实验内容】

2.3.1　带下一跳地址的静态路由

1. 配置路由器

（1）R1 的配置

```
R1(config)#interface fastEthernet 0/0
R1(config-if)#ip address 192.168.1.1 255.255.255.0
R1(config-if)#no shutdown
R1(config-if)#exit
R1(config)#interface serial 0/0/0
R1(config-if)#ip address 192.168.12.1 255.255.255.0
R1(config-if)#no shutdown
R1(config-if)#end
（------以下配置带下一跳 IP 地址的静态路由------）
R1#debug ip routing
IP routing debugging is on
R1#configure terminal
R1(config)#ip route 172.16.0.0 255.255.255.0 192.168.12.2
*Mar 23 05:16:03.867: RT: add 172.16.0.0/24 via 192.168.12.2, static metric [1/0]
*Mar 23 05:16:03.867: RT: NET-RED 172.16.0.0/24
```

```
//目的网络是 172.16.0.0/24 的静态路由，加入路由表，管理距离是 1，度量是 0
（------以下调试信息省略------）
R1(config)#ip route 172.16.1.0 255.255.255.0 192.168.12.2
R1(config)#ip route 172.16.2.0 255.255.255.0 192.168.12.2
R1(config)#ip route 172.16.3.0 255.255.255.0 192.168.12.2
R1(config)#ip route 192.168.23.0 255.255.255.0 192.168.12.2
```

（2）R2 的配置

```
R2(config)#interface serial 0/0/0
R2(config-if)#ip address 192.168.12.2 255.255.255.0
R2(config-if)#no shutdown
R2(config-if)#exit
R2(config)#interface serial 0/0/1
R2(config-if)#ip address 192.168.23.2 255.255.255.0
R2(config-if)#no shutdown
R2(config)#ip route 172.16.0.0 255.255.255.0 192.168.23.3
R2(config)#ip route 172.16.1.0 255.255.255.0 192.168.23.3
R2(config)#ip route 172.16.2.0 255.255.255.0 192.168.23.3
R2(config)#ip route 172.16.3.0 255.255.255.0 192.168.23.3
R2(config)#ip route 192.168.1.0 255.255.255.0 192.168.12.1
```

（3）R3 的配置

```
R3(config)#interface serial 0/0/1
R3(config-if)#ip address 192.168.23.3 255.255.255.0
R3(config-if)#no shutdown
R3(config-if)#exit
R3(config)#interface loopback 0
R3(config-if)#ip address 172.16.0.3 255.255.255.0
R3(config-if)#exit
R3(config)#interface loopback 1
R3(config-if)#ip address 172.16.1.3 255.255.255.0
R3(config-if)#exit
R3(config)#interface loopback 2
R3(config-if)#ip address 172.16.2.3 255.255.255.0
R3(config-if)#exit
R3(config)#interface loopback 3
R3(config-if)#ip address 172.16.3.3 255.255.255.0
```

```
R3(config-if)#exit
R3(config)#ip route 192.168.1.0 255.255.255.0 192.168.23.2
R3(config)#ip route 192.168.12.0 255.255.255.0 192.168.23.2
```

静态路由使用 ip route 全局配置命令进行配置，命令格式如下。

```
Router（config）#ip route network-address subnet-mask { ip-address | interface-type interface-number
[ ip-address ] } [ distance ]
```

静态路由配置参数如下。

- *network-address*：远程网络的目的地网络地址；
- *subnet-mask*：对应网络的子网掩码；
- *ip-address*：相连路由器将数据包转发到远程网络所使用的下一跳 IP 地址；
- *exit-interface*：将数据转发的发送接口，又称送出接口；
- *distance*：管理距离。

2. 查看路由器路由表

（1）R1 的路由表

```
R1#show ip route
(------省略部分输出------)

C       192.168.12.0/24 is directly connected, Serial0/0/0
       172.16.0.0/24 is subnetted, 4 subnets
S           172.16.0.0 [1/0] via 192.168.12.2
S           172.16.1.0 [1/0] via 192.168.12.2
S           172.16.2.0 [1/0] via 192.168.12.2
S           172.16.3.0 [1/0] via 192.168.12.2
S       192.168.23.0/24 [1/0] via 192.168.12.2
C       192.168.1.0/24 is directly connected, FastEthernet0/0
```

（2）R2 的路由表

```
R2#show ip route
(------省略部分输出------)

C       192.168.12.0/24 is directly connected, Serial0/0/0
       172.16.0.0/24 is subnetted, 4 subnets
S           172.16.0.0 [1/0] via 192.168.23.3
S           172.16.1.0 [1/0] via 192.168.23.3
S           172.16.2.0 [1/0] via 192.168.23.3
```

```
S        172.16.3.0 [1/0] via 192.168.23.3
C     192.168.23.0/24 is directly connected, Serial0/0/1
S     192.168.1.0/24 [1/0] via 192.168.12.1
```

（3）R3 的路由表

```
R3#show ip route
(------省略部分输出------)

S     192.168.12.0/24 [1/0] via 192.168.23.2
      172.16.0.0/24 is subnetted, 4 subnets
C        172.16.0.0 is directly connected, Loopback0
C        172.16.1.0 is directly connected, Loopback1
C        172.16.2.0 is directly connected, Loopback2
C        172.16.3.0 is directly connected, Loopback3
C     192.168.23.0/24 is directly connected, Serial0/0/1
S     192.168.1.0/24 [1/0] via 192.168.23.2
```

带下一跳地址的静态路由条目由字母“S”标识，并且显示下一跳 IP 地址。**[1/0]**表示管理距离是 1，度量是 0。

【实验测试】

给 PC 安排 IP 地址 192.168.1.100，子网掩码 255.255.255.0，默认网关 192.168.1.1。进入 PC 的命令行，进行连通性测试，如图 2-6 所示。

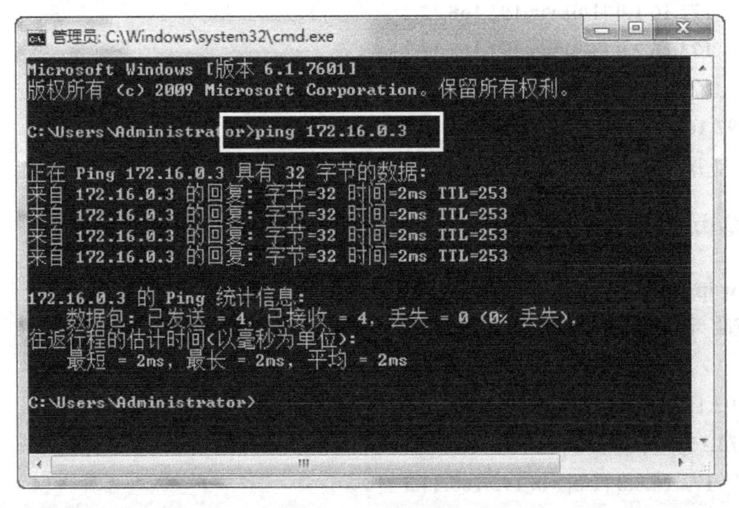

图 2-6 连通性测试结果

Windows 默认 ping 包会发送 4 个数据包，我们也可以利用路由器进行连扩展通性测试。

```
R1#ping
Protocol [ip]:                                  //协议
Target IP address: 172.16.0.3                   //目的地 IP 地址
Repeat count [5]: 10                            //数据包个数
Datagram size [100]: 50                         //数据包大小
Timeout in seconds [2]: 5                       //超时时间
Extended commands [n]: y                        //扩展命令
Source address or interface: 192.168.1.1        //指定源 IP 地址
Type of service [0]:                            //设定服务类型，一般用来配置 QoS
Set DF bit in IP header? [no]:                  //是否分片
Validate reply data? [no]:                      //验证应答数据包
Data pattern [0xABCD]:                          //IP 数据包数据填充内容
Loose, Strict, Record, Timestamp, Verbose[none]:     //数据包头属性
Sweep range of sizes [n]:                       //大数据包故障处理
Type escape sequence to abort.
Sending 10, 50-byte ICMP Echos to 172.16.0.3, timeout is 5 seconds:
Packet sent with a source address of 192.168.1.1
!!!!!!!!!!
Success rate is 100 percent (10/10), round-trip min/avg/max = 1/2/4 ms
```

2.3.2　带送出接口的静态路由

在实验 2.3.1 中，我们已经配置好三台路由器的静态路由。在配置中我们全都使用带下一跳地址的配置方式，在下面的实验中，把已经配置好的静态路由改成带送出接口的静态路由。由于静态路由是没有办法直接修改的，所以我们用命令删除之前配置的静态路由。

1. 修改静态路由配置

（1）R1 路由器上的修改配置

```
//首先删除之前带下一跳 IP 地址的静态路由，在原配置命令前面加“no”
R1(config)#no ip route 172.16.0.0 255.255.255.0 192.168.12.2
R1(config)#no ip route 172.16.1.0 255.255.255.0 192.168.12.2
R1(config)#no ip route 172.16.2.0 255.255.255.0 192.168.12.2
R1(config)#no ip route 172.16.3.0 255.255.255.0 192.168.12.2
R1(config)#no ip route 192.168.23.0 255.255.255.0 192.168.12.2
//以下执行带送出接口的静态路由
```

```
R1(config)#ip route 172.16.0.0 255.255.255.0 serial 0/0/0
R1(config)#ip route 172.16.1.0 255.255.255.0 serial 0/0/0
R1(config)#ip route 172.16.2.0 255.255.255.0 serial 0/0/0
R1(config)#ip route 172.16.3.0 255.255.255.0 serial 0/0/0
R1(config)#ip route 192.168.23.0 255.255.255.0 serial 0/0/0
```

（2）R2 路由器上的修改配置

```
R2(config)#no ip route 172.16.0.0 255.255.255.0 192.168.23.3
R2(config)#no ip route 172.16.1.0 255.255.255.0 192.168.23.3
R2(config)#no ip route 172.16.2.0 255.255.255.0 192.168.23.3
R2(config)#no ip route 172.16.3.0 255.255.255.0 192.168.23.3
R2(config)#no ip route 192.168.1.0 255.255.255.0 192.168.12.1
R2(config)#ip route 172.16.0.0 255.255.255.0 serial 0/0/1
R2(config)#ip route 172.16.1.0 255.255.255.0 serial 0/0/1
R2(config)#ip route 172.16.2.0 255.255.255.0 serial 0/0/1
R2(config)#ip route 172.16.3.0 255.255.255.0 serial 0/0/1
R2(config)#ip route 192.168.1.0 255.255.255.0 serial 0/0/0
```

（3）R3 路由器上的修改配置

```
R3(config)#no ip route 192.168.1.0 255.255.255.0 192.168.23.2
R3(config)#no ip route 192.168.12.0 255.255.255.0 192.168.23.2
R3(config)#ip route 192.168.1.0 255.255.255.0 serial 0/0/1
R3(config)#ip route 192.168.12.0 255.255.255.0 serial 0/0/1
```

2. 查看路由器路由表的静态路由条目

（1）R1 路由表中的静态路由条目

```
R1#show ip route static
     172.16.0.0/24 is subnetted, 4 subnets
S       172.16.0.0 is directly connected, Serial0/0/0
S       172.16.1.0 is directly connected, Serial0/0/0
S       172.16.2.0 is directly connected, Serial0/0/0
S       172.16.3.0 is directly connected, Serial0/0/0
S    192.168.23.0/24 is directly connected, Serial0/0/0
```

（2）R2 路由表中的静态路由条目

```
R2#show ip route static
```

```
     172.16.0.0/24 is subnetted, 4 subnets
S        172.16.0.0 is directly connected, Serial0/0/1
S        172.16.1.0 is directly connected, Serial0/0/1
S        172.16.2.0 is directly connected, Serial0/0/1
S        172.16.3.0 is directly connected, Serial0/0/1
S     192.168.1.0/24 is directly connected, Serial0/0/0
```

（3）R3路由表中的静态路由条目

```
R3#show ip route static
S     192.168.12.0/24 is directly connected, Serial0/0/1
S     192.168.1.0/24 is directly connected, Serial0/0/1
```

带送出接口的静态路由条目由字母“S”标识，显示“directly connected”，并且显示送出接口。管理距离是1，度量是0，虽然在查看路由表里时没有显示，但是debug ip routing中的调试信息会有如下显示。

```
*Mar 24 01:08:34.667: RT: add 192.168.1.0/24 via 0.0.0.0, static metric [1/0]
*Mar 24 01:08:34.667: RT: NET-RED 192.168.1.0/24
```

以上信息是R3路由器配置第一条带送出接口的静态路由时的调试信息，可以看到管理距离与度量参数。

3. 实验测试

在路由器R1上ping R3路由器上的环回接口172.16.3.3。

```
R1#ping 172.16.3.3

Type escape sequence to abort.
Sending 5, 100-byte ICMP Echos to 172.16.3.3, timeout is 2 seconds:
!!!!!
Success rate is 100 percent (5/5), round-trip min/avg/max = 1/3/4 ms
```

2.4 实训二：IPv4汇总静态路由与默认路由

【实验目的】

- 根据图片和要求搭建网络拓扑；
- 完成设备的接口配置；
- 部署汇总静态路由，部署默认静态路由；
- 验证配置。

【实验拓扑】

实验拓扑如图 2-7 所示。

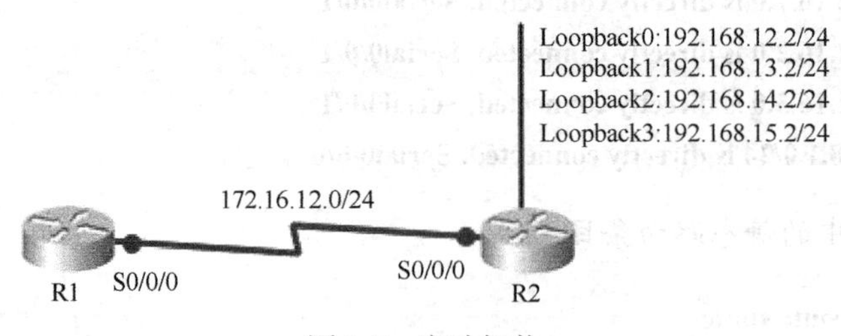

图 2-7　实验拓扑

设备参数如表 2-6 所示。

表 2-6　设备参数表

设　备	接　口	IP 地址	子网掩码	默认网关
R1	Loopback0	10.10.10.10	255.255.255.0	N/A
	S0/0/0	172.16.12.1	255.255.255.0	N/A
R2	S0/0/0	172.16.12.2	255.255.255.0	N/A
	Loopback0	192.168.12.2	255.255.255.0	N/A
	Loopback1	192.168.13.2	255.255.255.0	N/A
	Loopback2	192.168.14.2	255.255.255.0	N/A
	Loopback3	192.168.15.2	255.255.255.0	N/A

【实验任务】

2.4.1　汇总路由的配置

如图 2-7 所示，给 R2 路由器设置了 4 个环回接口，模拟 4 个局域网，因此 R2 应该有 4 个直连路由条目。R1 路由器需要添加去往 R2 路由器 4 个环回接口的静态路由，需要配置 4 条静态路由，为了精简路由表，更高效地执行路由功能，现在把 4 条路由汇聚成一条。

计算汇总路由时须要找到最长匹配前缀，这样就得到了汇聚地址 192.168.12.0/22。地址汇聚计算如图 2-8 所示。

IPv4 网络中多条静态路由汇总成一条静态路由须要符合以下条件。

- 目的网络是连续的，可以汇总成一个网络地址；
- 多条静态路由使用相同的下一跳 IP 地址或者是送出接口。

192.168.12.0	11000000.10101000.000011	00.00000000
192.168.13.0	11000000.10101000.000011	01.00000000
192.168.14.0	11000000.10101000.000011	10.00000000
192.168.15.0	11000000.10101000.000011	11.00000000
192.168.12.0	11000000.10101000.000011	00.00000000

汇总地址192.168.12.0/22

图 2-8 地址汇聚

【实验内容】

（1）R1 的配置

```
R1(config)#interface loopback 0
R1(config-if)#ip address 10.10.10.10 255.255.255.0
R1(config-if)#exit
R1(config)#interface serial 0/0/0
R1(config-if)#ip address 172.16.12.1 255.255.255.0
R1(config-if)#no shutdown
R1(config-if)#exit
R1(config)#ip route 192.168.12.0 255.255.252.0 serial 0/0/0
//配置汇总静态路由，使用聚合地址
```

（2）R2 的配置

```
R2(config)#interface serial 0/0/0
R2(config-if)#ip address 172.16.12.2 255.255.255.0
R2(config-if)#no shutdown
R2(config)#interface loopback 0
R2(config-if)#ip address 192.168.12.2 255.255.255.0
R2(config)#interface loopback 1
R2(config-if)#ip address 192.168.13.2 255.255.255.0
R2(config)#interface loopback 2
R2(config-if)#ip address 192.168.14.2 255.255.255.0
R2(config)#interface loopback 3
R2(config-if)#ip address 192.168.15.2 255.255.255.0
R2(config)#ip route 10.10.10.0 255.255.255.0 serial 0/0/0
```

（3）路由器路由表信息

```
R1#show ip route
(------省略部分输出------)

        172.16.0.0/24 is subnetted, 1 subnets
C           172.16.12.0 is directly connected, Serial0/0/0
        10.0.0.0/24 is subnetted, 1 subnets
C           10.10.10.0 is directly connected, Loopback0
S       192.168.12.0/22 is directly connected, Serial0/0/0
//此条汇总路由，将原本应该设置的 4 条明细路由汇总成了一条
R2#show ip route
(------省略部分输出------)

C       192.168.12.0/24 is directly connected, Loopback0
C       192.168.13.0/24 is directly connected, Loopback1
C       192.168.14.0/24 is directly connected, Loopback2
C       192.168.15.0/24 is directly connected, Loopback3
        172.16.0.0/24 is subnetted, 1 subnets
C           172.16.12.0 is directly connected, Serial0/0/0
        10.0.0.0/24 is subnetted, 1 subnets
S           10.10.10.0 is directly connected, Serial0/0/0
```

【实验测试】

```
R1#ping 192.168.12.2 source 10.10.10.10
//指定源地址 10.10.10.10
Type escape sequence to abort.
Sending 5, 100-byte ICMP Echos to 192.168.12.2, timeout is 2 seconds:
Packet sent with a source address of 10.10.10.10
!!!!!
Success rate is 100 percent (5/5), round-trip min/avg/max = 1/2/4 ms
R1#ping 192.168.13.2 source 10.10.10.10
Type escape sequence to abort.
Sending 5, 100-byte ICMP Echos to 192.168.13.2, timeout is 2 seconds:
Packet sent with a source address of 10.10.10.10
!!!!!
Success rate is 100 percent (5/5), round-trip min/avg/max = 1/2/4 ms
// 在 R1 路由器的环回接口上 ping R2 路由器的两个环回接口，都发送成功，说明目的地址都能与汇
```

总路由匹配

2.4.2　默认路由的配置

修改R1路由器的配置：

```
R1(config)#no ip route 192.168.12.0 255.255.252.0 serial 0/0/0
R1(config)#ip route 0.0.0.0 0.0.0.0 serial 0/0/0
// 在配置默认路由时，网络地址与子网掩码都是 0.0.0.0，在没有精确匹配时，此路由条目能与所有网络匹配
R1(config)#exit
R1#show ip route
(------省略部分输出------)

     172.16.0.0/24 is subnetted, 1 subnets
C        172.16.12.0 is directly connected, Serial0/0/0
     10.0.0.0/24 is subnetted, 1 subnets
C        10.10.10.0 is directly connected, Loopback0
S*   0.0.0.0/0 is directly connected, Serial0/0/0
```

【实验测试】

```
R1#ping 192.168.14.2 source 10.10.10.10
Type escape sequence to abort.
Sending 5, 100-byte ICMP Echos to 192.168.14.2, timeout is 2 seconds:
Packet sent with a source address of 10.10.10.10
!!!!!
Success rate is 100 percent (5/5), round-trip min/avg/max = 1/2/4 ms
R1#ping 192.168.15.2 source 10.10.10.10
Type escape sequence to abort.
Sending 5, 100-byte ICMP Echos to 192.168.15.2, timeout is 2 seconds:
Packet sent with a source address of 10.10.10.10
!!!!!
Success rate is 100 percent (5/5), round-trip min/avg/max = 1/2/4 ms
//发送成功，两个目的网络都能与默认路由匹配
```

2.5 实训三：路由负载均衡与浮动静态路由

【实验目的】

- 理解负载均衡的含义；
- 部署静态路由，实现负载均衡；
- 配置浮动静态路由；
- 验证配置。

【实验拓扑】

实验拓扑如图 2-9 所示。

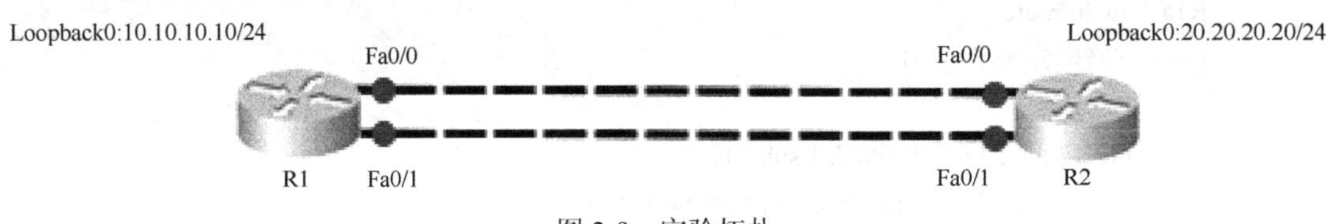

图 2-9 实验拓扑

设备参数如表 2-7 所示。

表 2-7 设备参数表

设 备	接 口	IP 地址	子网掩码	默认网关
R1	Loopback0	10.10.10.10	255.255.255.0	N/A
	Fa0/0	192.168.1.1	255.255.255.0	N/A
	Fa0/1	192.168.2.1	255.255.255.0	N/A
R2	Loopback0	20.20.20.20	255.255.255.0	N/A
	Fa0/0	192.168.1.2	255.255.255.0	N/A
	Fa0/1	192.168.2.2	255.255.255.0	N/A

【实验内容】

2.5.1 路由负载均衡

（1）R1 的配置

```
R1(config)#interface loopback 0
R1(config-if)#ip address 10.10.10.10 255.255.255.0
R1(config-if)#exit
R1(config)#interface fastEthernet 0/0
```

```
R1(config-if)#ip address 192.168.1.1 255.255.255.0
R1(config-if)#no shutdown
R1(config-if)#exit
R1(config)#interface fastEthernet 0/1
R1(config-if)#ip address 192.168.2.1 255.255.255.0
R1(config-if)#no shutdown
R1(config-if)#exit
R1(config)#ip route 20.20.20.0 255.255.255.0 192.168.1.2
R1(config)#ip route 20.20.20.0 255.255.255.0 192.168.2.2
```

（2）R2的配置

```
R2(config)#interface loopback 0
R2(config-if)#ip address 20.20.20.20 255.255.255.0
R2(config-if)#exit
R2(config)#interface fastEthernet 0/0
R2(config-if)#ip address 192.168.1.2 255.255.255.0
R2(config-if)#no shutdown
R2(config-if)#exit
R2(config)#interface fastEthernet 0/1
R2(config-if)#ip address 192.168.2.2 255.255.255.0
R2(config-if)#no shutdown
R2(config-if)#exit
R2(config)#ip route 10.10.10.0 255.255.255.0 192.168.1.1
R2(config)#ip route 10.10.10.0 255.255.255.0 192.168.2.1
```

（3）查看路由表信息

```
R1#show ip route
(------省略部分输出------)

     20.0.0.0/24 is subnetted, 1 subnets
S        20.20.20.0 [1/0] via 192.168.2.2
                    [1/0] via 192.168.1.2
     10.0.0.0/24 is subnetted, 1 subnets
C        10.10.10.0 is directly connected, Loopback0
C     192.168.1.0/24 is directly connected, FastEthernet0/0
C     192.168.2.0/24 is directly connected, FastEthernet0/1
R2#show ip route
```

```
(------省略部分输出------)

     20.0.0.0/24 is subnetted, 1 subnets
C        20.20.20.0 is directly connected, Loopback0
     10.0.0.0/24 is subnetted, 1 subnets
S        10.10.10.0 [1/0] via 192.168.2.1
                    [1/0] via 192.168.1.1
C    192.168.1.0/24 is directly connected, FastEthernet0/0
C    192.168.2.0/24 is directly connected, FastEthernet0/1
```

R1 路由器去往远程网络 20.20.20.0/24 的下一跳地址有两个，因为静态路由默认管理距离都是 1，度量都是 0，数据流量会根据路由表条目，一半由下一跳 192.168.2.2 转发，一半由下一跳 192.168.1.2 转发。如下测试输出了 R1 到 R2 的流量路径。

```
R1#traceroute 20.20.20.20 source 10.10.10.10

Type escape sequence to abort.
Tracing the route to 20.20.20.20

  1 192.168.2.2 0 msec
    192.168.1.2 0 msec
    192.168.2.2 0 msec
```

2.5.2 浮动静态路由

现在我们来修改路由器静态路由协议的配置，把其中一条静态路由协议的管理距离设置为 10，这样路由器就会择优选择默认管理距离是 1 的路由，而当管理距离是 1 的链路故障时，另一条路由则作为备份路由加入路由表。

```
R1(config)#no ip route 20.20.20.0 255.255.255.0 192.168.2.2   //删除其中一条路由
R1(config)#ip route 20.20.20.0 255.255.255.0 192.168.2.2 10
//配置浮动静态路由，管理距离设置为 10
R1#show ip route
(------省略部分输出------)

     20.0.0.0/24 is subnetted, 1 subnets
S        20.20.20.0 [1/0] via 192.168.1.2
     10.0.0.0/24 is subnetted, 1 subnets
C        10.10.10.0 is directly connected, Loopback0
C    192.168.1.0/24 is directly connected, FastEthernet0/0
```

```
C       192.168.2.0/24 is directly connected, FastEthernet0/1
```

以上输出显示，路由器静态路由条目只有一条管理距离是 1 的。如果这时我们把这条链路断开，则浮动静态路由将会加入路由表中。

```
R1(config)#interface fastEthernet 0/0
R1(config-if)#shutdown
R1(config-if)#end
R1#show ip route
(------省略部分输出------)

     20.0.0.0/24 is subnetted, 1 subnets
S       20.20.20.0 [10/0] via 192.168.2.2
     10.0.0.0/24 is subnetted, 1 subnets
C       10.10.10.0 is directly connected, Loopback0
C    192.168.2.0/24 is directly connected, FastEthernet0/1
```

以上输出显示，路由表中的静态路由管理距离是 10，即我们之前配置的浮动静态路由，起到了备份的作用。

第3章 >>>

RIP 路由协议

本章要点

- 动态路由协议
- RIPv1 与 RIPv2
- RIP 路由表更新
- 路由环路
- 实训一：RIPv1 配置
- 实训二：RIPv2 配置
- 实训三：RIPv2 扩展配置

RIP（Routing Information Protocol）是应用最早的内部网关协议（Interior Gateway Protocol，IGP），适合于小型的网络，是典型的距离矢量（Distance-Vector）路由协议。目前，RIP 协议有 RIPv1 和 RIPv2 版本，版本 1 是有类路由协议，版本 2 是无类路由协议。

3.1 动态路由协议

动态路由协议是通过路由信息的交换来生成和维护路由表的，当网络拓扑发生变化时，动态路由协议可以自动更新路由表，选择最佳路径。动态路由协议自 20 世纪 80 年代开始应用于网络，图 3-1 为动态路由协议的概括与分类。

	距离矢量路由协议		链路状态路由协议		路径矢量
有类	RIP	IGRP			EGP
无类	RIPv2	EIGRP	OSPF	IS-IS	BGPv4
IPv6	RIPng	IPv6 EIGRP	OSPFv3	IPv6 IS-IS	IPv6 BGPv4

图 3-1　动态路由协议的概括与分类

动态路由协议主要有以下几个作用。

- 发现远程网络；
- 当拓扑出现变化时自动更新路由表；
- 选择通往目的地的最佳路径；
- 在当前路径无法使用时找出新的最佳路径。

相比静态路由而言，动态路由有以下一些优点。

- 当增加或删除网络时，管理员维护网络的工作量较少；
- 当网络拓扑发生变化时，路由器会自动更新路由表；
- 网络设备配置简单；
- 网络扩展性能好。

3.2 RIPv1 与 RIPv2

在 RIP 的发展过程中，先后开发了两个版本，表 3-1 对 RIPv1 与 RIPv2 进行了比较。

表 3-1 RIPv1 与 RIPv2 比较

功能和特征	RIPv1	RIPv2
度量（Metric）	都以条数作为度量	
管理距离（AD）	都是 120	
等价路径	默认 4 条，最大 32 条	
更新方式	广播（255.255.255.255）	组播（224.0.0.9）
VLSM 与 CIDR	不支持	支持
IP 类别	有类（Classful）	无类（Classless）
汇总	不支持	支持
认证	不支持	明文或 MD5

RIPv1 与 RIPv2 两个版本都使用 UDP 报文来交换信息，端口号为 520，每 30 s 发送一次路由信息更新；RIPv1 使用广播方式，RIPv2 使用组播方式，支持最多跳数为 15，跳数 16 表示不可达。

3.2.1 RIPv1 数据包格式

RIPv1 的数据包格式如图 3-2 所示，表 3-2 列出了各个字段的描述。

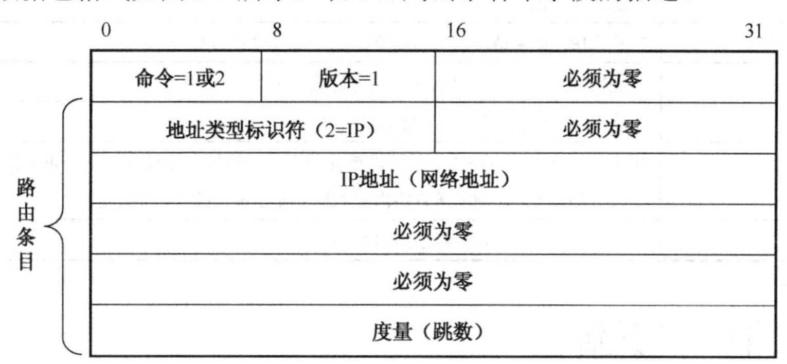

图 3-2 RIPv1 消息格式

表 3-2 RIPv1 消息字段描述

字　段	描　述
命令	1 表示请求，2 表示应答
版本	1 或 2 表示 RIP 的版本 1 和 2
地址类型标识符	2 表示 IP，如果请求路由器的整个路由表则设置为 0
IP 地址	目的网络地址，可以是网络，也可以是子网
度量	1～16 之间的数表示经过路由器的个数

3.2.2 RIPv2 数据包格式

RIPv2 的数据包格式如图 3-3 所示，表 3-3 为 RIPv 1 消息字段描述。

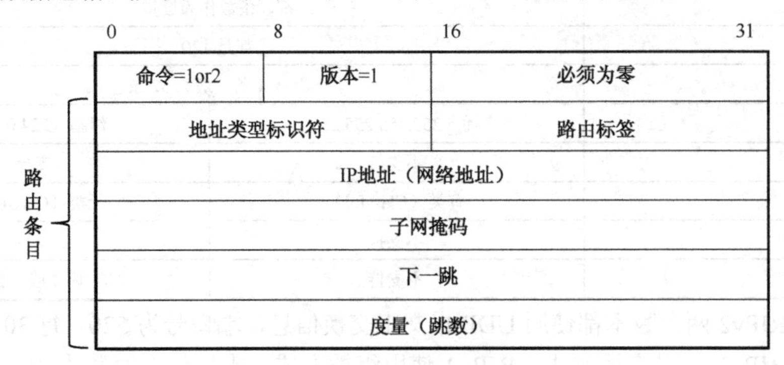

图 3-3 RIPv2 消息格式

表 3-3 RIPv1 消息字段描述

字 段	描 述
命令	1 表示请求，2 表示应答
版本	1 或 2 表示 RIP 的版本 1 和 2
地址类型标识符	2 表示 IP，如果请求路由器的整个路由表则设置为 0
IP 地址	目的网络地址，可以是网络，也可以是子网
子网掩码	对应 IP 地址的子网掩码（32 位）
下一跳	用于标识比发送方路由器的地址更佳的下一跳地址（如果存在）。如果此字段被设置为全零（0.0.0.0），则发送方路由器的地址便是最佳的下一跳地址
度量	1～16 之间的数，表示经过路由器的个数

3.3 RIP 路由表更新

RIP 协议是典型的距离矢量路由协议，运行的特征是周期性地发送全部的路由更新信息或与触发更新相结合的信息，更新信息中包括子网和距离度量等。除了邻居路由器之外，路由器不知道其他网络的细节。RIP 协议通过广播或组播 UDP 报文来交换路由信息，端口为 520，每 30 s 发送一次路由更新，以跳数（Hop Count）作为度量来衡量路由距离，跳数是一个包到达目的地所需经过的路由器的数目。如果到达目的有多条路径，并且跳数相同，则 RIP 认为两条路径的距离是相等的。

3.4　路由环路

路由环路是指在网络中的数据包在一系列路由器之间不断传输却无法到达目的地网络的一种现象。路由环路会对网络造成严重的影响，导致网络性能降低，延迟加大，甚至网络瘫痪。造成路由环路的因素较多，可能是静态路由配置错误；路由重分布配置错误；当网络拓扑发生变化时收敛速度慢导致路由表未能及时更新。

解决路由环路一般有以下几种办法。

- 水平分割：路由器不能使用接收更新信息的同一接口来通告同一网络。
- 路由毒化和毒性逆转：路由毒化用于在发往其他路由器的路由更新信息中将路由标记为不可达，一般设置为 16 跳。毒性逆转一般和水平分割结合使用，它规定在从特点接口向外发送更新信息时，将通过该接口学习的网络设置为不可达。
- 抑制计时器：抑制计时器指示路由器将那些可能会影响路由的更改信息保持一定的时间后失效，以免网络抖动。
- 触发更新：当路由表发生变化时立即发送更新信息。
- IP 的 TTL：生存时间是 IP 数据包在网络中的存活时间，每经过一个路由器 TTL 就减 1，当 TTL 减为 0 时，数据包就会被路由器丢弃。

3.5　实训一：RIPv1 配置

3.5.1　RIPv1 基本配置

【实验目的】

- 熟悉动态网络拓扑结构；
- 部署 RIPv1 动态路由协议；
- 理解 RIPv1 协议的工作原理；
- 掌握 RIPv1 协议的各种配置查看命令；
- 掌握 RIPv1 协议相关参数的修改方法；
- 验证配置。

【实验拓扑】

实验拓扑如图 3-4 所示。

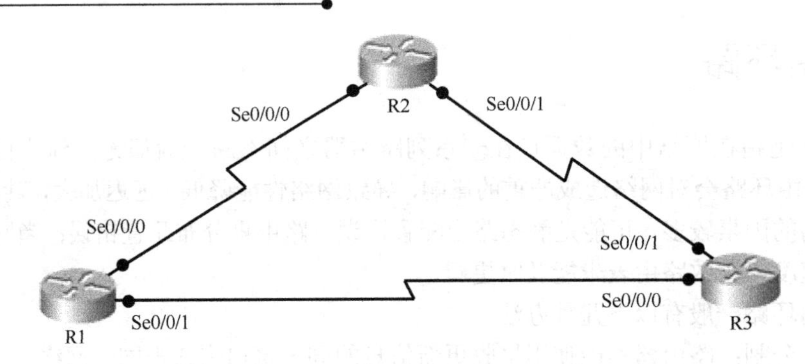

图 3-4 实验拓扑

设备参数如表 3-4 所示。

表 3-4 设备参数表

设 备	接 口	IP 地址	子网掩码	默认网关
R1	S0/0/0	192.168.12.1	255.255.255.0	N/A
	S0/0/1	192.168.13.1	255.255.255.0	N/A
	Loopback0	192.168.1.1	255.255.255.0	N/A
R2	S0/0/0	192.168.12.2	255.255.255.0	N/A
	S0/0/1	192.168.23.2	255.255.255.0	N/A
	Loopback0	192.168.2.2	255.255.255.0	N/A
R3	S0/0/0	192.168.13.3	255.255.255.0	N/A
	S0/0/1	192.168.23.3	255.255.255.0	N/A
	Loopback0	172.16.3.3	255.255.255.0	N/A

【实验内容】

1. 给路由器配置 RIP 协议

（1）R1 路由器的配置

```
R1(config)#router rip                          //启动动态路由协议 RIP
R1(config-router)#network 192.168.12.0         //通告直接相连的网络
R1(config-router)#network 192.168.13.0
R1(config-router)#network 192.168.1.0
```

（2）R2 路由器的配置

```
R2(config)#router rip
R2(config-router)#network 192.168.12.0
R2(config-router)#network 192.168.23.0
```

```
R2(config-router)#network 192.168.2.0
```

（3）R3 路由器的配置

```
R3(config)#router rip
R3(config-router)#network 192.168.13.0
R3(config-router)#network 192.168.23.0
R3(config-router)#network 172.16.0.0
//这里需要注意，在 RIP 通告直连网络时，如果划分了子网，只需要通告主类网络，即使通告了子网地址，在 running-config 里面只能看到有类的网络地址
```

动态路由协议 RIP 使用全局配置命令配置，命令格式如下。

```
Router（config）# router rip
Router (config-router) # network directly-connected-classful-network-address
```

- **network-address：**直连网络的有类网络地址

2. 查看路由器路由信息

（1）R1 的路由表

```
R1#show ip route
(------省略部分输出------)

C      192.168.12.0/24 is directly connected, Serial0/0/0
C      192.168.13.0/24 is directly connected, Serial0/0/1
R      172.16.0.0/16 [120/1] via 192.168.13.3, 00:00:20, Serial0/0/1
//由于 RIPv1 是有类路由协议，不发送子网掩码信息，所以 R1 路由器只能学习到主类网络
R      192.168.23.0/24 [120/1] via 192.168.13.3, 00:00:20, Serial0/0/1
                       [120/1] via 192.168.12.2, 00:00:09, Serial0/0/0
//以上两条路由条目只有一个目的网络，有两个下一跳 IP 地址，表示等价路径，路由器执行负载均衡
C      192.168.1.0/24 is directly connected, Loopback0
R      192.168.2.0/24 [120/1] via 192.168.12.2, 00:00:09, Serial0/0/0
```

（2）R2 的路由表

```
R2#show ip route
(------省略部分输出------)

C      192.168.12.0/24 is directly connected, Serial0/0/0
R      192.168.13.0/24 [120/1] via 192.168.23.3, 00:00:23, Serial0/0/1
                       [120/1] via 192.168.12.1, 00:00:27, Serial0/0/0
```

```
R      172.16.0.0/16 [120/1] via 192.168.23.3, 00:00:23, Serial0/0/1
C      192.168.23.0/24 is directly connected, Serial0/0/1
R      192.168.1.0/24 [120/1] via 192.168.12.1, 00:00:27, Serial0/0/0
C      192.168.2.0/24 is directly connected, Loopback0
```

（3）R3 的路由表

```
R3#show ip route
(------省略部分输出------)

R      192.168.12.0/24 [120/1] via 192.168.23.2, 00:00:13, Serial0/0/1
                       [120/1] via 192.168.13.1, 00:00:05, Serial0/0/0
C      192.168.13.0/24 is directly connected, Serial0/0/0
       172.16.0.0/24 is subnetted, 1 subnets
C         172.16.3.0 is directly connected, Loopback0
C      192.168.23.0/24 is directly connected, Serial0/0/1
R      192.168.1.0/24 [120/1] via 192.168.13.1, 00:00:05, Serial0/0/0
R      192.168.2.0/24 [120/1] via 192.168.23.2, 00:00:13, Serial0/0/1
```

路由表中由 RIP 协议学习到的路由条目含义如表 3-5 所示。

表 3-5 路由条目描述

输　出	描　述
R	标识路由来源是 RIP
172.16.0.0/16	表示目的网络地址与子网掩码
[120/1]	表示管理距离是 120，度量是 1，即到达目的网络的跳数是 1
192.168.13.3	通往目的网络的下一跳 IP 地址
00:00:20	表示此条路由信息已经学习到的时间是 20 s，下一次更新应该在 10 s 后
Serial0/0/1	通往目的网络的本地接口

在查看路由表时，如果只想查看通过 RIP 协议学习到的路由，也可以用命令 **show ip route rip**，这样在显示路由表时，只有 R 字母标识的路由显示。

（4）查看 RIP 路由条目

```
R1#show ip route rip
R      172.16.0.0/16 [120/1] via 192.168.13.3, 00:00:07, Serial0/0/1
R      192.168.23.0/24 [120/1] via 192.168.13.3, 00:00:07, Serial0/0/1
                       [120/1] via 192.168.12.2, 00:00:16, Serial0/0/0
R      192.168.2.0/24 [120/1] via 192.168.12.2, 00:00:16, Serial0/0/0
```

（5）查看路由协议RIP

```
R1#show ip protocols
Routing Protocol is "rip"
//指明运行的路由协议是RIP
  Outgoing update filter list for all interfaces is not set
//在出接口上没有设置分布列表
  Incoming update filter list for all interfaces is not set
//在入接口上没有设置分布列表
  Sending updates every 30 seconds, next due in 18 seconds
  Invalid after 180 seconds, hold down 180, flushed after 240
  Redistributing: rip
  Default version control: send version 1, receive any version
    Interface            Send   Recv   Triggered RIP   Key-chain
    Serial0/0/0          1      1 2
    Serial0/0/1          1      1 2
    Loopback0            1      1 2
//以上说明各个接口发送的RIP数据包版本号是1；可以接收版本号为1或2的数据包
  Automatic network summarization is in effect
//默认开启自动汇总
  Maximum path: 4
//等价路径默认4条，最大可以32条。
  Routing for Networks:
    192.168.1.0
    192.168.12.0
192.168.13.0
//以上3条为配置通告的网络地址
  Routing Information Sources:
    Gateway          Distance        Last Update
    192.168.13.3     120             00:00:07
//192.168.13.3是学习路由的下一跳IP地址，管理距离AD为120，上一次更新时间为7 s
    192.168.12.2         120        00:00:02
  Distance: (default is 120)   //路由协议默认管理距离120
```

RIP协议运行中有4个时间值，分别为更新时间、失效时间、抑制时间和删除时间，具体含义如表3-6所示。

表 3-6 RIP 时间值描述

时间值	描 述
更新时间（Update Time）	默认为 30 s 更新一次，路由器向相邻路由器广播更新的时间间隔
失效时间（Invalid Time）	默认为 180 s，路由器从上次收到路由更新信息后，过了失效时间还没收到该路由更新信息，就会将该路由设为失效，并向外广播
抑制时间（Holddown Time）	默认为 180 s，路由器收到路由失效的消息后，会等待一段时间，这段时间内会将路由设置为 Possibly Down 状态，如果这段时间内有新的路由就对该路由进行更新
刷新时间（Flush Time）	默认为 240 s，从上次接收路由更新信息到超过刷新时间后，路由器会将无效的路由条目删除

路由器可以通过以下命令来调整相关的参数。

```
Router (config-router)#distance administrative distance
//设置管理距离，默认情况下为 120
Router (config-router)#maximum-paths number
//设置等价路径条数，默认 4 条
Router（config-router）timers basic updates invalid holddown flush
//调整路由器 4 个时间值
Router (config-if)#ip rip receive version 1 或 2
Router (config-if)#ip rip send version 1 或 2
//设置接口发送和接收 RIP 更新信息的版本
```

（6）查看 RIP 数据库

```
R1#show ip rip database
172.16.0.0/16        auto-summary
//RIPv1 版本会进行自动汇总，把无类的 IP 地址汇总成有类的地址
172.16.0.0/16
     [1] via 192.168.13.3, 00:00:03, Serial0/0/1
192.168.1.0/24       auto-summary
192.168.1.0/24       directly connected, Loopback0
192.168.2.0/24       auto-summary
192.168.2.0/24
     [1] via 192.168.12.2, 00:00:13, Serial0/0/0
192.168.12.0/24      auto-summary
192.168.12.0/24      directly connected, Serial0/0/0
192.168.13.0/24      auto-summary
192.168.13.0/24      directly connected, Serial0/0/1
192.168.23.0/24      auto-summary
```

```
192.168.23.0/24
    [1] via 192.168.13.3, 00:00:03, Serial0/0/1
    [1] via 192.168.12.2, 00:00:13, Serial0/0/0
```

（7）查看调试信息

```
R1#debug ip rip
RIP protocol debugging is on
R1#
*Aug  2 03:56:33.607: RIP: received v1 update from 192.168.13.3 on Serial0/0/1
*Aug  2 03:56:33.607:       172.16.0.0 in 1 hops
*Aug  2 03:56:33.607:       192.168.2.0 in 2 hops
*Aug  2 03:56:33.607:       192.168.23.0 in 1 hops
//以上输出表示从接口 Serial0/0/1 收到版本 1 的更新报文
*Aug  2 03:56:35.675: RIP: sending v1 update to 255.255.255.255 via Serial0/0/0 (192.168.12.1)
*Aug  2 03:56:35.675: RIP: build update entries
*Aug  2 03:56:35.675:    network 172.16.0.0 metric 2
*Aug  2 03:56:35.675:    network 192.168.1.0 metric 1
*Aug  2 03:56:35.675:    network 192.168.13.0 metric 1
//以上输出表示从接口 Serial0/0/0 发送版本 1 的更新报文，并且是广播方式
*Aug  2 03:56:43.111: RIP: sending v1 update to 255.255.255.255 via Loopback0 (192.168.1.1)
*Aug  2 03:56:43.111: RIP: build update entries
*Aug  2 03:56:43.111:    network 172.16.0.0 metric 2
*Aug  2 03:56:43.111:    network 192.168.2.0 metric 2
*Aug  2 03:56:43.111:    network 192.168.12.0 metric 1
*Aug  2 03:56:43.111:    network 192.168.13.0 metric 1
*Aug  2 03:56:43.111:    network 192.168.23.0 metric 2
//以上输出表示从接口 Loopback0 发送版本 1 的更新报文，并且是广播方式
*Aug  2 03:56:45.175: RIP: sending v1 update to 255.255.255.255 via Serial0/0/1 (192.168.13.1)
*Aug  2 03:56:45.175: RIP: build update entries
*Aug  2 03:56:45.175:    network 192.168.1.0 metric 1
*Aug  2 03:56:45.175:    network 192.168.2.0 metric 2
*Aug  2 03:56:45.175:    network 192.168.12.0 metric 1
//以上输出表示从接口 Serial0/0/0 发送版本 1 的更新报文，并且是广播方式
*Aug  2 03:56:57.251: RIP: received v1 update from 192.168.12.2 on Serial0/0/0
*Aug  2 03:56:57.251:       172.16.0.0 in 2 hops
*Aug  2 03:56:57.251:       192.168.2.0 in 1 hops
*Aug  2 03:56:57.251:       192.168.23.0 in 1 hops
//以上输出表示从接口 Serial0/0/0 收到版本 1 的更新报文
```

3.5.2 被动接口与单播更新

【实验目的】

- 掌握被动接口的含义及配置；
- 掌握单播更新的配置及应用。

【实验拓扑】

实验拓扑如图 3-5 所示。

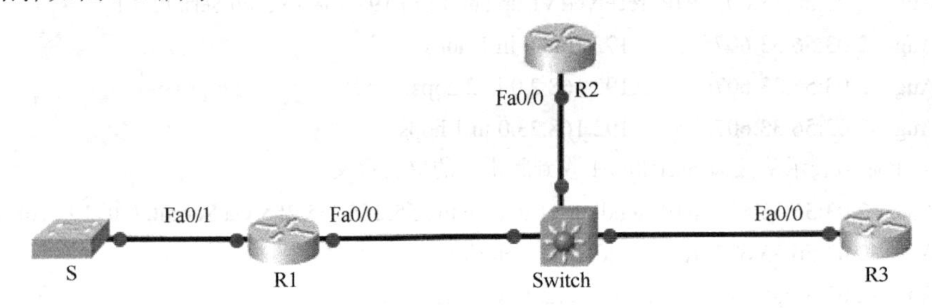

图 3-5 实验拓扑

设备参数如表 3-7 所示。

表 3-7 设备参数表

设 备	接 口	IP 地址	子网掩码	默认网关
R1	Fa0/0	192.168.1.1	255.255.255.0	N/A
	Fa0/1	192.168.2.1	255.255.255.0	N/A
R2	Fa0/0	192.168.1.2	255.255.255.0	N/A
	Loopback0	192.168.20.20	255.255.255.0	N/A
R3	Fa0/0	192.168.1.3	255.255.255.0	N/A

【实验内容】

1. 给路由器配置 RIP 协议

（1）R1 路由器的配置

```
R1(config)#router rip
R1(config-router)#network 192.168.1.0
R1(config-router)#network 192.168.2.0
```

（2）R2 路由器的配置

```
R2(config)#router rip
```

```
R2(config-router)#network 192.168.1.0
R2(config-router)#network 192.168.20.0
```

（3）R3 路由器的配置

```
R3(config)#router rip
R3(config-router)#network 192.168.1.0
```

2. 被动接口

（1）打开 R1 路由器 RIP 的调试信息

```
R1#debug ip rip
RIP protocol debugging is on
R1#
*Aug   2 06:23:38.379: RIP: sending v1 update to 255.255.255.255 via FastEthernet0/0 (192.168.1.1)
*Aug   2 06:23:38.379: RIP: build update entries
*Aug   2 06:23:38.379:      network 192.168.2.0 metric 1
*Aug   2 06:23:52.919: RIP: sending v1 update to 255.255.255.255 via FastEthernet0/1 (192.168.2.1)
*Aug   2 06:23:52.919: RIP: build update entries
*Aug   2 06:23:52.919:      network 192.168.1.0 metric 1
*Aug   2 06:23:52.919:      network 192.168.20.0 metric 2
*Aug   2 06:23:54.523: RIP: received v1 update from 192.168.1.2 on FastEthernet0/0
*Aug   2 06:23:54.523:           192.168.20.0 in 1 hops
```

从调试信息中看到，RIP 的广播更新消息从 Fa0/1 端口发出，由于此端口是局域网端口，没有连接路由器，所以根本不需要发送路由更新消息到此接口，否则会影响带宽，带来安全隐患，所以我们利用被动接口的作用，不让更新消息发送，配置命令如下。

```
R1(config)#router rip
R1(config-router)#passive-interface fastEthernet 0/1
//配置接口 Fa0/1 为被动接口
```

（2）查看调试信息

```
R1#
*Aug   2 06:30:51.851: RIP: received v1 update from 192.168.1.2 on FastEthernet0/0
*Aug   2 06:30:51.851:           192.168.20.0 in 1 hops
*Aug   2 06:30:53.999: RIP: sending v1 update to 255.255.255.255 via FastEthernet0/0 (192.168.1.1)
*Aug   2 06:30:53.999: RIP: build update entries
*Aug   2 06:30:53.999:      network 192.168.2.0 metric 1
```

从以上显示的信息可以看出，由于配置了被动接口，R1 路由器的 Fa0/1 端口不再发送 RIP

路由更新信息。

3. 单播更新

RIPv1 版本路由器采用广播方式发送路由更新信息，默认情况下，R2 路由器广播的路由更新信息 R1 路由器与 R3 路由器都能收到，如果 R2 路由器只想把路由更新信息发送到 R3 路由器上，为了达到目的，我们可以设置 R2 路由器的 Fa0/0 端口为被动接口，然后设置单播更新信息，指定 R3 路由器为指定接收路由更新信息的邻居。

（1）R2 路由器的配置

```
R2(config)#router rip
R2(config-router)#passive-interface fastEthernet 0/0    //配置被动接口
R2(config-router)#neighbor 192.168.1.3                  //指定单播更新邻居
```

（2）查看路由表

```
R1#show ip route
(------省略部分输出------)

R      192.168.20.0/24 [120/1] via 192.168.1.2, 00:01:42, FastEthernet0/0
C      192.168.1.0/24 is directly connected, FastEthernet0/0
C      192.168.2.0/24 is directly connected, FastEthernet0/1
```

从以上路由表信息中看出，由于 R2 的 Fa0/0 端口被设置为被动接口，并且只指定 R3 为发送更新信息的邻居，所以 R1 经过 1 分 42 秒时间后任然没有收到路由更新信息，但是 RIP 协议默认失效时间（Invalid-time）是 180 s，所以此路由条目仍然有效。

当时间超过 180 s 后进入抑制时间（Holddown-time），此路由条目被标识为 **Possibly Down**，此刻此路由条目已经失效，但是没有从路由表和数据库中删除，直到刷新时间（Flush-time）240 s 到达后才从路由表中删除。

```
R1#show ip route
(------省略部分输出------)

R      192.168.20.0/24 is possibly down, routing via 192.168.1.2, FastEthernet0/0
C      192.168.1.0/24 is directly connected, FastEthernet0/0
C      192.168.2.0/24 is directly connected, FastEthernet0/1
R1#show ip rip database
192.168.1.0/24      auto-summary
192.168.1.0/24      directly connected, FastEthernet0/0
192.168.2.0/24      auto-summary
```

```
192.168.2.0/24       directly connected, FastEthernet0/1
192.168.20.0/24 is possibly down
192.168.20.0/24 is possibly down
```

240 s 过后再次查看路由表，发现路由条目已经被删除。

```
R1#show ip route
(------省略部分输出------)

C       192.168.1.0/24 is directly connected, FastEthernet0/0
C       192.168.2.0/24 is directly connected, FastEthernet0/1
```

R3 由于是指定邻居，所以 R3 能够收到 R1 的路由更新信息，其路由表如下。

```
R3#show ip route
(------省略部分输出------)

R       192.168.20.0/24 [120/1] via 192.168.1.2, 00:00:18, FastEthernet0/0
C       192.168.1.0/24 is directly connected, FastEthernet0/0
R       192.168.2.0/24 [120/1] via 192.168.1.1, 00:00:01, FastEthernet0/0
```

3.5.3　默认路由

【实验目的】

- 掌握 RIP 网络中引入默认路由的方法；
- 掌握 ip default-network 命令；
- 掌握 default-information originate 命令；
- 验证配置。

【实验拓扑】

实验拓扑如图 3-6 所示。

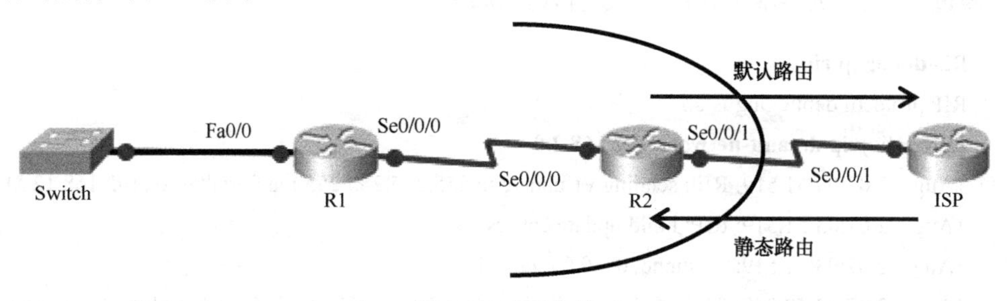

图 3-6　实验拓扑

设备参数如表 3-8 所示。

表 3-8 设备参数表

设 备	接 口	IP 地址	子网掩码	默认网关
R1	S0/0/0	192.168.12.1	255.255.255.0	N/A
	Fa0/0	192.168.1.1	255.255.255.0	N/A
R2	S0/0/0	192.168.12.2	255.255.255.0	N/A
	S0/0/1	192.168.2.2	255.255.255.0	N/A
ISP	S0/0/1	192.168.2.3	255.255.255.0	N/A

【实验内容】

R1 与 R2 以及交换机组成了局域网，R2 为边缘路由器连接 ISP，对边缘 R2 路由器进行配置，引入默认路由使得 R1 能够学到通向外网的默认路由。

1. 路由器配置 RIP 协议与静态路由

（1）R1 路由器的配置

```
R1(config)#router rip
R1(config-router)#network 192.168.1.0
R1(config-router)#network 192.168.12.0
```

（2）R2 路由器的配置

```
R2(config)#router rip
R2(config-router)#network 192.168.12.0
```

（3）ISP 由器的配置

```
ISP(config)#ip route 192.168.1.0 255.255.255.0 192.168.2.2
ISP(config)#ip route 192.168.12.0 255.255.255.0 192.168.2.2
```

2. 通过“ip default-network”命令引入默认路由

```
R2#debug ip rip
RIP protocol debugging is on
R2(config)#ip default-network 192.168.2.0
*Aug  2 07:03:51.519: RIP: sending v1 update to 255.255.255.255 via Serial0/0/0 (192.168.12.2)
*Aug  2 07:03:51.519: RIP: build update entries
*Aug  2 07:03:51.519:     subnet 0.0.0.0 metric 1
*Aug  2 07:03:53.003: RIP: sending v1 flash update to 255.255.255.255 via Serial0/0/0 (192.168.12.2)
*Aug  2 07:03:53.003: RIP: build flash update entries
```

```
*Aug  2 07:03:53.003:    subnet 0.0.0.0 metric 1s
```

以上输出显示，通过配置 ip default-network 192.168.2.0，R2 路由器发送了一条子网是 0.0.0.0 的路由更新信息，再次查看 R2 和 R1 的路由表。

（1）R2 的路由表

```
R2#show ip route
(------省略部分输出------)

C     192.168.12.0/24 is directly connected, Serial0/0/0
R     192.168.1.0/24 [120/1] via 192.168.12.1, 00:00:26, Serial0/0/0
C*    192.168.2.0/24 is directly connected, Serial0/0/1
//R2 产生了一条 C*的本地直连路由
```

（2）R1 的路由表

```
R1#show ip route
(------省略部分输出------)

C     192.168.12.0/24 is directly connected, Serial0/0/0
C     192.168.1.0/24 is directly connected, FastEthernet0/0
R*    0.0.0.0/0 [120/1] via 192.168.12.2, 00:00:09, Serial0/0/0
//R1 学习到了一条默认路由，以字母 R*标识。
```

3. 通过"default-information originate"命令引入默认路由

```
R2(config)#router rip
R2(config-router)#default-information originate
*Aug  2 07:15:02.527: RIP: sending v1 flash update to 255.255.255.255 via Serial0/0/0 (192.168.12.2)
*Aug  2 07:15:02.527: RIP: build flash update entries
*Aug  2 07:15:02.527:    subnet 0.0.0.0 metric 1
*Aug  2 07:15:13.595: RIP: sending v1 update to 255.255.255.255 via Serial0/0/0 (192.168.12.2)
*Aug  2 07:15:13.595: RIP: build update entries
*Aug  2 07:15:13.595:    subnet 0.0.0.0 metric 1
```

输入"default-information originate"命令后 R2 路由器发送了一条 0.0.0.0 子网的路由更新信息，使得 R1 学习到了默认路由。

（1）查看 R1 的路由表

```
R1#show ip route
```

```
(------省略部分输出------)

C       192.168.12.0/24 is directly connected, Serial0/0/0
C       192.168.1.0/24 is directly connected, FastEthernet0/0
R*      0.0.0.0/0 [120/1] via 192.168.12.2, 00:00:25, Serial0/0/0
```

（2）查看连通性

测试默认路由，在 R1 路由器上 ping192.168.2.3，指定源地址 192.168.1.1。

```
R1#ping 192.168.2.3 source 192.168.1.1

Type escape sequence to abort.
Sending 5, 100-byte ICMP Echos to 192.168.2.3, timeout is 2 seconds:
Packet sent with a source address of 192.168.1.1
!!!!!
Success rate is 100 percent (5/5), round-trip min/avg/max = 1/3/4 ms
```

成功率 100%，说明默认路由工作正常，否则 R1 无法与 192.168.2.0 网段通信。

3.6 实训二：RIPv2 配置

【实验目的】

- 掌握不连续网络的含义；
- 理解 RIP 自动汇总；
- 部署 RIPv2 动态路由协议；
- 验证配置。

【实验拓扑】

实验拓扑如图 3-7 所示。

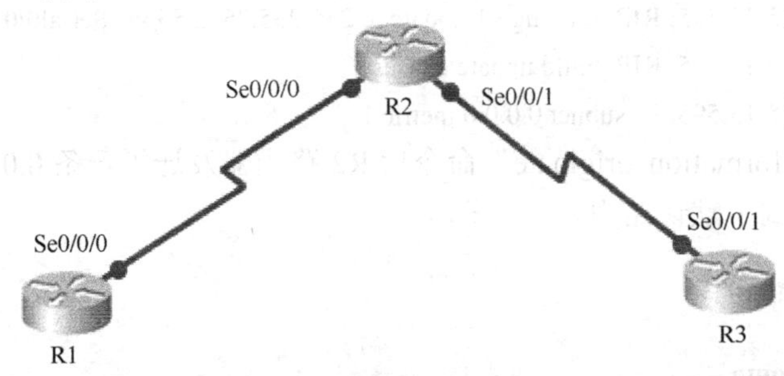

图 3-7 实验拓扑

设备参数如表 3-9 所示。

表 3-9　设备参数表

设　备	接　口	IP 地址	子网掩码	默认网关
R1	S0/0/0	192.168.12.1	255.255.255.0	N/A
	Loopback0	172.16.1.1	255.255.255.0	N/A
	Loopback1	172.16.2.1	255.255.255.0	N/A
R2	S0/0/0	192.168.12.2	255.255.255.0	N/A
	S0/0/1	192.168.23.2	255.255.255.0	N/A
R3	S0/0/1	192.168.23.3	255.255.255.0	N/A
	Loopback0	172.16.3.3	255.255.255.0	N/A
	Loopback1	172.16.4.3	255.255.255.0	N/A

3.6.1　不连续网络路由配置

本实验中，172.16.0.0 网络被划分了 4 个子网，分别连接了 R1 和 R3 路由器，而这 4 个子网没有连在一起，被其他网络分开了，所以称作为不连续网络。

【实验内容】

RIP 路由协议配置如下。

（1）配置 R1 路由器

```
R1(config)#router rip
R1(config-router)#network 192.168.12.0
R1(config-router)#network 172.16.0.0
```

（2）配置 R2 路由器

```
R2(config)#router rip
R2(config-router)#network 192.168.12.0
R2(config-router)#network 192.168.23.0
```

（3）配置 R3 路由器

```
R3(config)#router rip
R3(config-router)#network 192.168.23.0
R3(config-router)#network 172.16.0.0
```

（4）查看连通性

在 R1 路由器上 ping R3 路由器的环回接口 172.16.3.3。

```
R1#ping 172.16.3.3

Type escape sequence to abort.
Sending 5, 100-byte ICMP Echos to 172.16.3.3, timeout is 2 seconds:
.....
Success rate is 0 percent (0/5)
```

以上输出显示 R1 路由器 ping 不通目的网络，查看路由表发现 R1 没有通往子类网络的路由条目，因为 RIPv1 在发送路由更新信息时不发送子网掩码，R1 路由器只会收到 172.16.0.0 的主类网络条目，由于自身有直连的网络，故路由表里只有直连条目。

```
R1#show ip route
(------省略部分输出------)

C       192.168.12.0/24 is directly connected, Serial0/0/0
        172.16.0.0/24 is subnetted, 2 subnets
C           172.16.1.0 is directly connected, Loopback0
C           172.16.2.0 is directly connected, Loopback1
R       192.168.23.0/24 [120/1] via 192.168.12.2, 00:00:02, Serial0/0/0
```

在 R2 路由器上分别 ping R3 路由器的环回接口 172.16.3.3 和 172.16.4.3。

```
R2#ping 172.16.3.3

Type escape sequence to abort.
Sending 5, 100-byte ICMP Echos to 172.16.3.3, timeout is 2 seconds:
U.U.U
Success rate is 0 percent (0/5)
R2#ping 172.16.4.3

Type escape sequence to abort.
Sending 5, 100-byte ICMP Echos to 172.16.4.3, timeout is 2 seconds:
!!!!!
Success rate is 100 percent (5/5), round-trip min/avg/max = 1/2/4 ms
```

以上输出显示 R2 路由器 ping 不通网络 172.16.3.3，而 ping172.16.4.3 成功。查看 R2 路由器的路由表，发现有两条通往 172.16.0.0 的路由条目，并且执行了负载均衡，原因是 R2 分别收到了 R1 与 R3 的路由更新信息，里面都包括了主类网络 172.16.0.0，并且度量相同。

```
R2#show ip route
(------省略部分输出------)

C       192.168.12.0/24 is directly connected, Serial0/0/0
R       172.16.0.0/16 [120/1] via 192.168.23.3, 00:00:21, Serial0/0/1
                      [120/1] via 192.168.12.1, 00:00:06, Serial0/0/0
C       192.168.23.0/24 is directly connected, Serial0/0/1
```

导致只 ping 通一个的原因是路由器在执行负载均衡时是由 CEF 来控制的，CEF 是根据目的网络实现负载均衡的。如果要基于数据包实现负载均衡，只需要关闭 CEF 即可，输入命令“**no ip cef**”。

```
R2(config)#no ip cef
R2(config)#exit
R2#ping 172.16.3.3

Type escape sequence to abort.
Sending 5, 100-byte ICMP Echos to 172.16.3.3, timeout is 2 seconds:
U!.!U
Success rate is 40 percent (2/5), round-trip min/avg/max = 1/1/1 ms
R2#ping 172.16.4.3

Type escape sequence to abort.
Sending 5, 100-byte ICMP Echos to 172.16.4.3, timeout is 2 seconds:
!U!.!
Success rate is 60 percent (3/5), round-trip min/avg/max = 1/1/1 ms
```

关闭了 cef 后再执行 ping 操作，路由器基于数据包执行负载均衡，ping 操作发送的 5 个包被分流后，结果变成了 40%或 60%的成功率。

3.6.2　RIPv2 版本配置

配置 RIPv2 版本只需要输入命令“**version 2**”，对于不连续网络，必须关闭自动汇总，使用命令“**no auto-summary**”。

（1）R1 的配置

```
R1(config)#router rip
R1(config-router)#version 2
R1(config-router)#no auto-summary
```

（2）R2 的配置

```
R2(config)#router rip
R2(config-router)#version 2
R2(config-router)#no auto-summary
```

（3）R3 的配置

```
R3(config)#router rip
R3(config-router)#version 2
R3(config-router)#no auto-summary
```

（4）R1 的路由表

```
R1#show ip route rip
        172.16.0.0/24 is subnetted, 4 subnets
R          172.16.4.0 [120/2] via 192.168.12.2, 00:00:20, Serial0/0/0
R          172.16.3.0 [120/2] via 192.168.12.2, 00:00:20, Serial0/0/0
R       192.168.23.0/24 [120/1] via 192.168.12.2, 00:00:20, Serial0/0/0
```

（5）R2 的路由表

```
R2#show ip route rip
        172.16.0.0/24 is subnetted, 4 subnets
R          172.16.4.0 [120/1] via 192.168.23.3, 00:00:05, Serial0/0/1
R          172.16.1.0 [120/1] via 192.168.12.1, 00:00:00, Serial0/0/0
R          172.16.2.0 [120/1] via 192.168.12.1, 00:00:00, Serial0/0/0
R          172.16.3.0 [120/1] via 192.168.23.3, 00:00:05, Serial0/0/1
```

（6）R3 的路由表

```
R3#show ip route rip
R       192.168.12.0/24 [120/1] via 192.168.23.2, 00:00:05, Serial0/0/1
        172.16.0.0/24 is subnetted, 4 subnets
R          172.16.1.0 [120/2] via 192.168.23.2, 00:00:05, Serial0/0/1
R          172.16.2.0 [120/2] via 192.168.23.2, 00:00:05, Serial0/0/1
```

以上输出显示，路由表已经完全收敛，子类网络条目都能存在路由表中。再次查看路由协议如下。

```
R1#show ip protocols
Routing Protocol is "rip"
  Outgoing update filter list for all interfaces is not set
```

```
Incoming update filter list for all interfaces is not set
Sending updates every 30 seconds, next due in 18 seconds
Invalid after 180 seconds, hold down 180, flushed after 240
Redistributing: rip
Default version control: send version 2, receive version 2
  Interface             Send  Recv  Triggered RIP  Key-chain
  Serial0/0/0           2     2
  Loopback0             2     2
  Loopback1             2     2
Automatic network summarization is not in effect
Maximum path: 4
Routing for Networks:
  172.16.0.0
  192.168.12.0
Routing Information Sources:
  Gateway         Distance      Last Update
  192.168.12.2    120           00:00:19
Distance: (default is 120)
```

由于启用了 RIPv2 版本，接口发送与接收的路由更新都是第 2 个版本。用 R2 路由器再次 ping R3 路由器的环回接口结果如下。

```
R2#ping 172.16.3.3

Type escape sequence to abort.
Sending 5, 100-byte ICMP Echos to 172.16.3.3, timeout is 2 seconds:
!!!!!
Success rate is 100 percent (5/5), round-trip min/avg/max = 1/2/4 ms
R2#ping 172.16.4.3

Type escape sequence to abort.
Sending 5, 100-byte ICMP Echos to 172.16.4.3, timeout is 2 seconds:
!!!!!
Success rate is 100 percent (5/5), round-trip min/avg/max = 1/2/4 ms
```

3.7 实训三：RIPv2 扩展配置

3.7.1 RIP 认证与手工汇总

【实验目的】

- 掌握 RIP 认证方法；
- 掌握 RIP 协议手工汇总方法；
- 部署 RIP 手工汇总路由；
- 了解 RIPv2 不支持 CIDR，能够传递 CIDR；
- 验证配置。

【实验拓扑】

实验拓扑如图 3-8 所示。

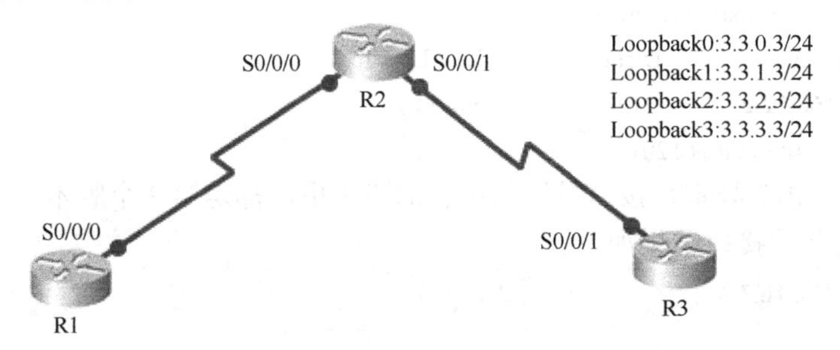

图 3-8 实验拓扑

设备参数如表 3-10 所示。

表 3-10 设备参数表

设 备	接 口	IP 地址	子网掩码	默认网关
R1	S0/0/0	172.16.12.1	255.255.255.0	N/A
	Loopback0	10.10.10.10	255.255.255.0	N/A
R2	S0/0/0	172.16.12.2	255.255.255.0	N/A
	S0/0/1	172.16.23.2	255.255.255.0	N/A
R3	S0/0/1	172.16.23.3	255.255.255.0	N/A
	Loopback0	3.3.0.3	255.255.255.0	N/A
	Loopback1	3.3.1.3	255.255.255.0	N/A
	Loopback2	3.3.2.3	255.255.255.0	N/A
	Loopback3	3.3.3.3	255.255.255.0	N/A

【实验内容】

R1 与 R2 路由器的串行接口之间启用明文认证，R2 与 R3 路由器的串行接口之间启用 MD5 认证，在 R3 路由器上进行手工汇总，把 4 个环回接口的地址汇总后发送给 R1 与 R2 路由器。

1. 基本路由配置

（1）R1 路由器的配置

```
R1(config)#router rip
R1(config-router)#version 2
R1(config-router)#no auto-summary
R1(config-router)#network 172.16.0.0
R1(config-router)#network 10.0.0.0
R1(config-router)#passive-interface default                    //把所有接口设置为被动接口
R1(config-router)#no passive-interface serial 0/0/0
```

（2）R2 路由器的配置

```
R2(config)#router rip
R2(config-router)#version 2
R2(config-router)#no auto-summary
R2(config-router)#network 172.16.0.0
R2(config-router)#passive-interface default
R2(config-router)#no passive-interface serial 0/0/0
R2(config-router)#no passive-interface serial 0/0/1
```

（3）R3 路由器的配置

```
R3(config)#router rip
R3(config-router)#version 2
R3(config-router)#no auto-summary
R3(config-router)#network 172.16.0.0
R3(config-router)#network 3.0.0.0
R3(config-router)#passive-interface default
R3(config-router)#no passive-interface serial 0/0/1
```

2. 启用 RIP 认证

（1）R1 配置明文认证

```
R1(config)#key chain cisco                    //配置钥匙链名字为 cisco
```

```
R1(config-keychain)#key 1                                  //配置 key ID
R1(config-keychain-key)#key-string siso                    //配置密钥为 siso
R1(config-keychain-key)#exit
R1(config-keychain)#exit
R1(config)#interface serial 0/0/0
R1(config-if)#ip rip authentication mode text
//启用认证，认证模式为明文，默认情况下也为明文认证
R1(config-if)#ip rip authentication key-chain cisco      //在接口上调用钥匙链
```

开启 R1 路由器的 RIP 调试信息

```
R1#debug ip rip
RIP protocol debugging is on
*Aug  4 02:27:13.367: RIP: ignored v2 packet from 172.16.12.2 (invalid authentication)
*Aug  4 02:27:18.091: RIP: sending v2 update to 224.0.0.9 via Serial0/0/0 (172.16.12.1)
*Aug  4 02:27:18.091: RIP: build update entries
*Aug  4 02:27:18.091:     10.10.10.0/24 via 0.0.0.0, metric 1, tag 0
```

以上输出显示，RIPv2 发送更新使用组播地址 224.0.0.9，由于 R2 路由器没有启用认证，所以 R1 不接收 R2 发来的更新信息。

（2）R2 配置明文与 MD5 认证

```
R2(config)#key chain cisco
R2(config-keychain)#key 1
R2(config-keychain-key)#key-string siso
R2(config-keychain-key)#exit
R2(config-keychain)#exit
R2(config)#interface serial 0/0/0
R2(config-if)#ip rip authentication mode text
R2(config-if)#ip rip authentication key-chain cisco
R2(config)#key chain ccna
R2(config-keychain)#key 1
R2(config-keychain-key)#key-string siso
R2(config-keychain-key)#exit
R2(config-keychain)#exit
R2(config)#interface serial 0/0/1
R2(config-if)#ip rip authentication mode md5
//启用认证，认证模式为 MD5
R2(config-if)#ip rip authentication key-chain ccna
```

(3) R3配置MD5认证

```
R3(config)#key chain ccna
R3(config-keychain)#key 1
R3(config-keychain-key)#key-string siso
R3(config-keychain-key)#exit
R3(config-keychain)#exit
R3(config)#interface serial 0/0/1
R3(config-if)#ip rip authentication mode md5
R3(config-if)#ip rip authentication key-chain ccna
```

(4) 在R2路由器上查看路由协议

```
R2#show ip protocols
Routing Protocol is "rip"
  Outgoing update filter list for all interfaces is not set
  Incoming update filter list for all interfaces is not set
  Sending updates every 30 seconds, next due in 20 seconds
  Invalid after 180 seconds, hold down 180, flushed after 240
  Redistributing: rip
  Default version control: send version 2, receive version 2
    Interface         Send     Recv    Triggered RIP   Key-chain
    Serial0/0/0        2        2                        cisco
    Serial0/0/1        2        2                        ccna
  Automatic network summarization is not in effect
  Maximum path: 4
  Routing for Networks:
    172.16.0.0
  Passive Interface(s):
    FastEthernet0/0
    FastEthernet0/1
//把所有接口设置为被动接口
  SSLVPN-VIF0
    VoIP-Null0
  Routing Information Sources:
    Gateway          Distance       Last Update
    172.16.23.3        120            00:00:20
    172.16.12.1        120            00:00:12
  Distance: (default is 120)
```

以上输出显示，R2 路由器在接口上使用了认证。

3. 配置手工汇总

（1）开启 R3 的 RIP 调试信息，配置汇总路由

```
R3#debug ip rip
RIP protocol debugging is on
R3(config)#interface serial 0/0/1
R3(config-if)#ip summary-address rip 3.3.0.0 255.255.252.0
//在接口上配置手工汇总地址，汇总地址的计算参见第 2 章静态路由
*Aug   4 02:42:31.915: RIP: sending v2 flash update to 224.0.0.9 via Serial0/0/1 (172.16.23.3)
*Aug   4 02:42:31.915: RIP: build flash update entries
*Aug   4 02:42:31.915:      3.3.0.0/22 via 0.0.0.0, metric 1, tag 0
```

（2）查看路由表

```
R1#show ip route rip
       3.0.0.0/22 is subnetted, 1 subnets
R         3.3.0.0 [120/2] via 172.16.12.2, 00:00:12, Serial0/0/0
       172.16.0.0/24 is subnetted, 2 subnets
R         172.16.23.0 [120/1] via 172.16.12.2, 00:00:12, Serial0/0/0

R2#show ip route rip
       3.0.0.0/22 is subnetted, 1 subnets
R         3.3.0.0 [120/1] via 172.16.23.3, 00:00:19, Serial0/0/1
       10.0.0.0/24 is subnetted, 1 subnets
R         10.10.10.0 [120/1] via 172.16.12.1, 00:00:20, Serial0/0/0
```

以上输出显示 R1 与 R2 的路由表已经用 R3 发来的汇总路由更新。

其实，RIPv2 不全完支持 CIDR，我们在 R3 路由器上修改环回接口 Lo0～Lo3 的地址分别为 192.168.0.3/24、192.168.1.3/23、192.168.2.3/24 和 192.168.3.3/24，修改 R3 路由器的配置如下。

```
R3(config)#router rip
R3(config-router)#no network 3.0.0.0
R3(config-router)#network 192.168.0.0
R3(config-router)#network 192.168.1.0
R3(config-router)#network 192.168.2.0
R3(config-router)#network 192.168.3.0
R3(config)#interface serial 0/0/1
R3(config-if)#no ip summary-address rip 3.3.0.0 255.255.252.0
```

```
R3(config-if)#ip summary-address rip 192.168.0.0 255.255.252.0
```

此时路由器提示如下信息：

```
"Summary mask must be greater or equal to major net"
```

说明 CIDR 汇总后的掩码长度必须要大于或等于主类网络的掩码长度，因为 22<24，所以不能汇总。所以，RIPv2 不完全支持 CIDR，但是可以通过路由重分布传递 CIDR 汇总。

可以用静态路由发布汇总路由：

```
R3(config)#ip route 192.168.0.0 255.255.252.0 null 0
R3(config)#router rip
R3(config-router)#no network 192.168.0.0
R3(config-router)#no network 192.168.1.0
R3(config-router)#no network 192.168.2.0
R3(config-router)#no network 192.168.3.0
R3(config-router)#redistribute static
//重分布静态路由，使得之前配置的汇总静态路由能够由路由器 R3 发布路由更新给 R1 与 R2 路由器
*Aug  4 06:37:32.382: RIP: sending v2 flash update to 224.0.0.9 via Serial0/0/1 (172.16.23.3)
*Aug  4 06:37:32.382: RIP: build flash update entries
*Aug  4 06:37:32.382:     192.168.0.0/22 via 0.0.0.0, metric 1, tag 0
```

查看路由表：

```
R1#show ip route rip
     172.16.0.0/24 is subnetted, 2 subnets
R        172.16.23.0 [120/1] via 172.16.12.2, 00:00:20, Serial0/0/0
R     192.168.0.0/22 [120/2] via 172.16.12.2, 00:00:20, Serial0/0/0
R2#show ip route rip
     10.0.0.0/24 is subnetted, 1 subnets
R        10.10.10.0 [120/1] via 172.16.12.1, 00:00:25, Serial0/0/0
R     192.168.0.0/22 [120/1] via 172.16.23.3, 00:00:21, Serial0/0/1
```

结果显示 R1 与 R2 路由器都学习到了汇总路由。

3.7.2 水平分割与触发更新

【实验目的】

- 理解水平分割的含义；
- 掌握水平分割的配置方法；
- 理解触发更新的含义；
- 掌握触发更新的配置方法；
- 验证配置。

【实验拓扑】

实验拓扑如图 3-9 所示。

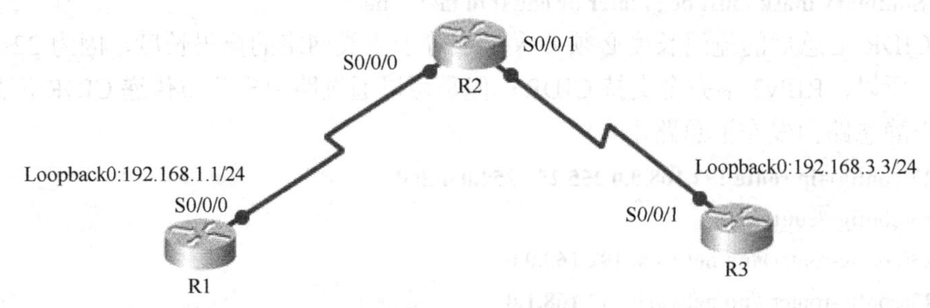

图 3-9　实验拓扑

设备参数如表 3-11 所示。

表 3-11　设备参数表

设　备	接　口	IP 地址	子网掩码	默认网关
R1	S0/0/0	172.16.12.1	255.255.255.0	N/A
	Loopback0	192.168.1.1	255.255.255.0	N/A
R2	S0/0/0	172.16.12.2	255.255.255.0	N/A
	S0/0/1	172.16.23.2	255.255.255.0	N/A
R3	S0/0/1	172.16.23.3	255.255.255.0	N/A
	Loopback0	192.168.3.3	255.255.255.0	N/A

【实验内容】

路由器在运行 RIP 协议时，默认已经启用水平分割，我们关闭 R2 路由器 Serial0/0/0 接口的水平分割来观察路由更新信息的变化，RIP 协议默认是周期更新的，没有开启触发更新，本实验在 R2 与 R3 之间开启触发更新，观察路由更新信息。

1. 完成基本配置

（1）R1 路由器

```
R1(config)#router rip
R1(config-router)#version 2
R1(config-router)#no auto-summary
R1(config-router)#network 172.16.0.0
R1(config-router)#network 192.168.1.0
R1(config-router)#passive-interface default
R1(config-router)#no passive-interface serial 0/0/0
```

（2）R2 路由器

```
R2(config)#router rip
R2(config-router)#version 2
R2(config-router)#no auto-summary
R2(config-router)#network 172.16.0.0
R2(config-router)#passive-interface default
R2(config-router)#no passive-interface serial 0/0/0
R2(config-router)#no passive-interface serial 0/0/1
```

（3）R3 路由器

```
R3(config)#router rip
R3(config-router)#version 2
R3(config-router)#no auto-summary
R3(config-router)#network 192.168.3.0
R3(config-router)#network 172.16.0.0
R3(config-router)#passive-interface default
R3(config-router)#no passive-interface serial 0/0/1
```

2. 水平分割

R2 路由器开启 RIP 调试信息。

```
R2#debug ip rip
RIP protocol debugging is on
*Aug  4 07:50:03.391: RIP: received v2 update from 172.16.12.1 on Serial0/0/0
*Aug  4 07:50:03.391:        192.168.1.0/24 via 0.0.0.0 in 1 hops
*Aug  4 07:50:05.767: RIP: received v2 update from 172.16.23.3 on Serial0/0/1
*Aug  4 07:50:05.767:        192.168.3.0/24 via 0.0.0.0 in 1 hops
*Aug  4 07:50:07.935: RIP: sending v2 update to 224.0.0.9 via Serial0/0/0 (172.16.12.2)
*Aug  4 07:50:07.935: RIP: build update entries
*Aug  4 07:50:07.935:     172.16.23.0/24 via 0.0.0.0, metric 1, tag 0
*Aug  4 07:50:07.935:     192.168.3.0/24 via 0.0.0.0, metric 2, tag 0
*Aug  4 07:50:11.375: RIP: sending v2 update to 224.0.0.9 via Serial0/0/1 (172.16.23.2)
*Aug  4 07:50:11.375: RIP: build update entries
*Aug  4 07:50:11.375:     172.16.12.0/24 via 0.0.0.0, metric 1, tag 0
*Aug  4 07:50:11.375:     192.168.1.0/24 via 0.0.0.0, metric 2, tag 0
```

以上调试信息显示，R2 发送给 R1 的路由更新信息没有包含 R1 的环回接口 192.168.1.0/24，发送给 R3 的路由更新信息没有包含 R3 的环回接口 192.168.3.0/24，说明默认情况下启用了水平分割。我们可以在接口上用命令“**no ip split-horizon**”关闭水平分割，关闭水平分割之后调试信息如下。

```
R2(config)#interface serial 0/0/0
R2(config-if)#no ip split-horizon                    //关闭水平分割
R2(config)#interface serial 0/0/1
R2(config-if)#no ip split-horizon
*Aug   4 07:52:53.571: RIP: received v2 update from 172.16.23.3 on Serial0/0/1
*Aug   4 07:52:53.571:          192.168.3.0/24 via 0.0.0.0 in 1 hops
*Aug   4 07:52:54.267: RIP: received v2 update from 172.16.12.1 on Serial0/0/0
*Aug   4 07:52:54.267:          192.168.1.0/24 via 0.0.0.0 in 1 hops
*Aug   4 07:52:54.287: RIP: sending v2 update to 224.0.0.9 via Serial0/0/1 (172.16.23.2)
*Aug   4 07:52:54.287: RIP: build update entries
*Aug   4 07:52:54.287:      172.16.12.0/24 via 0.0.0.0, metric 1, tag 0
*Aug   4 07:52:54.287:      172.16.23.0/24 via 0.0.0.0, metric 1, tag 0
*Aug   4 07:52:54.287:      192.168.1.0/24 via 0.0.0.0, metric 2, tag 0
*Aug   4 07:52:54.287:      192.168.3.0/24 via 172.16.23.3, metric 2, tag 0
*Aug   4 07:52:55.435: RIP: sending v2 update to 224.0.0.9 via Serial0/0/0 (172.16.12.2)
*Aug   4 07:52:55.435: RIP: build update entries
*Aug   4 07:52:55.435:      172.16.12.0/24 via 0.0.0.0, metric 1, tag 0
*Aug   4 07:52:55.435:      172.16.23.0/24 via 0.0.0.0, metric 1, tag 0
*Aug   4 07:52:55.435:      192.168.1.0/24 via 172.16.12.1, metric 2, tag 0
*Aug   4 07:52:55.435:      192.168.3.0/24 via 0.0.0.0, metric 2, tag 0
```

可以看出，从接收端口收到的路由更新信息又重新发送给了对方，这样就有可能造成环路，所以在进行水平分割平时配置不需要关闭。

3. 触发更新

触发更新在默认情况下是没有开启的，我们用命令“**ip rip triggered**”开启 R2Y 与 R3 路由器 Serial0/0/1 端口的触发更新，因为触发更新需要协商，所以路由器两端都需要开启。

```
R2(config)#interface serial 0/0/1
R2(config-if)#ip rip triggered                    //开启触发更新
R3(config)#interface serial 0/0/1
R3(config-if)#ip rip triggered
R3(config-if)#end
R3#debug ip rip
RIP protocol debugging is on
```

由于启用了触发更新，所有 R3 的调试信息里没有看到 30 s 一次的周期性路由更新信息。此时我们把 R3 的环回接口关闭。

```
R3(config)#interface loopback 0
R3(config-if)#shutdown
*Aug  4 08:16:31.891: %LINK-5-CHANGED: Interface Loopback0, changed state to administratively down
*Aug  4 08:16:31.895: RIP: send v2 triggered update to 172.16.23.2 on Serial0/0/1
*Aug  4 08:16:31.895: RIP: build update entries
*Aug  4 08:16:31.895:     route 20: 192.168.3.0/24 metric 16, tag 0
//R3 路由器发送了度量为 16 的路由条目，此为路由毒化，R2 收到此条目后会再次发送给 R3,，即毒性逆转
*Aug  4 08:16:31.895: RIP: Update contains 1 routes, start 20, end 21
*Aug  4 08:16:31.895: RIP: start retransmit timer of 172.16.23.2
*Aug  4 08:16:31.895: RIP: received v2 triggered ack from 172.16.23.2 on Serial0/0/1
     seq# 5
*Aug  4 08:16:32.891: %LINEPROTO-5-UPDOWN: Line protocol on Interface Loopback0, changed state to down
```

由于启用了触发更新，当拓扑变化时，R3 路由器才发送路由更新信息给 R2。

查看 R3 的路由协议。

```
R3#show ip protocols
Routing Protocol is "rip"
  Outgoing update filter list for all interfaces is not set
  Incoming update filter list for all interfaces is not set
  Sending updates every 30 seconds, next due in 8 seconds
  Invalid after 180 seconds, hold down 0, flushed after 240
  Redistributing: rip
  Default version control: send version 2, receive version 2
    Interface             Send   Recv   Triggered RIP   Key-chain
    Serial0/0/1           2      2          Yes
  Automatic network summarization is not in effect
  Maximum path: 4
  Routing for Networks:
    172.16.0.0
    192.168.3.0
  Passive Interface(s):
    FastEthernet0/0
    FastEthernet0/1
    Serial0/0/0
    SSLVPN-VIF0
```

```
    Loopback0
    VoIP-Null0
  Routing Information Sources:
    Gateway         Distance      Last Update
    Gateway         Distance      Last Update
    172.16.23.2          120      00:04:16
  Distance: (default is 120)
```

以上输出显示 R3 路由器在接口 Serial0/0/1 上卡开启了触发更新，抑制计时器的时间设置为 0，在运行配置文件中也看到了相关的配置信息。

```
R3#show running-config | begin router rip
router rip
 version 2
 timers basic 30 180 0 240
 //由于触发更新，在配置中自动加上 1 行命令，把 holddown-time 设置为 0
passive-interface default
 no passive-interface Serial0/0/1
 network 172.16.0.0
 network 192.168.3.0
 no auto-summary
```

第4章 >>>

EIGRP路由协议

本章要点

- EIGRP 概述
- 实训一：EIGRP 基本配置
- 实训二：EIGRP 负载均衡
- 实训三：EIGRP 认证与手工汇总

EIGRP（Enhanced Interior Gateway Routing Protocol）是思科公司于 1992 年开发的增强型内部网关路由协议，并且发布了 Cisco IOS 9.21，它是思科专有协议，2013 年之前只能在思科路由器上运行，2013 年后实行了公有化。EIGRP 是结合了链路状态和距离矢量型路由选择协议的 Cisco 专用协议，采用弥散修正算法（DUAL）来实现快速收敛，可以不发送定期的路由更新信息以减少带宽的占用，支持 Appletalk、IP、Novell 和 NetWare 等多种网络层协议。

4.1 EIGRP 概述

思科于 1985 年开发了 IGRP 协议，IGRP 相对于 RIP 突破了以跳数作为度量，最大 15 跳的局限。使用带宽、延迟、可靠性、负载组成的复合度量。但是，IGRP 是使用周期更新的有类路由算法，在当今的网络中受到了限制。

因此，思科使用新的 DUAL 算法使 IGRP 得到增强。EIGRP 是最典型的平衡混合路由选择协议，它融合了距离矢量和链路状态两种路由选择协议的优点，使用 DUAL 更新算法，能最快地实现网络收敛（Convergence），EIGRP 公有化之后其最新的 RFC 文档在 2016 年 5 月得以更新。

4.1.1 EIGRP 特征

EIGRP 特点如下：

- 通过发送和接收 Hello 包来建立和维持邻居关系并交换路由信息；
- 采用组播（224.0.0.10）或单播进行路由更新；
- EIGRP 的管理距离为 90 或 170；
- 支持 AppleTalk、Netware 和 IP 等多种网络层协议；
- 采用不定期更新，即只在路由器改变计量标准或拓扑出现变化时发送部分更新路由信息；
- 更新条目中包含掩码，支持 VLSM 和 CIDR，支持不连续子网；
- 在具有相同自治系统号的 EIGRP 和 IGRP 之间，可无缝交换路由信息；
- 使用可靠传输协议 RTP 保证路由信息传输的可靠性；
- 支持等价和非等价的负载均衡。

4.1.2 EIGRP 消息格式

EIGRP 协议使用多种类型的报文，共分为 Hello、Query、Reply、Update 和 Request 五种，其中 Request 报文目前并没有使用。

- Hello 报文：用于邻居的发现和恢复的过程，Hello 报文使用组播方式发送，而且使用不可靠的发送方式。

- 确认报文（ACKnowledgments, ACK）：是不包含数据的 Hello 报文，ACK 报文总是使用单播方式和不可靠的发送方式来确认更新、查询和答复数据包的。
- 更新报文（Update）：用于传递路由更新信息，只在必要的时候传递必要的信息。这些报文使用可靠的发送方式。当路由器收到邻居路由器的第一个 Hello 包时，以单播方式会送一个包含它所知路由信息的更新包；当路由信息发生变化时，以组播方式发送只包含路由信息变更的更新包，即变化了的数据库。
- 查询（Query）和答复（Reply）报文：用来管理它的扩散计算，一般当链路失效后需要重新计算路由，但在拓扑表中没有可行后继路由时使用组播方式或者单播方式发送查询报文，而回复报文总是使用单播方式发送的。查询和回复报文都使用可靠的发送方式。
- 请求报文（Request）：是最初计划路由服务器使用的报文类型，目前不再使用。

每个 EIGRP 的数据包由报头和数据字段组成，数据字段称为 TLV（Type Length Value）。TLV 指由类型、长度、值三部分组成的信息单位，如图 4-1 所示。

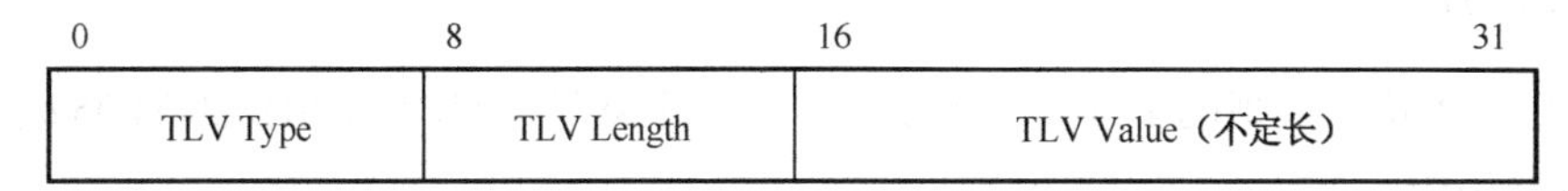

图 4-1　EIGRP 的 TLV 结构

- TLV Type：指明协议的分类。
- TVL Length：指明了 TLV 的长度，包括 TLV Type 和 TLV Length 部分。
- TLV Value：TLV 的具体内容。

1. 通用类型 TLV

目前 EIGRP 的通用 TLV 有 8 种类型，如表 4-1 所示。

表 4-1　通用 TLV 类型

编　码	TLV 类型	作　　用
0x0001	Parameter Type	在 Hello 报文中携带，用于度量计算的参数
0x0002	Authentication Type	携带认证信息，目前有 MD5 和 SHA2
0x0003	Sequence Type	用于让邻居路由器进入 CR（Conditional Receive）状态
0x0004	Software Version Type	在 Hello 报文中携带，用来指定 EIGRP 协议软件的版本
0x0005	MultiCast Sequence Type	需要和与 Sequense TLV 配合使用
0x0006	Peer Information Type	保留使用
0x0007	Peer Termination Type	在 Hello 报文中携带，用于通告邻居列表，本路由器已经重置了邻接关系
0x0008	Tid List Type	子拓扑标识，包括基本拓扑结构

（1）参数 TLV

图 4-2 显示了带参数的 TLV 编码格式，EIGRP 参数消息包含 EIGRP 用于计算度量的权重。默认情况下仅对带宽和延迟进行计算，用于带宽的参数 K1 字段和用于延迟的 K3 字段都被设置为 1，其他 K 值被设置为 0。

保持时间是收到此消息的 EIGRP 邻居在认为发出通告的路由器发生故障前应该等待的时间。

0	8	16	31
类型=0x0001		长度	
K1	K2	K3	K4
K5	保留	保持时间	

图 4-2　EIGRP 参数 TLV

（2）认证 TLV

图 4-3 显示了认证类型的 TLV 编码格式，其中认证类型有 MD5 和 SHA2，MD5 编码为 0x02，SHA2 编码为 0x03。

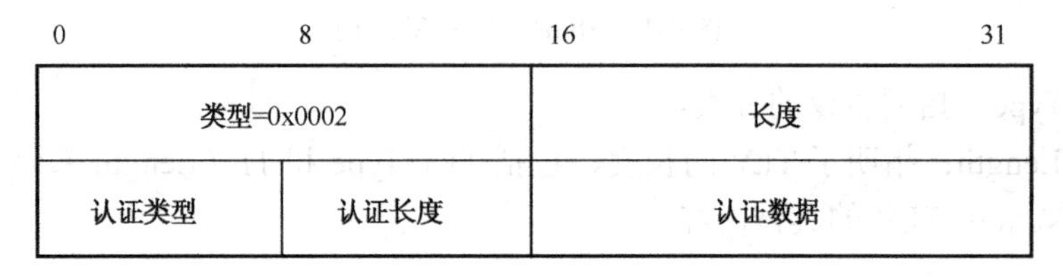

图 4-3　EIGRP 认证 TLV

（3）序列 TLV

图 4-4 显示了序列 TLV 编码格式，其中地址长度对于 IPv4 地址族取值为 4，对于 IPv6 地址族取值为 6，协议地址对于 IPv4 网络，长度为 4 字节。

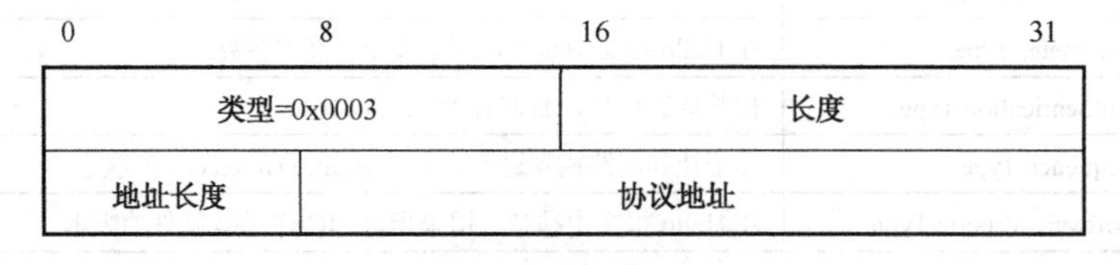

图 4-4　EIGRP 序列 TLV

（4）软件版本 TLV

图 4-5 显示了软件版本类型 TLV 的编码格式，系统的主版本号和从版本号目前取值为 1 和 0，EIGRP 的主版本号和从版本号目前取值也是 1 和 0。

图 4-5　Software version TLV

其他版本的 TLV 不在此一一介绍，详情请参考 RFC7868 文档。

2. 路由信息 TLV

除了通用 TLV 之外，EIGRP 还有路由信息 TLV 类型，具体的 IPv4 TLVs 包括以下几种。

（1）IP Internal Type

IP 内部路由 TLV 用于在自制系统内部通告 EIGRP 路由。
图 4-6 显示了自制系统内部通告 EIGRP 路由的 IP 内部消息。

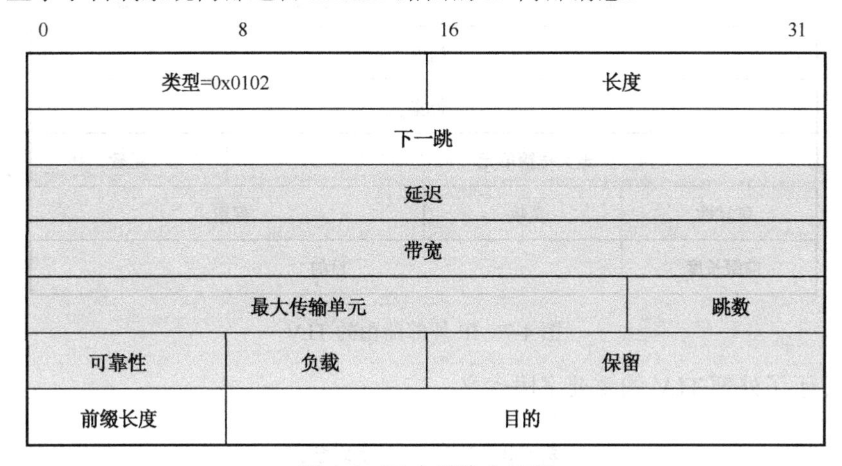

图 4-6　IP 内部路由 TLV

其中各重要字段的含义如表 4-2 所示。

表 4-2　IP 内部路由 TLV 字段含义

字　段	含　义
延迟（Delay）	延迟根据从源设备到目的设备的总延迟来计算，单位为微妙
带宽（Bandwidth）	带宽是路由器沿途的所有接口的最低配置带宽
下一跳（Next Hop）	路由的下一跳 IP 地址
最大传输单元（Maximum Transmission Unit）	链路上的最大传输单元
跳数（Hop Count）	达到目的地经过路由器的个数
前缀长度（Prefix Length）	子网掩码的位数
目的（Destination）	路由的目的地址

（2）IP External Type

IP 外部路由 TLV 用于路由器学习被 EIGRP 引入的其他外部路由。

当 EIGRP 网络中注入了外部路由时，就会产生外部 TLV，图 4-7 显示了外部路由的 TLV。

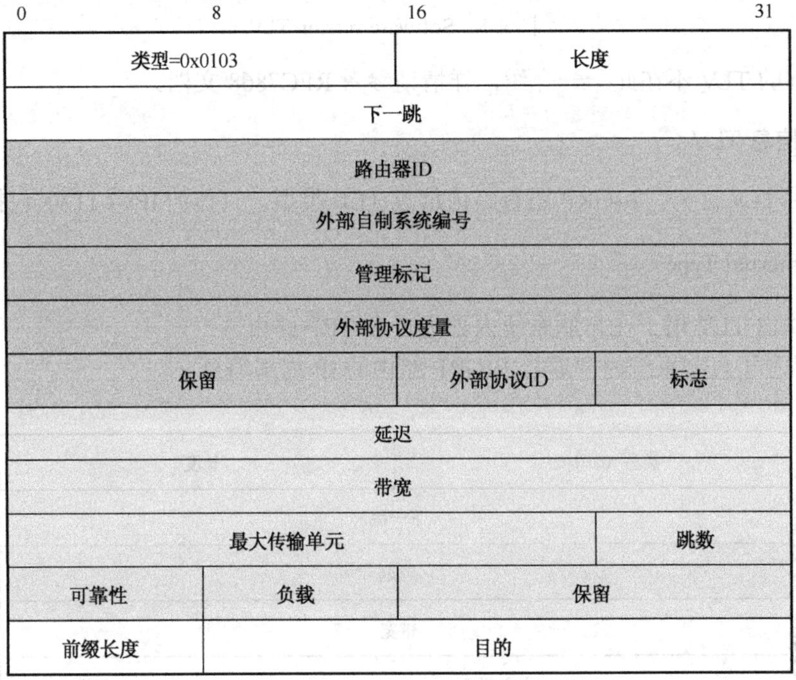

0　8　16　31
类型=0x0103　长度
下一跳
路由器ID
外部自制系统编号
管理标记
外部协议度量
保留　外部协议ID　标志
延迟
带宽
最大传输单元　跳数
可靠性　负载　保留
前缀长度　目的

图 4-7　IP 外部路由的 TLV

表 4-3 显示了外部 TLV 的重要字段含义。

表 4-3　外部 TLV 字段含义

字　段	含　义
路由器 ID	引入外部路由的路由器 ID
始发自制系统编号	引入路由的路由器所在的自制系统 ID
管理标记	携带路由映射图的标记
外部协议度量	引入外部路由在原协议中的度量值
外部协议 ID	指明外部路由的类型，从哪个协议学习得到
标志	目前定了两个标志：0x01 表示外部路由；0x02 表示候选的默认路由

（3）Community Type

Community Type 为特定的 IPv4 网络提供团体标签。

图 4-8 显示了团体类型的 TLV 编码格式。

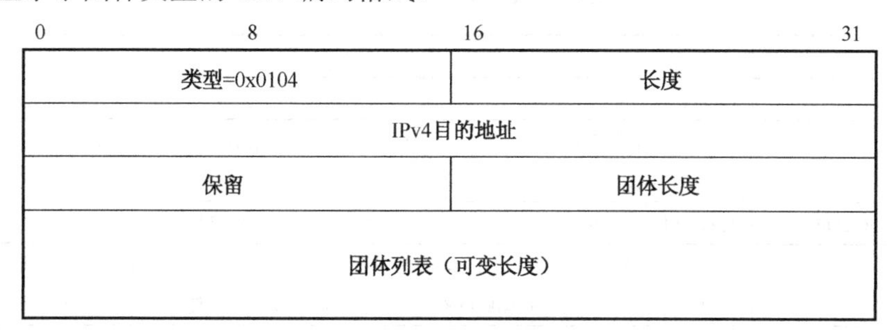

图 4-8　EIGRP 团体 TLV

其中 IPv4 目的地址指明团体信息存储的地址，团体长度指团体列表的长度。

每个 EIGRP 数据包无论是什么类型，之后都会被封装到 IP 数据包中，IP 数据包的协议字段被置为 88 以说明该数据包是 EIGRP 消息，目的地则为组播地址 224.0.0.10，如果 EIGRP 数据包在以太网中传输，则目的 MAC 地址为组播地址 01-00-5E-00-00-0A。EIGRP 的消息封装如图 4-9 所示。

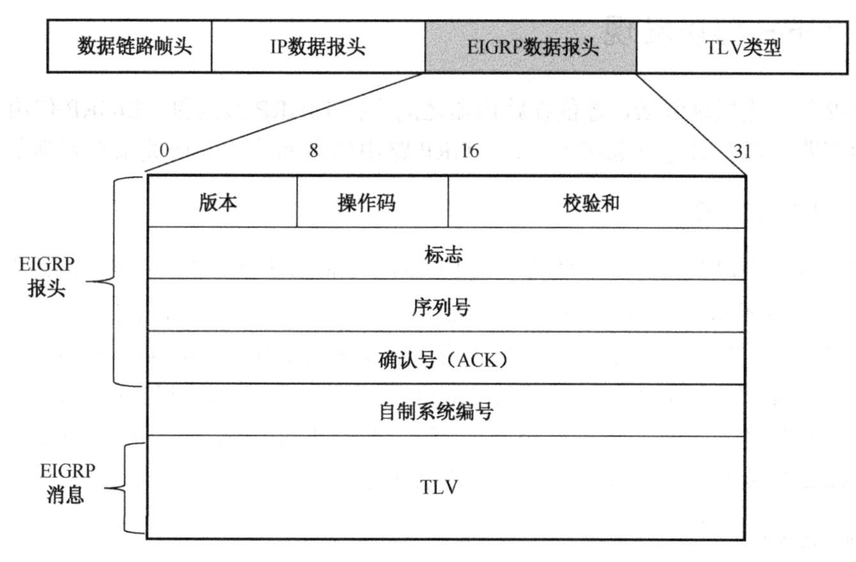

图 4-9　EIGRP 数据包头

EIGRP 报文中各个字段的含义如表 4-4 所示。

表 4-4　EIGRP 报文字段含义

字　段	含　义
版本（Version）	EIGRP 进程处理的版本
操作码（Opcode）	指明 EIGRP 数据包类型，其中，Update（1）报文用来更新路由，Request（2）报文目前不再使用，Query（3）报文和 Reply（4）报文用于查询和应答，Hello（5）报文用来维护邻居关系
校验和（Checksum）	标准的 IP 校验和，基于除了 IP 头部的整个 EIGRP 数据包来计算的校验和
标记（Flag）	目前有 2 个标记：第一个是 init，通常设置为 0x00000001，指出附加路由条目是新邻居关系的开始；第二个设置为 0x00000002，表示条件接收位，并使用私有的可靠组播算法中
序列号（Sequence Number）	应用在 RTP 中的 32 位序列号
确认序列号（ACK Number）	本地路由器收到邻居路由器发送最新 32 位序列号
自制系统编号（Autonomous System Number）	EIGRP 路由进程的 ID

4.1.3　EIGRP 邻居发现

EIGRP 必须首先发现邻居，才能在路由器之间交换 EIGRP 数据包。EIGRP 使用 Hello 数据包来发现相邻路由器并且建立邻居关系，EIGRP 路由器之间建立邻居关系必须满足以下三点。

1. 收到 Hello 或 ACK

在大多数网络中，每 5 s 路由器发送一次 EIGRP Hello 数据包，在非广播多路访问（NBMA），如 X.25、帧中继或者低速链路的 ATM 接口上，每 60 s 发送一次 Hello 数据包。

EIGRP 路由器设定只要它能够收到邻居路由器发来的 Hello 数据包，就维持邻居关系。保持时间是指路由器宣告邻居不可达前等待该设备发送下一个 Hello 报文的最长时间，一般是 Hello 时间间隔的 3 倍，即在大多数网络中是 15 s，在低速 NBMA 网络中是 180 s。在保持时间到达后，EIGRP 宣告该邻居发生故障，解除邻居关系。

2. 匹配 AS 号

EIGRP 要求使用同一个进程 ID 来配置同一个路由域内的所有路由器。一般来说，在一台路由器上，只会为每个路由协议配置一个进程 ID。

3. 相同的度量计算

EIGRP 正在复合度量中使用以下参数来计算度量选择路径。

- 带宽（Bandwidth）；
- 延迟（Delay）；

- 可靠性（Reliability）；
- 负载（Load）。

EIGRP 的度量计算公式：

[K1*Bandwidth + (K2*Bandwidth)/(256 - Load) + K3*Delay]*[K5*(Reliability + K4)]*256

默认情况下，K1 = K3 = 1，K2 = K4 = K5 = 0。

Bandwidth = 10^7/路由学习方向路径入带宽最小值（kbps）] ×256

Delay = 路由学习方向路径入口延迟和（μs）/10] ×256

在收到对端路由器发送过来的 Hello 报文后，如果满足邻居建立条件，EIGRP 就会与其建立邻居关系，但是，必须经过三次握手后，才可以正常发送和接收路由信息。

4.1.4　EIGRP 路由发现和维护

EIGRP 使用可靠传输协议 RTP（Reliable Transport Protocol）来管理 EIGRP 报文发送和接收，可靠发送是指发送是有保障的而且报文是有序的发送。有保障发送是依赖 Cisco 公司私有的算法来实现的，这个私有的算法称为可靠组播（Reliable Multicast），它使用保留的 D 类地址 224.0.0.10，每个接收可靠组播报文的邻居都会发送一个单播的确认报文。

每个报文都包含一个由发送该报文的路由器分配的序列号，这个序列号在每台路由器发送一个新的报文时递增 1，另外，发送路由器会把最近从目的路由器收到的报文的序列号放在该报文中。在一些实例中，RTP 也可以使用不可靠的发送，不需要确认，而且在使用不可靠发送的报文中不包含序列号。

运行了 EIGRP 协议的路由器会维护三张表：邻居关系表、拓扑表和路由表。

- 邻居关系表：用于建立和维护邻居关系。
- 拓扑表：互联网中每个路由器从每个邻居接受到的路由通告。
- 路由表：当前使用的用于路由判断的路由。

表 4-5 显示了 EIGRP 协议相关的专业术语。

表 4-5　EIGRP 术语

术　语	解　释
邻接（Adjacency）	路由器使用 Hello 报文发现它的邻居和标识自己比例邻居识别，形成邻接后就会形成的一条虚链路，路由器就可以从它们的邻居接收路由更新信息
可行距离（Feasible Distance，FD）	到达一个目的地网络的最小度量，将作为那个目的网络的可行距离
可行性条件（Feasibility Condition，FC）	本地路由器的一个邻居路由器所通告的到达一个目的网络的距离是否小于本地路由器到达相同目的网络的可行距离 FD
可行后继路由器（Feasible Successor）	如果本地路由器的邻居路由器所通告的到达目的网络的距离满足了可行性条件 FC，那么这个邻居就会成为目的网络的一个可行后继路由器

续表

术　语	解　释
后继路由器（Successor）	对于在拓扑结构表中列出的每一个目的的网络，将选用拥有最小度量值的路由并放置到路由选择表中。通告这条路由的邻居就成为后继路由器，或者是到达目的网络的数据包的下一跳路由器

值得说明的是，拓扑表是 EIGRP 存放路由信息的重要数据结构，DUAL 算法和组织报文都是以拓扑表作为依据的。EIGRP 从路由报文、路由聚合和路由引入等不同来源中提取路由信息，并根据这些路由信息对拓扑表进行维护，拓扑表的变化将触发 DUAL 有限状态机，以得到新的可行后继。

4.2 实训一：EIGRP 基本配置

【实验目的】

- 部署 EIGRP 动态路由协议；
- 掌握 EIGRP 自动汇总方法；
- 熟悉 EIGRP 邻居关系表、拓扑表、路由表；
- 掌握 EIGRP 相关参数的修改方法；
- 掌握 EIGRP 度量计算方法；
- 掌握 EIGRP 网络引入默认路由器的方法；
- 验证配置。

【实验拓扑】

实验拓扑如图 4-10 所示。

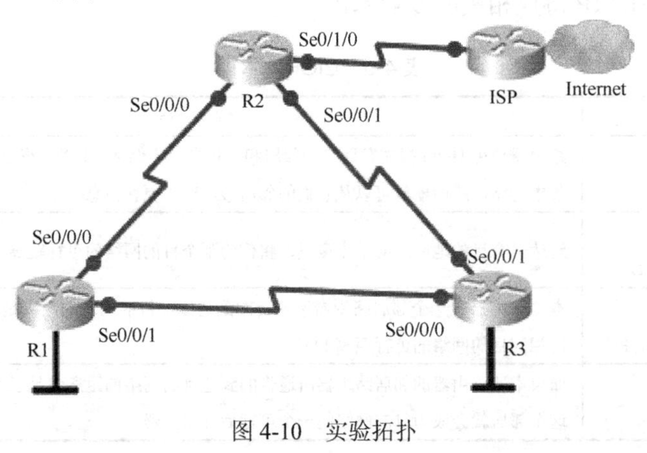

图 4-10　实验拓扑

设备参数如表 4-6 所示。

表 4-6　设备参数表

设　备	接　口	IP 地址	子网掩码	默认网关
R1	S0/0/0	172.16.3.1	255.255.255.0	N/A
	S0/0/1	192.168.13.1	255.255.255.0	N/A
	Fa0/0	172.16.1.1	255.255.255.0	N/A
R2	S0/0/0	172.16.3.2	255.255.255.0	N/A
	S0/0/1	192.168.23.2	255.255.255.0	N/A
	S0/1/0	200.0.0.1/24	255.255.255.0	N/A
	Loopback0	172.16.2.2	255.255.255.0	N/A
R3	S0/0/0	192.168.13.3	255.255.255.0	N/A
	S0/0/1	192.168.23.3	255.255.255.0	N/A
	Fa0/0	192.168.3.3	255.255.255.0	N/A

【实验内容】

1. 配置路由协议

（1）R1 路由器的配置

```
R1(config)#router eigrp 100
//启动 EIGRP 路由协议，进程号为 100。所有路由器必须使用相同的进程号
R1(config-router)#eigrp router-id 1.1.1.1
//路由器的 ID 是一个 IPv4 地址格式的数字标识，如果没有使用命令指定，则会选择环回接口 IP 地址最大的值作为路由器 ID，EIGRP 路由器的 ID 不会改变，在 IOS15 之后查看协议能够看到 ID 信息
R1(config-router)#network 172.16.0.0
//通告网络
R1(config-router)#network 192.168.13.0
R1(config-router)#auto-summary
//EIGRP 在 IOS15 之前自动汇总默认启用，可以不用输入命令
R1(config-router)#passive-interface fastEthernet 0/0
```

（2）R2 路由器的配置

```
R2(config)#router eigrp 100
R2(config-router)#eigrp router-id 2.2.2.2
R2(config-router)#network 172.16.0.0
R2(config-router)#network 192.168.23.0
```

（3）R3 路由器的配置

```
R3(config)#router eigrp 100
R3(config-router)#eigrp router-id 3.3.3.3
R3(config-router)#network 192.168.13.0
R3(config-router)#network 192.168.23.0
R3(config-router)#network 192.168.3.0
R1(config-router)#passive-interface fastEthernet 0/0
```

EIGRP 在通告网络时，通告有类网络地址，则所有在该路由器上的子类网络都会被同时通告，如果不需要通告所有子网，必须通过通配符掩码，又叫反向子网掩码（wildcard-mask）指定特定的子网，命令格式为

Router（config-router）#**network** *network-address [wildcard-mask]*

通配符掩码的计算方法是用 255.255.255.255 减去该子网掩码：

	255	255	255	255
-	255	255	255	0
	0	0	0	255

则 0.0.0.255 就是 255.255.255.0 对应的通配符掩码。

2. 查看邻居列表信息

```
R1#show ip eigrp neighbors
IP-EIGRP neighbors for process 100
H    Address          Interface     Hold Uptime   SRTT    RTO  Q   Seq
                                    (sec)         (ms)         Cnt Num
1    172.16.3.2       Se0/0/0       11 00:11:26   2       200  0   22
0    192.168.13.3     Se0/0/1       12 00:39:05   1       200  0   18
R2#show ip eigrp neighbors
IP-EIGRP neighbors for process 100
H    Address          Interface     Hold Uptime   SRTT    RTO  Q   Seq
                                    (sec)         (ms)         Cnt Num
1    172.16.3.1       Se0/0/0       14 00:11:43   2       200  0   30
0    192.168.23.3     Se0/0/1       12 00:11:45   3       200  0   21
R3#show ip eigrp neighbors
IP-EIGRP neighbors for process 100
H    Address          Interface     Hold Uptime   SRTT    RTO  Q   Seq
                                    (sec)         (ms)         Cnt Num
1    192.168.23.2     Se0/0/1       13 00:12:01   2       200  0   21
0    192.168.13.1     Se0/0/0       11 00:39:38   3       200  0   31
```

show ip eigrp neighbors 命令的输出包括以下内容。

- H：按照发现顺序列出的邻居；
- Address：邻居路由器的 IP 地址；
- Interface：收到 Hello 数据包的本地接口；
- Hold：保持时间，一般是 Hello 时间的 3 倍，认为邻居关系不存在所能等待的最长时间；
- Uptime：邻居关系建立的时间；
- SRTT：向邻居路由器发送一个数据包以及本路由器收到确认包的时间；
- RTO：路由器在重传之前等待 ACK 的时间；
- Queue Count：等待发送队列，一般始终是 0，否则说明有 EIGRP 数据包等待发送；
- Sequence Number：从邻居收到的 EIGRP 数据包的序列号。

EIGRP 的邻居关系建立必须满足 4.1.3 节中所说的 3 个条件，相关参数修改命令如下。在接口上可以修改 Hello 间隔和保持时间，路由器建立邻居关系时可以不匹配这两个参数。

```
Router（config-if）# ip hello-interval eigrp as-number seconds
//修改 EIGRP Hello 时间间隔
Router（config-if）# ip hold-time eigrp as-number seconds
//修改 EIGRP 保持时间，保持时间务必大于 Hello 时间，否则保持时间截止还没有收到 Hello 数据包，EIGRP 邻居关系将会破裂。
```

在路由模式下修改度量权重，如果修改度量参数，必须把 EIGRP 网络中所有的路由器参数都统一修改。

```
R1(config-router)#metric weights tos k1 k2 k3 k4 k5
//修改权重，其 tos 值设置为 0
R1(config)#router eigrp 100
R1(config-router)#metric weights 0 1 1 1 0 0
*Aug 16 02:41:38.165: %DUAL-5-NBRCHANGE: IP-EIGRP(0) 100: Neighbor 172.16.3.2 (Serial0/0/0) is down: metric changed
*Aug 16 02:41:38.169: %DUAL-5-NBRCHANGE: IP-EIGRP(0) 100: Neighbor 192.168.13.3 (Serial0/0/1) is down: metric changed
*Aug 16 02:41:41.765: %DUAL-5-NBRCHANGE: IP-EIGRP(0) 100: Neighbor 192.168.13.3 (Serial0/0/1) is down: K-value mismatch
*Aug 16 02:41:42.065: %DUAL-5-NBRCHANGE: IP-EIGRP(0) 100: Neighbor 172.16.3.2 (Serial0/0/0) is down: K-value mismatch
R1(config-router)#metric weights 0 1 0 1 0 0
*Aug 16 02:46:00.341: %DUAL-5-NBRCHANGE: IP-EIGRP(0) 100: Neighbor 192.168.13.3 (Serial0/0/1) is up: new adjacency
*Aug 16 02:46:02.633: %DUAL-5-NBRCHANGE: IP-EIGRP(0) 100: Neighbor 172.16.3.2 (Serial0/0/0) is up: new adjacency
```

以上输出显示，R1 的权重参数修改之后与其他两个路由器 K-value 不匹配，所以邻居关系破裂，参数修改回来之后邻居关系重新建立。

3. 查看路由信息

```
R1#show ip protocols
Routing Protocol is "eigrp 100"
//路由器 EIGRP 进程号为 100
  Outgoing update filter list for all interfaces is not set
//在出接口上没有设置分布列表
  Incoming update filter list for all interfaces is not set
//在入接口上没有设置分布列表
Default networks flagged in outgoing updates
//允许出方向发送默认路由信息
  Default networks accepted from incoming updates
//允许入方向接收默认路由信息
  EIGRP metric weight K1=1, K2=0, K3=1, K4=0, K5=0
//EIGRP 计算度量的参数权重，在参数 TLV 中携带
  EIGRP maximum hopcount 100
//EIGRP 支持最大跳数 100 跳，默认值是 100，最大可以设置为 255
  EIGRP maximum metric variance 1
//EIGRP 默认不支持非等价负载均衡
  Redistributing: eigrp 100
//没有路由重分布
  EIGRP NSF-aware route hold timer is 240 s
//EIGRP 不间断转发持续时间 240 s
  Automatic network summarization is in effect
//自动汇总默认启用，以下是自动个汇总的条目与度量
  Automatic address summarization:
    192.168.13.0/24 for FastEthernet0/0, Serial0/0/0
    172.16.0.0/16 for Serial0/0/1
      Summarizing with metric 28160
  Maximum path: 4
//默认支持负载均衡的跳数是 4，最大可以设置 32 条
  Routing for Networks:
    172.16.0.0
    192.168.13.0
  Routing Information Sources:
```

```
    Gateway            Distance        Last Update
    (this router)         90           01:07:12
    192.168.13.3          90           00:24:03
    Gateway            Distance        Last Update
    172.16.3.2            90           00:24:06
  Distance: internal 90 external 170
//内部路由管理距离 90，外部路由管理距离 170
```

4. 查看路由表

（1）R1 的路由表

```
R1#show ip route
(------省略部分输出------)

C      192.168.13.0/24 is directly connected, Serial0/0/1
       172.16.0.0/16 is variably subnetted, 4 subnets, 2 masks
D         172.16.0.0/16 is a summary, 01:35:41, Null0
//自动汇总生成一条指向 Null0 空接口的路由条目，用来丢弃与主类网络匹配，但是没有匹配子类网络的数据包。产生 Null0 汇总路由的条件是：至少有一个主类网络通过 EIGRP 发现子类网络；启用了自动汇总
C         172.16.1.0/24 is directly connected, FastEthernet0/0
D         172.16.2.0/24 [90/2297856] via 172.16.3.2, 00:52:32, Serial0/0/0
C         172.16.3.0/24 is directly connected, Serial0/0/0
D      192.168.23.0/24 [90/2681856] via 192.168.13.3, 00:52:32, Serial0/0/1
                       [90/2681856] via 172.16.3.2, 00:52:32, Serial0/0/0
//EIGRP 等价路径，路由器执行负载均衡
D      192.168.3.0/24 [90/2172416] via 192.168.13.3, 00:52:33, Serial0/0/1
```

（2）R2 的路由表

```
R2#show ip route
(------省略部分输出------)

D      192.168.13.0/24 [90/2681856] via 192.168.23.3, 00:54:10, Serial0/0/1
                       [90/2681856] via 172.16.3.1, 00:54:10, Serial0/0/0
C      200.0.0.0/24 is directly connected, Serial0/1/0
       172.16.0.0/16 is variably subnetted, 4 subnets, 2 masks
D         172.16.0.0/16 is a summary, 00:54:12, Null0
D         172.16.1.0/24 [90/2172416] via 172.16.3.1, 00:54:10, Serial0/0/0
C         172.16.2.0/24 is directly connected, Loopback0
```

```
C          172.16.3.0/24 is directly connected, Serial0/0/0
C      192.168.23.0/24 is directly connected, Serial0/0/1
D      192.168.3.0/24 [90/2172416] via 192.168.23.3, 00:54:11, Serial0/0/1
```

（3）R3 的路由表

```
R3#show ip route
(------省略部分输出------)

C      192.168.13.0/24 is directly connected, Serial0/0/0
D      172.16.0.0/16 [90/2172416] via 192.168.13.1, 00:54:54, Serial0/0/0
C      192.168.23.0/24 is directly connected, Serial0/0/1
C      192.168.3.0/24 is directly connected, FastEthernet0/0
```

因为自动汇总的关系，R3 路由器产生了一条汇总路由，并没有各子类网络的明细路由，下面我们关闭自动汇总功能后查看路由表的变化。

```
R1(config)#router eigrp 100
R2(config-router)#no auto-summary
R2(config)#router eigrp 100
R2(config-router)#no auto-summary
R3(config)#router eigrp 100
R3(config-router)#no auto-summary
```

（4）关闭自动汇总功能后 R1 的路由表

```
R1#show ip route
(------省略部分输出------)

C      192.168.13.0/24 is directly connected, Serial0/0/1
       172.16.0.0/24 is subnetted, 3 subnets
C          172.16.1.0 is directly connected, FastEthernet0/0
D          172.16.2.0 [90/2297856] via 172.16.3.2, 00:02:24, Serial0/0/0
C          172.16.3.0 is directly connected, Serial0/0/0
D      192.168.23.0/24 [90/2681856] via 192.168.13.3, 01:10:14, Serial0/0/1
                       [90/2681856] via 172.16.3.2, 01:10:14, Serial0/0/0
D      192.168.3.0/24 [90/2172416] via 192.168.13.3, 01:10:14, Serial0/0/1
```

（5）关闭自动汇总功能后 R2 的路由表

```
R2#show ip route
(------省略部分输出------)
```

```
D       192.168.13.0/24 [90/2681856] via 192.168.23.3, 01:10:43, Serial0/0/1
                        [90/2681856] via 172.16.3.1, 01:10:43, Serial0/0/0
C       200.0.0.0/24 is directly connected, Serial0/1/0
        172.16.0.0/24 is subnetted, 3 subnets
D          172.16.1.0 [90/2172416] via 172.16.3.1, 00:03:06, Serial0/0/0
C          172.16.2.0 is directly connected, Loopback0
C          172.16.3.0 is directly connected, Serial0/0/0
C       192.168.23.0/24 is directly connected, Serial0/0/1
D       192.168.3.0/24 [90/2172416] via 192.168.23.3, 01:10:44, Serial0/0/1
```

（6）关闭自动汇总功能后 R3 的路由表

```
R3#show ip route
(------省略部分输出------)

C       192.168.13.0/24 is directly connected, Serial0/0/0
        172.16.0.0/24 is subnetted, 3 subnets
D          172.16.1.0 [90/2172416] via 192.168.13.1, 00:03:22, Serial0/0/0
D          172.16.2.0 [90/2297856] via 192.168.23.2, 00:03:22, Serial0/0/1
D          172.16.3.0 [90/2681856] via 192.168.23.2, 00:03:22, Serial0/0/1
                      [90/2681856] via 192.168.13.1, 00:03:22, Serial0/0/0
C       192.168.23.0/24 is directly connected, Serial0/0/1
C       192.168.3.0/24 is directly connected, FastEthernet0/0
```

以上输出显示，关闭自动汇总后，Null0 路由消失了，同时 R3 路由器中学习到了所有的明细路由。

5. EIGRP 度量分析

查看 R2 的路由表中 EIGRP 路由条目：

```
R2#show ip route eigrp
D       192.168.13.0/24 [90/2681856] via 192.168.23.3, 01:22:28, Serial0/0/1
                        [90/2681856] via 172.16.3.1, 01:22:28, Serial0/0/0
        172.16.0.0/24 is subnetted, 3 subnets
D          172.16.1.0 [90/2172416] via 172.16.3.1, 00:14:51, Serial0/0/0
D       192.168.3.0/24 [90/2172416] via 192.168.23.3, 01:22:28, Serial0/0/1
```

计算到网络 192.168.13.0 的度量：

Bandwidth = 10^7/路由学习方向路径入带宽最小值（kbps）× 256 = 10^7 / 1 544 × 256 = 1 657 856 （注意：带宽最小值应该是 R2 路由器的接口 S0/0/0 的带宽，计算过程中路由器小数部分默认去尾）

Delay = 路由学习方向路径入口延迟和（μs）/10 × 256 =（20 000 + 20 000）/10 × 256 = 1 024 000（延迟和是两个路由器的串行接口延迟之和）

metric = 1 657 856 + 1 024 000 = 2 681 856（这与路由器计算的结果相同）

路由器接口的带宽和延迟，可以通过相应的命令修改其值。

```
Router（config-if）bandwidth bandwidth     //修改带宽参数
Router（config-if）delay delay             //修改延迟参数
```

使用 bandwidth 命令修改带宽信息实际上没有改变链路的物理带宽，只修修改了计算度量时所用的 bandwidth 参数。默认情况下，EIGRP 会使用不超过 50%的接口带宽来传输 EIGRP 信息，这可以避免因 EIGRP 过程过度占用链路带宽而使流量所需的路由带宽不足。可以在接口上配置如下命令修改 EIGRP 使用带宽百分比。

```
Router（config-if）ip bandwidth-percent eigrp as-number percent
```

6. 查看拓扑表

```
R2#show ip eigrp topology
IP-EIGRP Topology Table for AS(100)/ID(2.2.2.2)

Codes: P - Passive, A - Active, U - Update, Q - Query, R - Reply,
       r - reply Status, s - sia Status

P 192.168.13.0/24, 2 successors, FD is 2681856
        via 172.16.3.1 (2681856/2169856), Serial0/0/0
        via 192.168.23.3 (2681856/2169856), Serial0/0/1
P 192.168.3.0/24, 1 successors, FD is 2172416
        via 192.168.23.3 (2172416/28160), Serial0/0/1
P 192.168.23.0/24, 1 successors, FD is 2169856
        via Connected, Serial0/0/1
P 172.16.1.0/24, 1 successors, FD is 2172416
        via 172.16.3.1 (2172416/28160), Serial0/0/0
P 172.16.2.0/24, 1 successors, FD is 128256
        via Connected, Loopback0
P 172.16.3.0/24, 1 successors, FD is 2169856
        via Connected, Serial0/0/0
```

以上输出显示了 EIGRP 拓扑结构数据库，包括路由条目状态、后继路由器、可行后继路由器、可行性条件和报告距离等，如下所述。

- **P**：Passive，路由处于被动状态。利用 DUAL 算法计算的网络路径，路由处于稳定状态。
- **A**：Active，如果 DUAL 算法重新计算路由，路由将处于 A 状态。一般来说，拓扑表中所有的路由应该都处于稳定状态。

- **U**：Update，网络处于等待 Update 包的状态。
- **Q**：Query，网络处于等待 Query 包的状态。
- **SIA**：Stuck-In-Active，3 min 内，如果被查询的路由没有收到响应，查询的路由就被设置成为 SIA 状态，说明 EIGRP 网络收敛有问题。
- **192.168.13.0/24**：目的网络，在路由表中可以找到。
- **2 successors**：显示当前网络后续路由器的数量。
- **FD**：可行距离为 2681856，即通往目的网络的 EIGRP 度量值。
- **via 172.16.3.1**：下一跳地址，即后继路由器。
- **(2681856/2169856)**：可行距离与后继路由器的通告距离。
- **Serial0/0/0**：通往目的网络的送出接口。

7. 查看 EIGRP 发送和接收的数据包统计情况

```
R2#show ip eigrp traffic
IP-EIGRP Traffic Statistics for AS 100
  Hellos sent/received: 8800/8793              //发送和接收到的 Hello 数据包
  Updates sent/received: 64/33                 //发送和接收到的 Update 数据包
  Queries sent/received: 11/3                  //发送和接收到的 Query 数据包
  Replies sent/received: 3/11                  //发送和接收到的 Reply 数据包
  Acks sent/received: 40/71                    //发送和接收到的 ACK 数据包
  SIA-Queries sent/received: 0/0               //发送和接收到的 SIA 数据包
  SIA-Replies sent/received: 0/0               //发送和接收到的 SIA Reply 数据包
  Hello Process ID: 231                        //Hello 进程 ID
  PDM Process ID: 229                          //PDM 进程 ID
  IP Socket queue:    0/2000/2/0 (current/max/highest/drops)    //IP Pocket 队列
  Eigrp input queue: 0/2000/2/0 (current/max/highest/drops)     //EIGRP 输入队列
```

8. 默认路由引入

R2 路由器与 ISP 相连，在边缘路由器设置通向外网的默认路由，通过配置将默认路由引入 EIGRP 网络。

```
R2(config)#ip route 0.0.0.0 0.0.0.0 serial 0/1/0
//边缘设备部署默认路由
R2(config)#router eigrp 100
R2(config-router)#redistribute static
//通过重分布把默认路由传播到 EIGRP 网络
```

再次查看 R1 与 R2 的路由表。

```
R1#show ip route
(------省略部分输出------)

C       192.168.13.0/24 is directly connected, Serial0/0/1
        172.16.0.0/24 is subnetted, 3 subnets
C           172.16.1.0 is directly connected, FastEthernet0/0
D           172.16.2.0 [90/2297856] via 172.16.3.2, 18:48:22, Serial0/0/0
C           172.16.3.0 is directly connected, Serial0/0/0
D       192.168.23.0/24 [90/2681856] via 192.168.13.3, 20:55:04, Serial0/0/1
                        [90/2681856] via 172.16.3.2, 20:55:04, Serial0/0/0
D       192.168.3.0/24 [90/2172416] via 192.168.13.3, 20:54:54, Serial0/0/1
D*EX 0.0.0.0/0 [170/21024000] via 172.16.3.2, 00:00:25, Serial0/0/0
R3#show ip route
(------省略部分输出------)

C       192.168.13.0/24 is directly connected, Serial0/0/0
        172.16.0.0/24 is subnetted, 3 subnets
D           172.16.1.0 [90/2172416] via 192.168.13.1, 19:03:47, Serial0/0/0
D           172.16.2.0 [90/2297856] via 192.168.23.2, 18:48:54, Serial0/0/1
D           172.16.3.0 [90/2681856] via 192.168.13.1, 19:03:57, Serial0/0/0
C       192.168.23.0/24 is directly connected, Serial0/0/1
C       192.168.3.0/24 is directly connected, FastEthernet0/0
D*EX 0.0.0.0/0 [170/21024000] via 192.168.23.2, 00:00:58, Serial0/0/1
```

从以上输出可以看出，R1 与 R2 路由器都学习到了一条指向外网的默认路由，管理距离为170，说明是外部路由。

4.3 实训二：EIGRP 负载均衡

【实验目的】

- 理解 EIGRP 的负载均衡；
- 掌握修改 EIGRP 度量方法；
- 掌握 EIGRP 非等价负载均衡的配置方法；
- 验证配置。

【实验拓扑】

实验拓扑如图 4-11 所示。

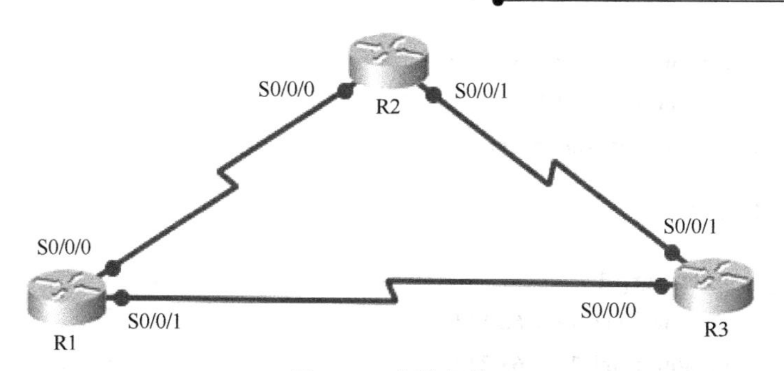

图 4-11　实验拓扑

设备参数如表 4-7 所示。

表 4-7　设备参数表

设　备	接　口	IP 地址	子网掩码	默认网关
R1	S0/0/0	192.168.12.1	255.255.255.0	N/A
	S0/0/1	192.168.13.1	255.255.255.0	N/A
	Loopback0	10.10.10.10	255.255.255.0	N/A
R2	S0/0/0	192.168.12.2	255.255.255.0	N/A
	S0/0/1	192.168.23.2	255.255.255.0	N/A
	Loopback0	20.20.20.20	255.255.255.0	N/A
R3	S0/0/0	192.168.13.3	255.255.255.0	N/A
	S0/0/1	192.168.23.3	255.255.255.0	N/A
	Loopback0	30.30.30.30	255.255.255.0	N/A

【实验内容】

1. 基本配置

（1）R1 的基本配置

```
R1(config)#router eigrp 1
R1(config-router)#network 192.168.12.0
R1(config-router)#network 192.168.13.0
R1(config-router)#network 10.10.10.0 0.0.0.255
//通告具体子网，后面加上通配符掩码
R1(config-router)#no auto-summary
```

（2）R2 的基本配置

```
R2(config)#router eigrp 1
R2(config-router)#network 192.168.12.0
```

```
R2(config-router)#network 192.168.23.0
R2(config-router)#network 20.20.20.0 0.0.0.255
R2(config-router)#no auto-summary
```

（3）R3 的基本配置

```
R3(config)#router eigrp 1
R3(config-router)#network 192.168.13.0
R3(config-router)#network 192.168.23.0
R3(config-router)#network 30.30.30.0 0.0.0.255
R3(config-router)#no auto-summary
```

2. 查看路由表和拓扑表

```
R2#show ip route
(------省略部分输出------)

C       192.168.12.0/24 is directly connected, Serial0/0/0
D       192.168.13.0/24 [90/2681856] via 192.168.23.3, 00:00:36, Serial0/0/1
                        [90/2681856] via 192.168.12.1, 00:00:36, Serial0/0/0
        20.0.0.0/24 is subnetted, 1 subnets
C          20.20.20.0 is directly connected, Loopback0
        10.0.0.0/24 is subnetted, 1 subnets
D          10.10.10.0 [90/2297856] via 192.168.12.1, 00:00:36, Serial0/0/0
C       192.168.23.0/24 is directly connected, Serial0/0/1
        30.0.0.0/24 is subnetted, 1 subnets
D          30.30.30.0 [90/2297856] via 192.168.23.3, 00:00:38, Serial0/0/1
```

R2 的路由表显示，到达目的网络 192.168.13.0/24 有两条路径，下一跳地址分别是 192.168.23.3（R3）与 192.168.12.1（R1），并且度量相同，所以执行等价负载均衡。下面我们通过修改 R2 的串行接口 Serial0/0/0 的带宽来改变度量。

```
R2(config)#interface serial 0/0/0
R2(config-if)#bandwidth 128
//修改带宽值为 128 kbps
```

修改后，R3-R1-192.168.13.0 链路上度量值变为

$$[10^7/128+（20000+20000）/ 10]\times 256=21024000$$

再次查看 R2 的路由表如下。

```
R2#show ip route
(------省略部分输出------)
```

```
C      192.168.12.0/24 is directly connected, Serial0/0/0
D      192.168.13.0/24 [90/2681856] via 192.168.23.3, 00:05:33, Serial0/0/1
     20.0.0.0/24 is subnetted, 1 subnets
C         20.20.20.0 is directly connected, Loopback0
     10.0.0.0/24 is subnetted, 1 subnets
D         10.10.10.0 [90/2809856] via 192.168.23.3, 00:05:33, Serial0/0/1
C      192.168.23.0/24 is directly connected, Serial0/0/1
     30.0.0.0/24 is subnetted, 1 subnets
D         30.30.30.0 [90/2297856] via 192.168.23.3, 00:05:33, Serial0/0/1
```

由于修改了一条链路的度量，所以两条路径的度量现在不同，路由表中默认只存放一条最佳路径，另外一条路径的度量值变大了作为备份，可以通过拓扑表查看相关信息。

```
R2#show ip eigrp topology
IP-EIGRP Topology Table for AS(1)/ID(20.20.20.20)

Codes: P - Passive, A - Active, U - Update, Q - Query, R - Reply,
       r - reply Status, s - sia Status

P 10.10.10.0/24, 1 successors, FD is 2809856
         via 192.168.23.3 (2809856/2297856), Serial0/0/1
         via 192.168.12.1 (20640000/128256), Serial0/0/0
P 20.20.20.0/24, 1 successors, FD is 128256
         via Connected, Loopback0
P 30.30.30.0/24, 1 successors, FD is 2297856
         via 192.168.23.3 (2297856/128256), Serial0/0/1
P 192.168.12.0/24, 1 successors, FD is 20512000
         via Connected, Serial0/0/0
         via 192.168.23.3 (3193856/2681856), Serial0/0/1
P 192.168.13.0/24, 1 successors, FD is 2681856
         via 192.168.23.3 (2681856/2169856), Serial0/0/1
         via 192.168.12.1 (21024000/2169856), Serial0/0/0
P 192.168.23.0/24, 1 successors, FD is 2169856
         via Connected, Serial0/0/1
```

从以上输出可以看出，第二条路径的 AD 为“2169856”，而最佳路径的 FD 为“2681856”，AD<FD，满足可行性条件，所以作为可行后继存放于拓扑表中。

3. 非等价负载均衡

EIGRP 路由协议支持非等价负载均衡，也就是说如果存在多条路径到达目的网络，即使度量不同，也可以同时存放在路由表中，使用“**variance**”命令开始非等价负载均衡。

```
R2(config)#router eigrp 1
R2(config-router)#variance 2
//开启非等价负载均衡，路径条数数 2
```

再次查看 R2 的 EIGRP 路由如下。

```
R2#show ip route eigrp
D       192.168.13.0/24 [90/2681856] via 192.168.23.3, 00:00:07, Serial0/0/1
        10.0.0.0/24 is subnetted, 1 subnets
D          10.10.10.0 [90/2809856] via 192.168.23.3, 00:00:07, Serial0/0/1
        30.0.0.0/24 is subnetted, 1 subnets
D          30.30.30.0 [90/2297856] via 192.168.23.3, 00:00:07, Serial0/0/1
```

从以上输出发现，路由表并没有执行非等价负载均衡，原因是 21 024 000/2 681 856=7.83，而非等价负载均衡的条件必须满足路径条数大于等于（21 024 000/2 681 856+1）。

修改配置如下。

```
R2(config)#router eigrp 1
R2(config-router)#variance 8
R2#show ip route eigrp
D       192.168.13.0/24 [90/2681856] via 192.168.23.3, 00:00:18, Serial0/0/1
                        [90/21024000] via 192.168.12.1, 00:00:18, Serial0/0/0
        10.0.0.0/24 is subnetted, 1 subnets
D          10.10.10.0 [90/2809856] via 192.168.23.3, 00:00:18, Serial0/0/1
                      [90/20640000] via 192.168.12.1, 00:00:18, Serial0/0/0
        30.0.0.0/24 is subnetted, 1 subnets
D          30.30.30.0 [90/2297856] via 192.168.23.3, 00:00:18, Serial0/0/1
```

以上输出表明，到目的网络 192.168.13.0/24 有两条路径可达，而两条路径的度量值是不同的，这就是非等价负载均衡。

4.4 实训三：EIGRP 认证与手工汇总

【实验目的】

- 掌握 EIGRP 的认证方法；
- 掌握 EIGRP 协议手工汇总方法；
- 部署 EIGRP 手工汇总路由；
- 验证配置。

【实验拓扑】

实验拓扑如图 4-12 所示。

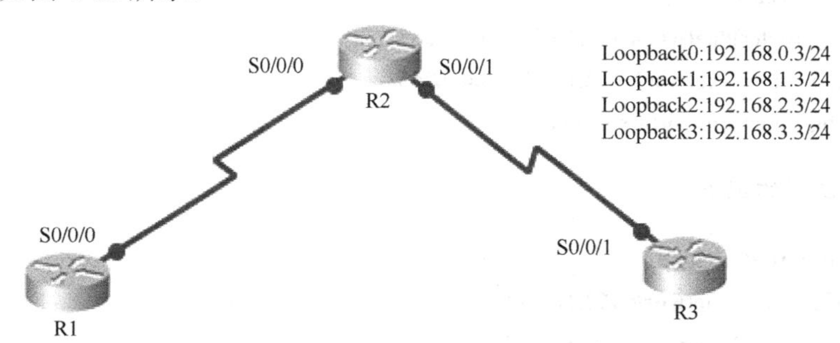

图 4-12　实验拓扑

设备参数如表 4-8 所示。

表 4-8　设备参数表

设　备	接　口	IP 地址	子网掩码	默认网关
R1	S0/0/0	172.16.12.1	255.255.255.0	N/A
	Loopback0	10.10.10.10	255.255.255.0	N/A
R2	S0/0/0	172.16.12.2	255.255.255.0	N/A
	S0/0/1	172.16.23.2	255.255.255.0	N/A
R3	S0/0/1	172.16.23.3	255.255.255.0	N/A
	Loopback0	192.168.0.3	255.255.255.0	N/A
	Loopback1	192.168.1.3	255.255.255.0	N/A
	Loopback2	192.168.2.3	255.255.255.0	N/A
	Loopback3	192.168.3.3	255.255.255.0	N/A

【实验内容】

1. 基本路由配置

（1）R1 路由器的配置

```
R1(config)#router eigrp 1
R1(config-router)#network 10.10.10.0 0.0.0.255
R1(config-router)#network 172.16.12.0 0.0.0.255
R1(config-router)#no auto-summary
```

（2）R2 路由器的配置

```
R2(config)#router eigrp 1
R2(config-router)#network 172.16.12.0 0.0.0.255
R2(config-router)#network 172.16.12.0 0.0.0.255
R2(config-router)#no auto-summary
```

（3）R3 路由器的配置

```
R3(config)#router eigrp 1
R3(config-router)#network 172.16.23.0 0.0.0.255
R3(config-router)#network 192.168.0.0
R3(config-router)#network 192.168.1.0
R3(config-router)#network 192.168.2.0
R3(config-router)#network 192.168.3.0
R3(config-router)#no auto-summary
```

2. 配置认证

（1）R1 启用认证

```
R1(config)#key chain cisco
R1(config-keychain)#key 1
R1(config-keychain-key)#key-string siso
R1(config-keychain-key)#exit
R1(config-keychain)#exit
R1(config)#interface serial 0/0/0
R1(config-if)#ip authentication mode eigrp 1 md5
R1(config-if)#ip authentication key-chain eigrp 1 cisco
```

（2）R2 启用认证

```
R2(config)#key chain cisco
R2(config-keychain)#key 1
R2(config-keychain-key)#key-string siso
R2(config-keychain-key)#exit
R2(config-keychain)#exit
R2(config)#interface serial 0/0/0
R2(config-if)#ip authentication mode eigrp 1 md5
R2(config-if)#ip authentication key-chain eigrp 1 cisco
R2(config-if)#exit
```

```
R2(config)#interface serial 0/0/1
R2(config-if)#ip authentication mode eigrp 1 md5
R2(config-if)#ip authentication key-chain eigrp 1 cisco
```

（3）R3 启用认证

```
R3(config)#key chain cisco
R3(config-keychain)#key 1
R3(config-keychain-key)#key-string siso
R3(config-keychain-key)#exit
R3(config-keychain)#exit
R3(config)#interface serial 0/0/1
R3(config-if)#ip authentication mode eigrp 1 md5
R3(config-if)#ip authentication key-chain eigrp 1 cisco
```

（4）开启 R2 的 EIGRP 调试信息

```
R2#debug eigrp packets
EIGRP Packets debugging is on
    (UPDATE, REQUEST, QUERY, REPLY, HELLO, IPXSAP, PROBE, ACK, STUB, SIAQUERY,
SIAREPLY)
*Aug 17 02:11:12.991: EIGRP: Sending HELLO on Serial0/0/0
*Aug 17 02:11:12.991:    AS 1, Flags 0x0, Seq 0/0 idbQ 0/0 iidbQ un/rely 0/0
*Aug 17 02:11:13.159: EIGRP: received packet with MD5 authentication, key id = 1
*Aug 17 02:11:13.159: EIGRP: Received HELLO on Serial0/0/0 nbr 172.16.12.1
*Aug 17 02:11:13.159:    AS 1, Flags 0x0, Seq 0/0 idbQ 0/0 iidbQ un/rely 0/0 peerQ un/rely 0/0
*Aug 17 02:11:14.295: EIGRP: Sending HELLO on Serial0/0/1
*Aug 17 02:11:14.295:    AS 1, Flags 0x0, Seq 0/0 idbQ 0/0 iidbQ un/rely 0/0
*Aug 17 02:11:14.559: EIGRP: received packet with MD5 authentication, key id = 1
*Aug 17 02:11:14.563: EIGRP: Received HELLO on Serial0/0/1 nbr 172.16.23.3
*Aug 17 02:11:14.563:    AS 1, Flags 0x0, Seq 0/0 idbQ 0/0 iidbQ un/rely 0/0 peerQ un/rely 0/0
```

从调试信息中可以看出，EIGRP 从两个邻居接收到的 Hello 报文中都携带认证信息，启用了 MD5 认证，key id 是 1。

3. 查看 R1 与 R2 的 EIGRP 路由

```
R1#show ip route eigrp
     172.16.0.0/24 is subnetted, 2 subnets
D       172.16.23.0 [90/2681856] via 172.16.12.2, 00:05:52, Serial0/0/0
D    192.168.0.0/24 [90/2809856] via 172.16.12.2, 00:03:48, Serial0/0/0
```

```
D       192.168.1.0/24 [90/2809856] via 172.16.12.2, 00:03:48, Serial0/0/0
D       192.168.2.0/24 [90/2809856] via 172.16.12.2, 00:03:48, Serial0/0/0
D       192.168.3.0/24 [90/2809856] via 172.16.12.2, 00:03:48, Serial0/0/0
R2#show ip route eigrp
        10.0.0.0/24 is subnetted, 1 subnets
D          10.10.10.0 [90/2297856] via 172.16.12.1, 00:06:13, Serial0/0/0
D       192.168.0.0/24 [90/2297856] via 172.16.23.3, 00:04:09, Serial0/0/1
D       192.168.1.0/24 [90/2297856] via 172.16.23.3, 00:04:09, Serial0/0/1
D       192.168.2.0/24 [90/2297856] via 172.16.23.3, 00:04:09, Serial0/0/1
D       192.168.3.0/24 [90/2297856] via 172.16.23.3, 00:04:09, Serial0/0/1
```

以上输出显示 R1 与 R2 分别学习到了 R3 环回接口的明细路由，下面经过 R3 的 Serial0/0/1 接口发送汇总路由给 R1 与 R2，配置命令如下。

```
R3(config)#interface serial 0/0/1
R3(config-if)#ip summary-address eigrp 1 192.168.0.0 255.255.252.0
R3(config-if)#end
R3#show ip route eigrp
        172.16.0.0/24 is subnetted, 2 subnets
D          172.16.12.0 [90/2681856] via 172.16.23.2, 00:12:42, Serial0/0/1
        10.0.0.0/24 is subnetted, 1 subnets
D          10.10.10.0 [90/2809856] via 172.16.23.2, 00:12:42, Serial0/0/1
D       192.168.0.0/22 is a summary, 00:00:23, Null0
```

配置完成后查看 R3 路由表，发现使用手工汇总后，R3 路由器生成了一条指向 Null0 的 EIGRP 路由，并且 R1 与 R2 的路由表中都学习到了汇总路由，结果如下。

```
R1#show ip route eigrp
        172.16.0.0/24 is subnetted, 2 subnets
D          172.16.23.0 [90/2681856] via 172.16.12.2, 00:16:52, Serial0/0/0
D       192.168.0.0/22 [90/2809856] via 172.16.12.2, 00:02:28, Serial0/0/0
R2#show ip route eigrp
        10.0.0.0/24 is subnetted, 1 subnets
D          10.10.10.0 [90/2297856] via 172.16.12.1, 00:17:40, Serial0/0/0
D       192.168.0.0/22 [90/2297856] via 172.16.23.3, 00:03:17, Serial0/0/1
```

第5章 >>>

OSPF 路由协议

本章要点

- OSPF 概述
- 实训一：单区域 OSPF 配置
- 实训二：OSPF 扩展配置
- 实训三：多区域 OSPF 配置

OSPF（Open Shortest Path First），开放最短路径优先，是一个内部网关协议，用于在单一自治系统内决策路由。OSPF 是典型的链路状态路由协议，相对于距离矢量路由协议，它的性能更加优越，应用广泛。

5.1 OSPF 概述

1998 年 4 月，OSPFv2 规范在 RFC2328 中得以更新，也就是 OSPF 的现行 RFC 版本。OSPF 是一种无类路由协议，适用于大型网络，收敛速度迅速，扩展性好。但当运行 OPSF 路由协议时，对路由器的 CPU 处理能力及内存的大小都有一定的要求，性能低的路由器不推荐使用 OSPF 协议。

5.1.1 OSPF 特征

OSPF 特点如下：

- 通过发送和接收 Hello 包来建立和维持邻居关系，并交换路由信息；
- 采用组播（224.0.0.5 或 224.0.0.6）传输协议数据包；
- OSPF 的管理距离为 110；
- 收敛速度快，无路由环路；
- 支持简单明文认证和 MD5 认证；
- 支持 VLSM 和 CIDR，支持不连续子网；
- 支持区域划分，能够形成层次型网络，提供路由分层管理；
- 支持等价负载均衡。

5.1.2 OSPF 消息格式

OSPF 消息的数据部分封装在数据包内，此数据字段可能包含 5 种数据包类型。OSPF 的数据报类型见表 5-1 所示。

表 5-1 OSPF 数据报类型

数据包名称	作　用
Hello	Hello 数据包用于 OSPF 路由器之间建立和维持邻居关系
DBD （Database Description）	数据库描述：数据包包括发送方路由器的链路状态数据库的简略列表，接收方用于其与本地数据库对比
LSR (Link-State Request)	链路状态请求：接收方路由器用来请求 DBD 中的详细条目信息

续表

数据包名称	作　用
LSU (Link-State Update)	链路状态更新：数据包用于回复 LSR 和通告更新，LSR 有 7 种类型的报文，将在 5.1.5 节中介绍
LSAck (Link-State Acknowledgement)	链路状态确认：用于确认收到 LSU

OSPF 数据包头和包类型的数据都会被封装到 IP 数据包中，IP 数据包的协议字段被置为 89 以说明该数据包是 OSPF 消息，目的地则为组播 224.0.0.5 或 224.0.0.6，如果 OSPF 数据包在以太网中传输，则目的 MAC 地址为组播地址 01-00-5E-00-00-05 或 01-00-5E-00-00-06。OSPF 数据包封装如图 5-1 所示。

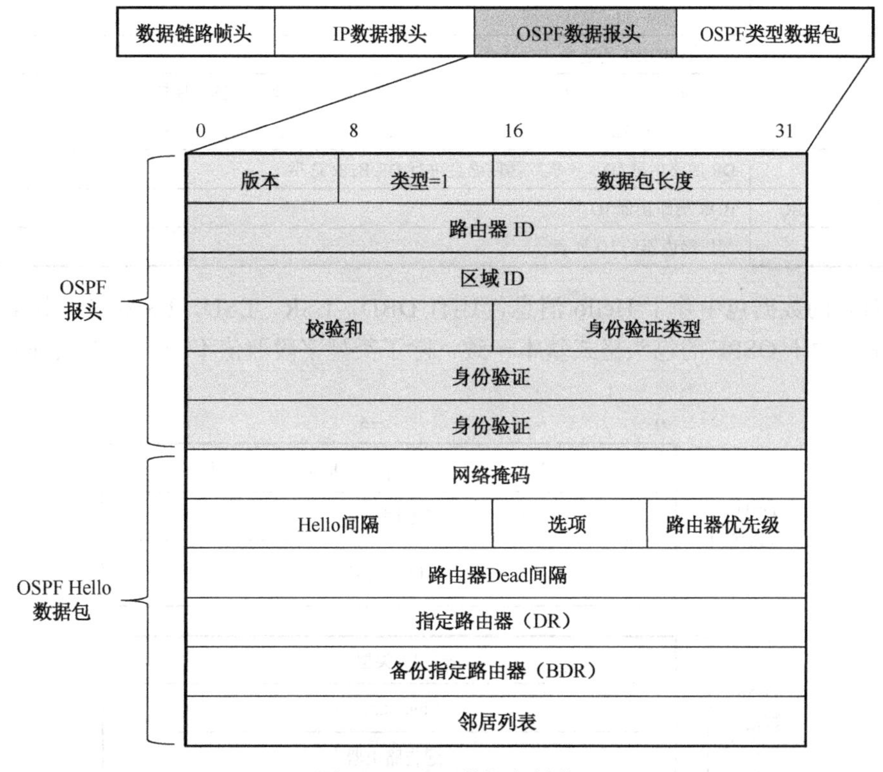

图 5-1　OSPF 数据包封装

OSPF 报文中各个字段的含义如表 5-2 所示。

表 5-2 OSPF 报文字段含义

字　　段	含　　义
版本	OSPF 的版本号
类型	OSPF 数据包的类型：Hello=1，DBD=2，LSR=3，LSU=4，LSAck=5
路由器 ID	始发路由器 ID
区域 ID	数据包始发区域
校验和	整个 IP 数据包的校验和
身份验证类型	指明 OSPF 认证的类型：不认证=0，简单口令认证=1，MD5 认证=2
身份验证	数据包验证信息
网络掩码	与发送方接口关联的子网掩码
Hello 间隔	发送 Hello 数据包的时间间隔：默认情况下，点对点网络和广播每隔 10 s 发送过一次，非广播多路访问每隔 30 s 发送一次
路由器优先级	用于 DR/BDR 的选举
Dead 间隔	路由器宣告邻居无效所等待的最长时间，Dead 间隔到期，而路由器还没有收到邻居的 Hello 数据包，则会从链路状态数据库中删除该邻居，思科默认 Dead 时间是 Hello 时间的 4 倍
指定路由器 DR	DR 的路由器 ID，一般广播网络会进行 DR/BDR 选举
备份指定路由器 BDR	BDR 的路由器 ID
邻居列表	邻居路由器的 ID 列表

在 OSPF 的数据包中除了 Hello 消息，还有 DBD，LSR，LSU，LSACK，其编码格式如图 5-2 所示，由于 OSPF 的包头格式基本一致，除了类型字段取值不同，所以头部格式不再一一描述。

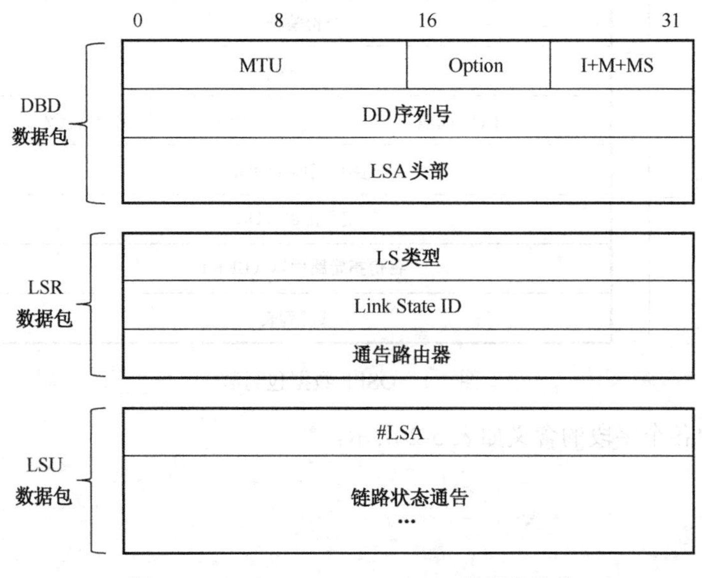

图 5-2 OSPF DBD、LSR、LSU 数据包格式

以上数据包中相关字段含义如下。

1. DBD 数据包

- MTU：最大传输单元，接口能够发送数据的最大单位。
- Option：路由器支持的可选功能。
- “I”bit 取 1，指明数据包是数据库描述报文中的第一个；“M”bit 取 1 指明后续还有其他数据库描述报文；“MS”bit 取 1 指明此路由器是数据库交换过程中的主路由器。
- DD 序列号：收到的数据库描述报文排序，初始值得设置必须是唯一的。
- LSA 头部：LSA 报文的首部（LSA 报文格式将在 5.1.5 节中介绍）。

2. LSR 数据包

- LS 类型：指明请求的链路状态的类型。
- Link State ID：指明所请求链路状态的路由器的 ID，该 ID 取决于 LSA 的类型。
- 通告路由器：请求 LSA 的路由器的 ID。

3. LSU 数据包

- #LSA：指明更新中包含 LSA 的数量。
- 链路状态通告：具体 LSA 条目。

5.1.3 OSPF 路由器类型

为了适应大型的网络，OSPF 路由协议是一种基于区域的路由协议，将网络中的所有路由器划分成不同的区域，每个区域负责各自区域精确的 LSA 传递与路由计算，每个 OSPF 路由器只维护所在区域的完整的链路状态信息。在不同的区域中，每个路由器的角色也不同，如图 5-3 所示。

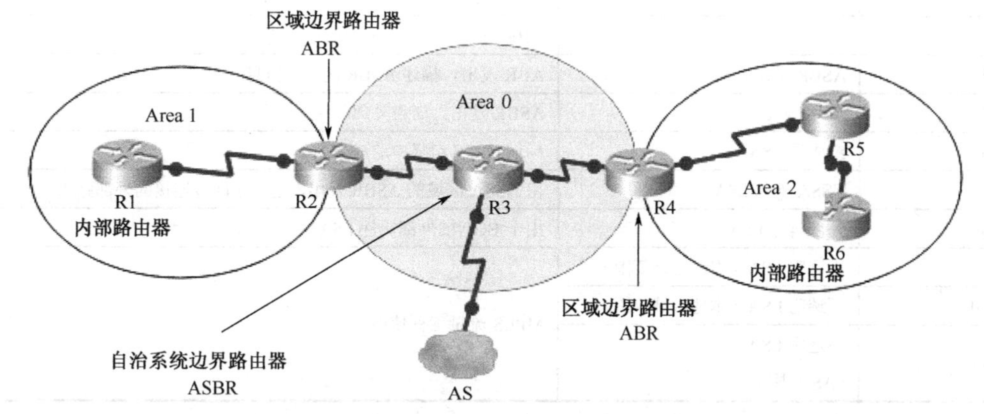

图 5-3　OSPF 路由器类型

- 骨干路由器：连接区域 0 的路由器。
- 内部路由器：在某个区域内部的路由器。
- 区域边界路由器 ABR：连接多个区域的路由器。
- 自治系统边界路由器 ASBR：与外部的 AS 相连相互交换路由的路由器。

5.1.4 OSPF 区域类型

OSPF 的区域类型是基于路由器对外部路由的处理方式来划分的，不同的区域发送和接收 LSA 的类型也不同，OSPF 主要有以下几种区域类型。

- 骨干区域：Area 0 称为骨干区域。
- 标准区域：可以接收链路更新信息，包括区域内路由、区域间路由以及外部路由。
- 末梢区域（Stub）：能学习其他区域的路由，不接收外部路由。
- 完全末梢区域（Totally Stubby）：不接收外部路由以及区域间路由。
- 非纯末梢区域（Not-So-Stubby Area，NSSA）：接收本区域引入的 7 类 LSA，并且会把它转化为 5 类 LSA，不接收其他区域的路由。

5.1.5 OSPF LSA 类型

链路状态更新报文用于 OSPF 的路由更新，在 LSU 报文编码格式的最后字段存储了链路状态通告信息，LSA 通告目前有 11 种类型，如表 5-3 所示。

表 5-3 LSA 类型

LSA 类型	名　称	描　述
1	路由器 LSA	区域内路由器发出，描述路由器接口或链路的状态信息
2	网络 LSA	区域内 DR 发出，在本区域内传播
3	网络汇总 LSA	ABR 发出，描述区域内的汇总链路通告
4	ASBR 汇总 LSA	ABR 发出，描述 ASBR 的可达信息
5	AS 外部 LSA	ASBR 发出，通告外部路由
6	组成员 LSA	标识 OSPF 组播中的成员
7	NSSA 外部 LSA	由 NSSA 区域的 ASBR 发出，通告本区域连接的外部路由
8	外部属性 LSA	用于 BGP 的外部属性 LSA
9	不透明 LSA（本地链路范围）	MPLS 流量工程使用
10	不透明 LSA（本地区域范围）	
11	不透明 LSA（AS 范围）	

在所有的 LSA 类型中，目前我们最常用的是 1、2、3、4、5、7 这六种。每一个 LSA 都有一个标准的 20 字节头部，图 5-4 显示了 LSA 头部的编码格式。

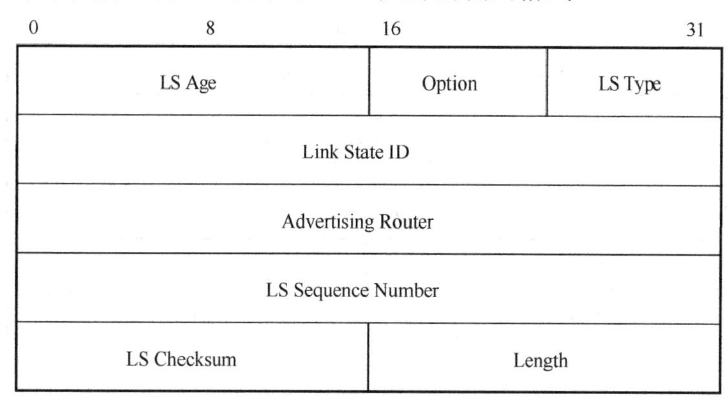

图 5-4 LSA 头部编码格式 3

LSA 头部数据包相关字段含义如下。

- LS Age：LSA 的生成时间。
- LS Type：LSA 的类型，主要是 1、2、3、4、5、7。
- Link State ID：代表整个路由器，而不是某条链路，由 LSA 的类型决定。
- Advertising Router：通告路由器，生成 LSA 的路由器的 ID。
- LS Sequence Number：LS 序列号，LSA 的连续实例生成的连续序列号，检测旧的或重复的 LSA。
- LS Checksum：校验和，对整个 LSA 报文的校验和。
- Length：长度，LSA 的长度。

图 5-5 给出了最常见的路由器 LSA 的编码格式，其他 LSA 的编码格式请读者查阅 RFC 文档 RFC 2328。

相关字段含义如下。

- Bit “V”：指明该路由器是虚链路的端点。
- Bit “E”：指明该路由器是一个 ASBR。
- Bit “B”：指明该路由器是一个 ABR。
- #Link：LSA 中描述的路由器链路的数量。
- Link ID：代表整个路由器，而不是某条链路，由 LSA 的类型决定。
- Link Data：依赖于链路的类型，如果是连接的 Stub 网络，该字段指明网络的 IP 地址掩码。
- Type：路由器链路的描述，有点对点、Stub、虚链路等。
- #TOS：该链路不同 TOS 度量的数量，如果没有额外的 TOS 度量，该字段置 0。
- Metric：使用该链路的开销。

- TOS：IP 服务类型。
- TOS metric：TOS 具体度量信息。

0	8	16	31
LS Age		Option	1
Link State ID			
Advertising Router			
LS Sequence Number			
LS Checksum		Length	
0 V E B 0		#Link	
Link ID			
Link Data			
Type	#TOS	Metric	
...			
TOS	0	TOS Metric	
Link ID			
Link Data			
...			

图 5-5 路由器 LSA 编码格式

5.1.6 OSPF 工作过程

在 OSPF 区域内每一个路由器都必须要有一个路由器 ID（Router ID）来唯一标识一台路由器，该值是一个 IP 地址。Router ID 由路由器选举产生，产生的规则如下。

① 路由器可以在路由协议模式下使用命令“**router-id**”指定。

② 如果没有使用命令指定 Router ID，则路由器选择其环回接口中 IP 地址最大值作为它的 Router ID。

③ 如果路由器没有环回接口，则选择物理接口中 IP 最大值作为其 Router ID。

图 5-6 显示了 OSPF 协议的工作过程。

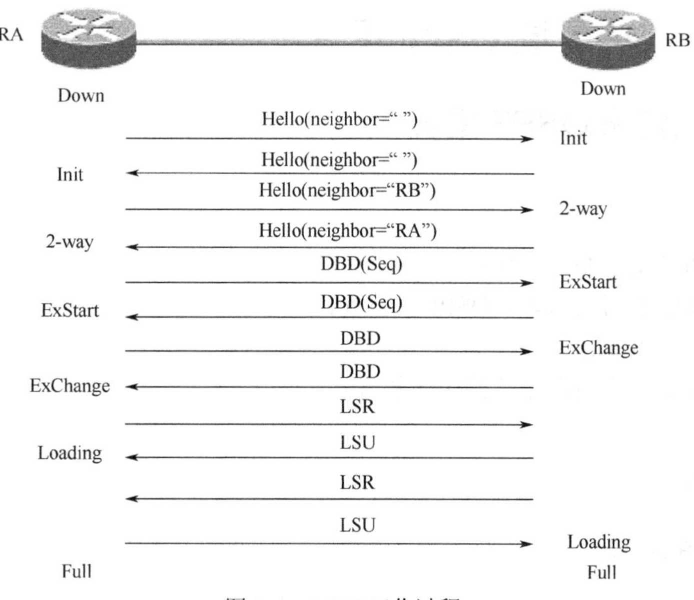

图 5-6　OSPF 工作过程

① 路由器发送 Hello 包，NBMA 模式时进入 Attempt 状态。

② 路由器收到 Hello，检查参数，如果匹配则进入 Init 状态；并且将对方的 Hello 报文中的 Router ID 添加到自己要发送的 Hello 报文中。

③ 路由器在收到邻居的含有自己 Router ID 的 Hello 包后进入 Two-way 状态，形成 OSPF 邻居关系，并且把该路由器的 Router ID 添加到自己的 OSPF 邻居表中。

④ 进入 Two-way 状态后，广播、非广播多路访问网络进行 DR 与 BDR 的选举，如果是点对点网络则不需要 DR/BDR 选举，DR 的选举规则如下。

- 最先启动成为 DR 的路由器，可以 **reload** 或 **clear ip ospf process** 来重新选举；
- 具有最高 OSPF 优先级的路由器会被选为 DR，默认情况下 OSPF 的优先级是 1；
- 如果 OSPF 优先级相同，则具有最高 Router ID 的路由器会被选为 DR。

⑤ 在 DR 选举完成或跳过 DR 选举后，建立 OSPF 邻接关系，进入 Exstart（准启动）状态，并通过交换 DBD 交换主从路由器，由主路由器定义 DBD 序列号，Router ID 大的为主路由器。

⑥ 主从路由器选举完成后，进入 Exchange（交换）状态，通过交换携带 LSA 头部信息的 DBD 包描述各自的 LSDB。

⑦ 进入 Loading 状态，对链路状态数据库和收到的 DBD 的 LSA 头部进行比较，发现自己数据库中没有的 LSA 就发送 LSR，向邻居请求该 LSA；邻居收到 LSR 后，回应 LSU；收到邻居发来的 LSU 后，存储这些 LSA 到自己的链路状态数据库，并发送 LSACK 确认。

⑧ LSA 交换完成后，进入 FULL 状态，同一个区域内所有 OSPF 路由器都拥有相同链路状态数据库。

⑨ 周期性发送 Hello 报文来维护邻居关系。

5.2 实训一：单区域 OSPF 配置

5.2.1 点对点链路 OSPF 配置

【实验目的】

- 部署 OSPF 动态路由协议；
- 熟悉 OSPF 邻居关系表、OSPF 数据库；
- 掌握 OSPF 度量计算方法；
- 掌握 OSPF 网络引入默认路由器的方法；
- 验证配置。

【实验拓扑】

实验拓扑如图 5-7 所示。

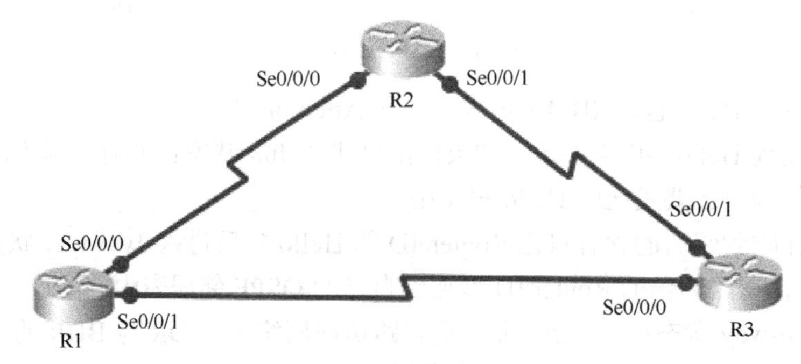

图 5-7 实验拓扑

设备参数如表 5-4 所示。

表 5-4 设备参数表

设 备	接 口	IP 地址	子网掩码	默认网关
R1	S0/0/0	192.168.12.1	255.255.255.0	N/A
	S0/0/1	192.168.13.1	255.255.255.0	N/A
	Loopback0	10.10.10.10	255.255.255.0	N/A
R2	S0/0/0	192.168.12.2	255.255.255.0	N/A
	S0/0/1	192.168.23.2	255.255.255.0	N/A
	Loopback0	20.20.20.20	255.255.255.0	N/A
R3	S0/0/0	192.168.13.3	255.255.255.0	N/A
	S0/0/1	192.168.23.3	255.255.255.0	N/A
	Loopback0	30.30.30.30	255.255.255.0	N/A

【实验内容】

1. 配置路由协议

（1）R1 的基本配置

```
R1(config)#router ospf 1
//启动 OSPF 路由协议，进程号为 1，OSPF 的进程号 ID 范围为 1～65535，只具有本地意义
R1(config-router)#network 192.168.12.0 0.0.0.255 area 0
//通告网络
R1(config-router)#network 192.168.13.0 0.0.0.255 area 0
R1(config-router)#network 10.10.10.0 0.0.0.255 area 0
```

（2）R2 的基本配置

```
R2(config)#router ospf 1
R2(config-router)#network 192.168.12.0 0.0.0.255 area 0
R2(config-router)#network 192.168.23.0 0.0.0.255 area 0
R2(config-router)#network 20.20.20.0 0.0.0.255 area 0
```

（3）R3 的基本配置

```
R3(config)#router ospf 1
R3(config-router)#network 192.168.13.0 0.0.0.255 area 0
R3(config-router)#network 192.168.23.0 0.0.0.255 area 0
R3(config-router)#network 30.30.30.0 0.0.0.255 area 0
```

OSPF 协议在通告网络时必须加上通配符掩码与区域号码，具体格式为

```
Router（config-router）#network network-address wildcard-mask area area-id
```

在单区域的 OSPF 配置中，区域号必须为 0，为骨干区域。

2. 查看邻居关系

```
R1#show ip ospf neighbor

Neighbor ID     Pri   State           Dead Time   Address         Interface
30.30.30.30       0   FULL/  -        00:00:37    192.168.13.3    Serial0/0/1
20.20.20.20       0   FULL/  -        00:00:30    192.168.12.2    Serial0/0/0
R2#show ip ospf neighbor

Neighbor ID     Pri   State           Dead Time   Address         Interface
30.30.30.30       0   FULL/  -        00:00:30    192.168.23.3    Serial0/0/1
10.10.10.10       0   FULL/  -        00:00:31    192.168.12.1    Serial0/0/0
```

```
R3#show ip ospf neighbor

Neighbor ID     Pri   State          Dead Time    Address         Interface
20.20.20.20       0   FULL/  -       00:00:31     192.168.23.2    Serial0/0/1
10.10.10.10       0   FULL/  -       00:00:36     192.168.13.1    Serial0/0/0
```

show ip ospf neighbor 命令的输出包括以下内容。

- **Neighbor ID**：邻居路由器的 ID；
- **Pri**：邻居路由器接口的优先级，用于 DR/BDR 的选举；
- **State**：邻居路由器的接口状态；
- **Dead Time**：路由器宣告邻居无效所等待的最长时间；
- **Address**：邻居路由器接口的 IP 地址；
- **Interface**：连接邻居路由器的本地接口。

3. 查看路由信息

```
R1#show ip protocols
Routing Protocol is "ospf 1"
//路由器运行 OSPF 的进程号为 1
  Outgoing update filter list for all interfaces is not set
//在出接口上没有设置分布列表
  Incoming update filter list for all interfaces is not set
//在入接口上没有设置分布列表
  Router ID 10.10.10.10
//路由器 ID 为 10.10.10.10，由于没有手工指定路由器 ID，路由器选择环回接口的地址作为其路由器 ID
  Number of areas in this router is 1. 1 normal 0 stub 0 nssa
//路由器中的区域数量（是 1），及区域类型数量
  Maximum path: 4
//支持等价负载均衡默认 4 条路径，最大可以设置 32 条
  Routing for Networks:
    10.10.10.0 0.0.0.255 area 0
    192.168.12.0 0.0.0.255 area 0
192.168.13.0 0.0.0.255 area 0
//路由器通告的网络及区域
 Reference bandwidth unit is 100 mbps
//计算度量的参考带宽是 100 Mbps
  Routing Information Sources:
    Gateway          Distance      Last Update
    30.30.30.30      110           00:10:19
```

```
    20.20.20.20          110          00:11:14
  Distance: (default is 110)
//默认管理距离为 110
```

4. 查看路由表

（1）R1 的路由表

```
R1#show ip route
(------省略部分输出------)

C      192.168.12.0/24 is directly connected, Serial0/0/0
C      192.168.13.0/24 is directly connected, Serial0/0/1
       20.0.0.0/32 is subnetted, 1 subnets
O         20.20.20.20 [110/65] via 192.168.12.2, 00:21:04, Serial0/0/0
       10.0.0.0/24 is subnetted, 1 subnets
C         10.10.10.0 is directly connected, Loopback0
O      192.168.23.0/24 [110/128] via 192.168.13.3, 00:19:03, Serial0/0/1
                       [110/128] via 192.168.12.2, 00:19:48, Serial0/0/0
       30.0.0.0/32 is subnetted, 1 subnets
O         30.30.30.30 [110/65] via 192.168.13.3, 00:18:54, Serial0/0/1
```

（2）R2 的路由表

```
R2#show ip route
(------省略部分输出------)

C      192.168.12.0/24 is directly connected, Serial0/0/0
O      192.168.13.0/24 [110/128] via 192.168.23.3, 00:19:25, Serial0/0/1
                       [110/128] via 192.168.12.1, 00:20:20, Serial0/0/0
       20.0.0.0/24 is subnetted, 1 subnets
C         20.20.20.0 is directly connected, Loopback0
       10.0.0.0/32 is subnetted, 1 subnets
O         10.10.10.10 [110/65] via 192.168.12.1, 00:21:37, Serial0/0/0
C      192.168.23.0/24 is directly connected, Serial0/0/1
       30.0.0.0/32 is subnetted, 1 subnets
O         30.30.30.30 [110/65] via 192.168.23.3, 00:19:17, Serial0/0/1
```

（3）R3 的路由表

```
R3#show ip route
```

```
(------省略部分输出------)
O       192.168.12.0/24 [110/128] via 192.168.23.2, 00:19:41, Serial0/0/1
                        [110/128] via 192.168.13.1, 00:19:51, Serial0/0/0
C       192.168.13.0/24 is directly connected, Serial0/0/0
        20.0.0.0/32 is subnetted, 1 subnets
O          20.20.20.20 [110/65] via 192.168.23.2, 00:19:41, Serial0/0/1
        10.0.0.0/32 is subnetted, 1 subnets
O          10.10.10.10 [110/65] via 192.168.13.1, 00:19:51, Serial0/0/0
C       192.168.23.0/24 is directly connected, Serial0/0/1
        30.0.0.0/24 is subnetted, 1 subnets
C          30.30.30.0 is directly connected, Loopback0
```

以上输出显示，在同一个区域内，通过 OSPF 路由协议学习的路由，以大写字母“**O**”标识。

5. OSPF 度量分析

首先查看 R1 的 OSPF 路由如下。

```
R1#show ip route ospf
        20.0.0.0/32 is subnetted, 1 subnets
O          20.20.20.20 [110/65] via 192.168.12.2, 00:26:52, Serial0/0/0
O       192.168.23.0/24 [110/128] via 192.168.13.3, 00:24:51, Serial0/0/1
                        [110/128] via 192.168.12.2, 00:25:36, Serial0/0/0
        30.0.0.0/32 is subnetted, 1 subnets
O          30.30.30.30 [110/65] via 192.168.13.3, 00:24:41, Serial0/0/1
```

OSPF 网络的度量计算方式是 10^8/带宽（单位：bps），是路由学习方向所有度量之和。到网络 192.168.23.0/24 的度量计算如下：

Cost = $\sum 10^8$/带宽 = 10^8/1 544 000 +10^8/1 544 000 = 128，这与路由器计算的度量是一致的。

也可以通过如下命令直接修接口的 Cost 值。

```
Router（config-if）ip ospf cost Cost
```

修改 R1 配置如下。

```
R1(config)#interface serial 0/0/0
R1(config-if)#ip ospf cost 1000
R1(config)#interface serial 0/0/1
R1(config-if)#ip ospf cost 1000
R1#show ip route ospf
        20.0.0.0/32 is subnetted, 1 subnets
O          20.20.20.20 [110/1001] via 192.168.12.2, 00:00:35, Serial0/0/0
O       192.168.23.0/24 [110/1064] via 192.168.13.3, 00:00:35, Serial0/0/1
```

```
                 [110/1064] via 192.168.12.2, 00:00:35, Serial0/0/0
      30.0.0.0/32 is subnetted, 1 subnets
O        30.30.30.30 [110/1001] via 192.168.13.3, 00:00:35, Serial0/0/1
```

由于 R1 的两个入接口的开销值都改成了 1 000，所以到网络 192.168.23.0 的度量值变为 Cost = 1 000 +10^8/1 544 000 = 1 064，这与路由器计算的值也是一样的。

6. 查看 OSPF 数据库

```
R1#show ip ospf database

            OSPF Router with ID (10.10.10.10) (Process ID 1)

                Router Link States (Area 0)

Link ID         ADV Router      Age         Seq#        Checksum    Link Count
10.10.10.10     10.10.10.10     219         0x80000009  0x00DC46    5
20.20.20.20     20.20.20.20     512         0x80000005  0x00224D    5
30.30.30.30     30.30.30.30     346         0x80000004  0x00FD1E    5
```

以上输出的是 R1 的数据库，R2 与 R3 的数据库应该是一样的，其含义如下。

- Router Link States：因为是单区域而且是点对点链路，所以只有 1 类的 LSA 产生，即路由器 LSA。
- Link ID：这里实际上指的是 Link-State ID，代表整个路由器而不是代表某个链路。这里是 Router Link，所以要用通告它的路由器的 ID 号代表。
- ADV Router：通告链路状态信息的路由器的 ID 号，即 Link ID 名下的内容是由它通告的。
- Age：LSA 的老化时间。
- Seq#：LSA 的序列号。
- Checksum：LSA 的校验和。
- Link Count：通告路由器（ADV Router）在本区域（当前是区域 0）的链路数目。

7. OSPF 网络中注入默认路由

在路由器 R3 上引入默认路由，把它传播到 OSPF 的区域。

```
R3(config)#router ospf 1
R3(config-router)#default-information originate always
//引入默认路由，使用 always 命令，即使 R3 没有配置默认路由，路由器也会引入默认路由
```

再次查看 R1 与 R2 的 OSPF 路由如下。

```
R1#show ip route ospf
```

```
        20.0.0.0/32 is subnetted, 1 subnets
O           20.20.20.20 [110/1001] via 192.168.12.2, 00:34:55, Serial0/0/0
O       192.168.23.0/24 [110/1064] via 192.168.13.3, 00:34:55, Serial0/0/1
                        [110/1064] via 192.168.12.2, 00:34:55, Serial0/0/0
        30.0.0.0/32 is subnetted, 1 subnets
O           30.30.30.30 [110/1001] via 192.168.13.3, 00:34:55, Serial0/0/1
O*E2 0.0.0.0/0 [110/1] via 192.168.13.3, 00:00:56, Serial0/0/1
R2#show ip route ospf
O       192.168.13.0/24 [110/128] via 192.168.23.3, 01:11:06, Serial0/0/1
        10.0.0.0/32 is subnetted, 1 subnets
O           10.10.10.10 [110/65] via 192.168.12.1, 01:13:18, Serial0/0/0
        30.0.0.0/32 is subnetted, 1 subnets
O           30.30.30.30 [110/65] via 192.168.23.3, 01:10:56, Serial0/0/1
O*E2 0.0.0.0/0 [110/1] via 192.168.23.3, 00:01:11, Serial0/0/1
```

以上输出显示，R1 和 R2 路由器都学习到了默认路由，以字母“**O*E2**”标识，说明是外部路由类型 E2。

5.2.2 广播多路访问网络 OSPF 配置

【实验目的】

- 掌握广播多路访问 OSPF 的特征；
- 掌握路由器 ID 的选举方法；
- 掌握广播网络 DR/BDR 的选举方法；
- 掌握 OSPF 网络类型配置。

【实验拓扑】

实验拓扑如图 5-8 所示。

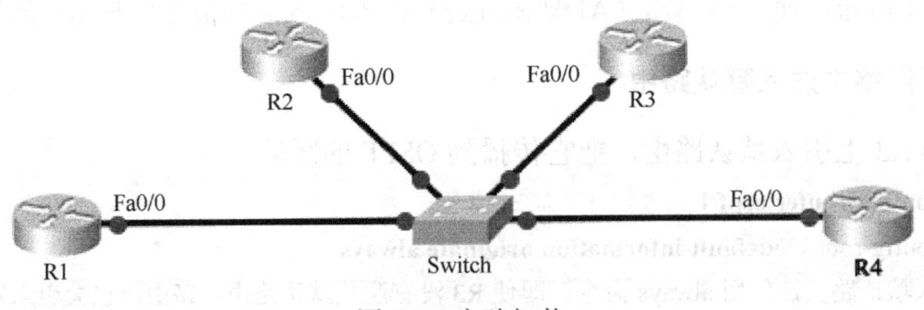

图 5-8 实验拓扑

设备参数如表 5-5 所示。

表 5-5　设备参数表

设　备	接　口	IP 地址	子网掩码	默认网关
R1	Fa0/0	192.168.1.1	255.255.255.0	N/A
	Loopback	10.10.10.10	255.255.255.0	N/A
R2	Fa0/0	192.168.1.2	255.255.255.0	N/A
	Loopback0	20.20.20.20	255.255.255.0	N/A
R3	Fa0/0	192.168.1.3	255.255.255.0	N/A
	Loopback0	30.30.30.30	255.255.255.0	N/A
R4	Fa0/0	192.168.1.4	255.255.255.0	N/A
	Loopback0	40.40.40.40	255.255.255.0	N/A

【实验内容】

1. 路由器配置 RIP 协议

（1）R1 路由器的配置

```
R1(config)#router ospf 1
R1(config-router)#network 192.168.1.0 0.0.0.255 area 0
R1(config-router)#network 10.10.10.0 0.0.0.255 area 0
```

（2）R2 路由器的配置

```
R2(config)#router ospf 1
R2(config-router)#network 192.168.1.0 0.0.0.255 area 0
R2(config-router)#network 20.20.20.0 0.0.0.255 area 0
```

（3）R3 路由器的配置

```
R3(config)#router ospf 1
R3(config-router)#network 192.168.1.0 0.0.0.255 area 0
R3(config-router)#network 30.30.30.0 0.0.0.255 area 0
```

（4）R4 路由器的配置

```
R4(config)#router ospf 1
R4(config-router)#network 192.168.1.0 0.0.0.255 area 0
R4(config-router)#network 40.40.40.0 0.0.0.255 area 0
```

2. 查看邻居列表

```
R1#show ip ospf neighbor
```

```
Neighbor ID     Pri   State            Dead Time   Address        Interface
20.20.20.20     1     FULL/BDR         00:00:33    192.168.1.2    FastEthernet0/0
30.30.30.30     1     FULL/DROTHER     00:00:39    192.168.1.3    FastEthernet0/0
40.40.40.40     1     FULL/DROTHER     00:00:36    192.168.1.4    FastEthernet0/0
```

以上输出显示，R1 路由器有 3 个邻居，因为 R1 路由器最先启动 OSPF，并且路由器接口的优先级默认情况下都是 1，所以它自身是指定路由器 DR，邻居路由器 R2 是备份指定路由器 BDR，R3 与 R4 是 DROTHER。

3. 修改路由器 ID

下面手工指定 R1 与 R2 路由器的 ID，分别为 1.1.1.1 与 2.2.2.2。

```
R1(config)#router ospf 1
R1(config-router)#router-id 1.1.1.1
Reload or use "clear ip ospf process" command, for this to take effect
R1#clear ip ospf process
Reset ALL OSPF processes? [no]: y
R2(config)#router ospf 1
R2(config-router)#router-id 2.2.2.2
Reload or use "clear ip ospf process" command, for this to take effect
R2#clear ip ospf process
Reset ALL OSPF processes? [no]: y
```

以上输出显示，手工指定路由器 ID 的命令需要重启，或者用命令“**clear ip ospf process**”重置路由协议进程才能生效，重启后，R3 的邻居关系如下所示。

```
R3#show ip ospf neighbor

Neighbor ID     Pri   State            Dead Time   Address        Interface
1.1.1.1         1     FULL/DROTHER     00:00:36    192.168.1.1    FastEthernet0/0
2.2.2.2         1     FULL/DROTHER     00:00:39    192.168.1.2    FastEthernet0/0
40.40.40.40     1     FULL/DR          00:00:36    192.168.1.4    FastEthernet0/0
```

由于重新启动路由协议进程，DR 与 BDR 进行了重新选举，根据选举规则，R4 成为 DR，R3 成为 BDR。如果想让 R1 重新成为 DR，可以改变接口的优先级，在接口模式下使用命令“**ip ospf priority *priority***”。

```
R1(config)#interface fastEthernet 0/0
R1(config-if)#ip ospf priority 255
R2(config)#interface fastEthernet 0/0
R2(config-if)#ip ospf priority 254
```

重新启动进城后再次查看 R3 路由器的邻居。

```
R3#show ip ospf neighbor

Neighbor ID     Pri   State           Dead Time   Address        Interface
1.1.1.1         255   FULL/DR         00:00:31    192.168.1.1    FastEthernet0/0
2.2.2.2         254   FULL/BDR        00:00:30    192.168.1.2    FastEthernet0/0
40.40.40.40       1   2WAY/DROTHER    00:00:32    192.168.1.4    FastEthernet0/0
```

以上输出显示，R1 路由器重新成为 DR，R2 路由器成为 BDR。

4. 修改 OSPF 网络类型

首先查看 R1 的 OSPF 的接口信息如下。

```
R1#show ip ospf interface fastEthernet 0/0
FastEthernet0/0 is up, line protocol is up
  Internet Address 192.168.1.1/24, Area 0
  Process ID 1, Router ID 1.1.1.1, Network Type BROADCAST, Cost: 1
  Transmit Delay is 1 sec, State DR, Priority 255
//以上输出显示，网络类型是广播，此路由器是指定路由器 DR
  Designated Router (ID) 1.1.1.1, Interface address 192.168.1.1
//DR 路由器的 ID 及接口的 IP 地址
  Backup Designated router (ID) 2.2.2.2, Interface address 192.168.1.2
//BDR 的路由器 ID 及接口的 IP 地址
  Timer intervals configured, Hello 10, Dead 40, Wait 40, Retransmit 5
    oob-resync timeout 40
    Hello due in 00:00:03
  Supports Link-local Signaling (LLS)
  Cisco NSF helper support enabled
  IETF NSF helper support enabled
  Index 1/1, flood queue length 0
  Next 0x0(0)/0x0(0)
  Last flood scan length is 1, maximum is 2
  Last flood scan time is 4 msec, maximum is 4 msec
  Neighbor Count is 3, Adjacent neighbor count is 3
//邻居数是 3 个，并且形成 3 个邻接关系
    Adjacent with neighbor 2.2.2.2  (Backup Designated Router)
    Adjacent with neighbor 30.30.30.30
    Adjacent with neighbor 40.40.40.40
  Suppress hello for 0 neighbor(s)
```

可以通过如下命令修改 OSPF 网络类型。

```
R1(config-if)#ip ospf network network-type
```

修改配置如下。

```
R1(config)#interface loopback 0
R1(config-if)#ip ospf network point-to-point
//修改 OSPF 网络类型为点对点
R1#show ip ospf interface loopback 0
Loopback0 is up, line protocol is up
  Internet Address 10.10.10.10/24, Area 0
  Process ID 1, Router ID 1.1.1.1, Network Type POINT_TO_POINT, Cost: 1
//网络类型点对点
  Transmit Delay is 1 sec, State POINT_TO_POINT
  Timer intervals configured, Hello 10, Dead 40, Wait 40, Retransmit 5
    oob-resync timeout 40
  Supports Link-local Signaling (LLS)
  Cisco NSF helper support enabled
  IETF NSF helper support enabled
  Index 2/2, flood queue length 0
  Next 0x0(0)/0x0(0)
  Last flood scan length is 0, maximum is 0
  Last flood scan time is 0 msec, maximum is 0 msec
  Neighbor Count is 0, Adjacent neighbor count is 0
  Suppress hello for 0 neighbor(s)
```

以上输出显示环回接口的 OSPF 网络类型已经修改成为点对点。

5.3 实训二：OSPF 扩展配置

【实验目的】

- 掌握 OSPF 基于区域的认证方法；
- 掌握 OSPF 基于接口的认证方法。

【实验拓扑】

实验拓扑如图 5-9 所示。

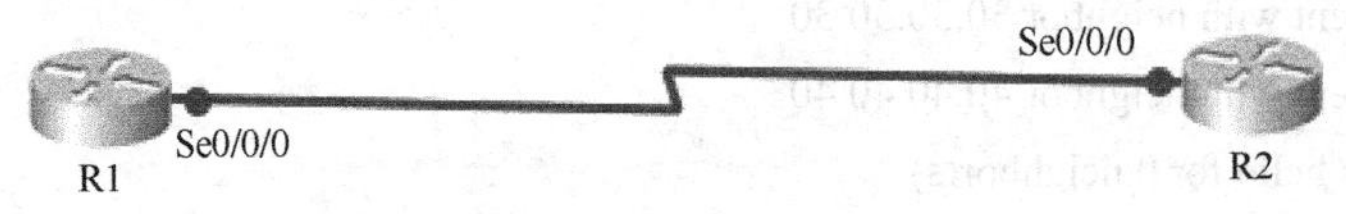

图 5-9 实验拓扑

设备参数如表 5-6 所示。

表 5-6 设备参数表

设 备	接 口	IP 地址	子网掩码	默认网关
R1	S0/0/0	192.168.12.1	255.255.255.0	N/A
	Loopback0	10.10.10.10	255.255.255.0	N/A
R2	S0/0/0	192.168.12.2	255.255.255.0	N/A
	Loopback0	20.20.20.20	255.255.255.0	N/A

5.3.1 OSPF 区域认证

1. 基于区域的简单口令认证

（1）R1 路由器的配置

```
R1(config)#router ospf 1
R1(config-router)#network 192.168.12.0 0.0.0.255 area 0
R1(config-router)#network 10.10.10.0 0.0.0.255 area 0
R1(config-router)#area 0 authentication
//启动区域认证，在该区域中所有的接口都必须启用认证
R1(config-router)#exit
R1(config)#interface serial 0/0/0
R1(config-if)#ip ospf authentication-key 0 siso
//设置认证口令 siso
```

（2）R2 路由器的配置

```
R2(config)#router ospf 1
R2(config-router)#network 192.168.12.0 0.0.0.255 area 0
R2(config-router)#network 20.20.20.0 0.0.0.255 area 0
R2(config-router)#area 0 authentication
R2(config-router)#exit
R2(config)#interface serial 0/0/0
R2(config-if)#ip ospf authentication-key siso
```

（3）查看 OSPF 认证信息

```
R1#show ip ospf interface serial 0/0/0
Serial0/0/0 is up, line protocol is up
```

```
    Internet Address 192.168.12.1/24, Area 0
    Process ID 1, Router ID 10.10.10.10, Network Type POINT_TO_POINT, Cost: 64
    Transmit Delay is 1 sec, State POINT_TO_POINT
    Timer intervals configured, Hello 10, Dead 40, Wait 40, Retransmit 5
      oob-resync timeout 40
      Hello due in 00:00:02
    Supports Link-local Signaling (LLS)
    Cisco NSF helper support enabled
    IETF NSF helper support enabled
    Index 1/1, flood queue length 0
    Next 0x0(0)/0x0(0)
    Last flood scan length is 1, maximum is 1
    Last flood scan time is 0 msec, maximum is 0 msec
    Neighbor Count is 1, Adjacent neighbor count is 1
      Adjacent with neighbor 20.20.20.20
    Suppress hello for 0 neighbor(s)
    Simple password authentication enabled
//启用了简单口令认证
R1#show ip ospf
  Routing Process "ospf 1" with ID 10.10.10.10
  Start time: 00:06:58.528, Time elapsed: 00:11:14.416
  Supports only single TOS(TOS0) routes
  Supports opaque LSA
  Supports Link-local Signaling (LLS)
  Supports area transit capability
  Router is not originating router-LSAs with maximum metric
  Initial SPF schedule delay 5000 msecs
  Minimum hold time between two consecutive SPFs 10000 msecs
  Maximum wait time between two consecutive SPFs 10000 msecs
  Incremental-SPF disabled
  Minimum LSA interval 5 secs
  Minimum LSA arrival 1000 msecs
  LSA group pacing timer 240 secs
  Interface flood pacing timer 33 msecs
  Retransmission pacing timer 66 msecs
  Number of external LSA 0. Checksum Sum 0x000000
  Number of opaque AS LSA 0. Checksum Sum 0x000000
```

```
Number of DCbitless external and opaque AS LSA 0
Number of DoNotAge external and opaque AS LSA 0
Number of areas in this router is 1. 1 normal 0 stub 0 nssa
Number of areas transit capable is 0
External flood list length 0
IETF NSF helper support enabled
Cisco NSF helper support enabled
   Area BACKBONE(0)
      Number of interfaces in this area is 2 (1 loopback)
      Area has simple password authentication
//区域使用了简单口令认证
      SPF algorithm last executed 00:04:29.900 ago
      SPF algorithm executed 4 times
      Area ranges are
      Number of LSA 2. Checksum Sum 0x013D29
      Number of opaque link LSA 0. Checksum Sum 0x000000
      Number of DCbitless LSA 0
      Number of indication LSA 0
      Number of DoNotAge LSA 0
      Flood list length 0
```

2. 基于区域的 MD5 认证

（1）R1 路由器的配置

```
R1(config)#router ospf 1
R1(config-router)#network 192.168.12.0 0.0.0.255 area 0
R1(config-router)#network 10.10.10.0 0.0.0.255 area 0
R1(config-router)#area 0 authentication message-digest
//启动区域 MD5 认证，在该区域中所有的接口都必须启用认证
R1(config-router)#exit
R1(config)#interface serial 0/0/0
R1(config-if)#ip ospf message-digest-key 1 md5 0 siso
//设置 MD5 认证口令 siso
```

（2）R2 路由器的配置

```
R2(config)#router ospf 1
R2(config-router)#network 192.168.12.0 0.0.0.255 area 0
R2(config-router)#network 20.20.20.0 0.0.0.255 area 0
```

```
R2(config-router)#area 0 authentication message-digest
R2(config-router)#exit
R2(config)#interface serial 0/0/0
R2(config-if)#ip ospf message-digest-key 1 md5 0 siso
```

（3）查看 OSPF 认证信息

```
R1#show ip ospf interface serial 0/0/0
Serial0/0/0 is up, line protocol is up
  Internet Address 192.168.12.1/24, Area 0
  Process ID 1, Router ID 10.10.10.10, Network Type POINT_TO_POINT, Cost: 64
  Transmit Delay is 1 sec, State POINT_TO_POINT
  Timer intervals configured, Hello 10, Dead 40, Wait 40, Retransmit 5
    oob-resync timeout 40
    Hello due in 00:00:09
  Supports Link-local Signaling (LLS)
  Cisco NSF helper support enabled
  IETF NSF helper support enabled
  Index 1/1, flood queue length 0
  Next 0x0(0)/0x0(0)
  Last flood scan length is 1, maximum is 1
  Last flood scan time is 0 msec, maximum is 0 msec
  Neighbor Count is 1, Adjacent neighbor count is 1
    Adjacent with neighbor 20.20.20.20
  Suppress hello for 0 neighbor(s)
  Message digest authentication enabled
Youngest key id is 1
//启用了 MD5 认证，key id 是 1
R1#show ip ospf
 Routing Process "ospf 1" with ID 10.10.10.10
 Start time: 00:06:58.528, Time elapsed: 00:18:29.728
 Supports only single TOS(TOS0) routes
 Supports opaque LSA
 Supports Link-local Signaling (LLS)
 Supports area transit capability
 Router is not originating router-LSAs with maximum metric
 Initial SPF schedule delay 5000 msecs
 Minimum hold time between two consecutive SPFs 10000 msecs
```

```
Maximum wait time between two consecutive SPFs 10000 msecs
Incremental-SPF disabled
Minimum LSA interval 5 secs
Minimum LSA arrival 1000 msecs
LSA group pacing timer 240 secs
Interface flood pacing timer 33 msecs
Retransmission pacing timer 66 msecs
Number of external LSA 0. Checksum Sum 0x000000
Number of opaque AS LSA 0. Checksum Sum 0x000000
Number of DCbitless external and opaque AS LSA 0
Number of DoNotAge external and opaque AS LSA 0
Number of areas in this router is 1. 1 normal 0 stub 0 nssa
Number of areas transit capable is 0
External flood list length 0
IETF NSF helper support enabled
Cisco NSF helper support enabled
   Area BACKBONE(0)
        Number of interfaces in this area is 2 (1 loopback)
        Area has message digest authentication
        SPF algorithm last executed 00:00:32.208 ago
        SPF algorithm executed 6 times
        Area ranges are
        Number of LSA 2. Checksum Sum 0x01352D
        Number of opaque link LSA 0. Checksum Sum 0x000000
        Number of DCbitless LSA 0
        Number of indication LSA 0
        Number of DoNotAge LSA 0
        Flood list length 0
```

5.3.2　OSPF 接口认证

1. 基于接口的简单口令认证

（1）R1 路由器的配置

```
R1(config)#router ospf 1
R1(config-router)#network 192.168.12.0 0.0.0.255 area 0
R1(config-router)#network 10.10.10.0 0.0.0.255 area 0
```

```
R1(config-router)#exit
R1(config)#interface serial 0/0/0
R1(config-if)#ip ospf authentication
//启用接口简单口令认证
R1(config-if)#ip ospf authentication-key siso
//设置简单口令认证密码为 siso
```

（2）R2 路由器的配置

```
R2(config)#router ospf 1
R2(config-router)#network 192.168.12.0 0.0.0.255 area 0
R2(config-router)#network 20.20.20.0 0.0.0.255 area 0
R2(config-router)#exit
R2(config)#interface serial 0/0/0
R2(config-if)#ip ospf authentication
R2(config-if)#ip ospf authentication-key siso
```

（3）查看 OSPF 认证信息

```
R1#show ip ospf interface serial 0/0/0
Serial0/0/0 is up, line protocol is up
  Internet Address 192.168.12.1/24, Area 0
  Process ID 1, Router ID 10.10.10.10, Network Type POINT_TO_POINT, Cost: 64
  Transmit Delay is 1 sec, State POINT_TO_POINT
  Timer intervals configured, Hello 10, Dead 40, Wait 40, Retransmit 5
    oob-resync timeout 40
    Hello due in 00:00:00
  Supports Link-local Signaling (LLS)
  Cisco NSF helper support enabled
  IETF NSF helper support enabled
  Index 1/1, flood queue length 0
  Next 0x0(0)/0x0(0)
  Last flood scan length is 1, maximum is 1
  Last flood scan time is 0 msec, maximum is 0 msec
  Neighbor Count is 1, Adjacent neighbor count is 1
    Adjacent with neighbor 20.20.20.20
  Suppress hello for 0 neighbor(s)
  Simple password authentication enabled
//接口上启用了简单口令认证
```

```
R1# show ip ospf
 Routing Process "ospf 1" with ID 10.10.10.10
(------省略部分输出------)
    Area BACKBONE(0)
        Number of interfaces in this area is 2 (1 loopback)
        Area has no authentication
//区域没有进行认证
        SPF algorithm last executed 00:02:13.636 ago
        SPF algorithm executed 10 times
        Area ranges are
        Number of LSA 2. Checksum Sum 0x012535
        Number of opaque link LSA 0. Checksum Sum 0x000000
        Number of DCbitless LSA 0
        Number of indication LSA 0
        Number of DoNotAge LSA 0
        Flood list length 0
```

2. 基于接口的 MD5 认证

（1）R1 路由器的配置

```
R1(config)#router ospf 1
R1(config-router)#network 192.168.12.0 0.0.0.255 area 0
R1(config-router)#network 10.10.10.0 0.0.0.255 area 0
R1(config-router)#exit
R1(config)#interface serial 0/0/0
R1(config-if)#ip ospf authentication message-digest
//启用接口 MD5 认证
R1(config-if)#ip ospf message-digest-key 1 md5 0 siso
//设置 MD5 认证密码为 siso
```

（2）R2 路由器的配置

```
R2(config)#router ospf 1
R2(config-router)#network 192.168.12.0 0.0.0.255 area 0
R2(config-router)#network 20.20.20.0 0.0.0.255 area 0
R2(config-router)#exit
R2(config)#interface serial 0/0/0
R2(config-if)#ip ospf authentication message-digest
R2(config-if)#ip ospf message-digest-key 1 md5 0 siso
```

（3）查看 OSPF 认证信息

```
R1#show ip ospf interface serial 0/0/0
Serial0/0/0 is up, line protocol is up
  Internet Address 192.168.12.1/24, Area 0
  Process ID 1, Router ID 10.10.10.10, Network Type POINT_TO_POINT, Cost: 64
  Transmit Delay is 1 sec, State POINT_TO_POINT
  Timer intervals configured, Hello 10, Dead 40, Wait 40, Retransmit 5
    oob-resync timeout 40
    Hello due in 00:00:09
  Supports Link-local Signaling (LLS)
  Cisco NSF helper support enabled
  IETF NSF helper support enabled
  Index 1/1, flood queue length 0
  Next 0x0(0)/0x0(0)
  Last flood scan length is 1, maximum is 1
  Last flood scan time is 0 msec, maximum is 0 msec
  Neighbor Count is 0, Adjacent neighbor count is 0
  Suppress hello for 0 neighbor(s)
  Message digest authentication enabled
Youngest key id is 1
//启用了 MD5 认证，key id 是 1
R1#show ip ospf
 Routing Process "ospf 1" with ID 10.10.10.10
(------省略部分输出------)
    Area BACKBONE(0) (Inactive)
        Number of interfaces in this area is 2 (1 loopback)
        Area has no authentication
//没有进行区域认证
        SPF algorithm last executed 00:02:17.544 ago
        SPF algorithm executed 11 times
        Area ranges are
        Number of LSA 2. Checksum Sum 0x00E28C
        Number of opaque link LSA 0. Checksum Sum 0x000000
        Number of DCbitless LSA 0
        Number of indication LSA 0
        Number of DoNotAge LSA 0
        Flood list length 0
```

5.4　实训三：多区域 OSPF 配置

5.4.1　多区域 OSPF 基本配置

【实验目的】

- 理解 OSPF 多区域概念；
- 掌握多区域 OSPF 配置命令；
- 理解 OSPF LSA 类型；
- 验证配置。

【实验拓扑】

实验拓扑如图 5-10 所示。

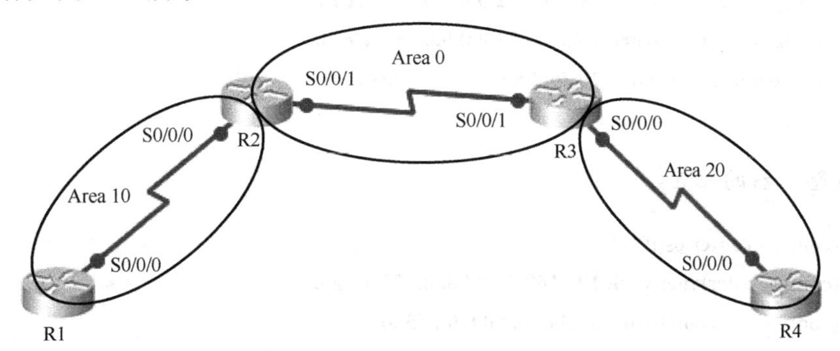

图 5-10　实验拓扑

设备参数如表 5-7 所示。

表 5-7　设备参数表

设　备	接　口	IP 地址	子网掩码	默认网关
R1	S0/0/0	192.168.12.1	255.255.255.0	N/A
	Loopback0	10.10.10.10	255.255.255.0	N/A
R2	S0/0/0	192.168.12.2	255.255.255.0	N/A
	S0/0/1	192.168.23.2	255.255.255.0	N/A
	Loopback0	20.20.20.20	255.255.255.0	N/A
R3	S0/0/0	192.168.34.3	255.255.255.0	N/A
	S0/0/1	192.168.23.3	255.255.255.0	N/A
	Loopback0	30.30.30.30	255.255.255.0	N/A
R4	S0/0/0	192.168.34.4	255.255.255.0	N/A
	Loopback0	40.40.40.40	255.255.255.0	N/A

【实验内容】

在本实验中设置 3 个区域：区域 0、区域 10 和区域 20。

1. 配置路由协议

（1）R1 路由器的配置

```
R1(config)#router ospf 1
R1(config-router)#network 192.168.12.0 0.0.0.255 area 10
R1(config-router)#network 10.10.10.0 0.0.0.255 area 10
```

（2）R2 路由器的配置

```
R2(config)#router ospf 1
R2(config-router)#network 192.168.12.0 0.0.0.255 area 10
R2(config-router)#network 192.168.23.0 0.0.0.255 area 0
R2(config-router)#network 20.20.20.0 0.0.0.255 area 0
//环回接口宣告在骨干区域中
```

（3）R3 路由器的配置

```
R3(config)#router ospf   1
R3(config-router)#network 192.168.23.0 0.0.0.255 area 0
R3(config-router)#network 30.30.30.0 0.0.0.255 area 0
R3(config-router)#network 192.168.34.0 0.0.0.255 area 20
```

（4）R4 路由器的配置

```
R4(config)#router ospf 1
R4(config-router)#network 192.168.34.0 0.0.0.255 area 20
R4(config-router)#network 40.40.40.0 0.0.0.255 area 20
```

2. 查看 OSPF 路由表

（1）R1 的 OSPF 路由

```
R1#show ip route ospf
     20.0.0.0/32 is subnetted, 1 subnets
O IA      20.20.20.20 [110/65] via 192.168.12.2, 00:05:21, Serial0/0/0
     40.0.0.0/32 is subnetted, 1 subnets
O IA      40.40.40.40 [110/193] via 192.168.12.2, 00:01:42, Serial0/0/0
O IA 192.168.23.0/24 [110/128] via 192.168.12.2, 00:04:15, Serial0/0/0
```

```
O IA 192.168.34.0/24 [110/192] via 192.168.12.2, 00:02:10, Serial0/0/0
     30.0.0.0/32 is subnetted, 1 subnets
O IA    30.30.30.30 [110/129] via 192.168.12.2, 00:03:16, Serial0/0/0
```

（2）R2 的 OSPF 路由

```
R2#show ip route ospf
     40.0.0.0/32 is subnetted, 1 subnets
O IA    40.40.40.40 [110/129] via 192.168.23.3, 00:02:26, Serial0/0/1
     10.0.0.0/32 is subnetted, 1 subnets
O       10.10.10.10 [110/65] via 192.168.12.1, 00:06:10, Serial0/0/0
O IA 192.168.34.0/24 [110/128] via 192.168.23.3, 00:02:54, Serial0/0/1
     30.0.0.0/32 is subnetted, 1 subnets
O       30.30.30.30 [110/65] via 192.168.23.3, 00:04:00, Serial0/0/1
```

（3）R3 的 OSPF 路由

```
R3#show ip route ospf
O IA 192.168.12.0/24 [110/128] via 192.168.23.2, 00:03:24, Serial0/0/1
     20.0.0.0/32 is subnetted, 1 subnets
O       20.20.20.20 [110/65] via 192.168.23.2, 00:03:24, Serial0/0/1
     40.0.0.0/32 is subnetted, 1 subnets
O       40.40.40.40 [110/65] via 192.168.34.4, 00:02:50, Serial0/0/0
     10.0.0.0/32 is subnetted, 1 subnets
O IA    10.10.10.10 [110/129] via 192.168.23.2, 00:03:24, Serial0/0/1
```

（4）R4 的 OSPF 路由

```
R4#show ip route ospf
O IA 192.168.12.0/24 [110/192] via 192.168.34.3, 00:03:21, Serial0/0/0
     20.0.0.0/32 is subnetted, 1 subnets
O IA    20.20.20.20 [110/129] via 192.168.34.3, 00:03:21, Serial0/0/0
     10.0.0.0/32 is subnetted, 1 subnets
O IA    10.10.10.10 [110/193] via 192.168.34.3, 00:03:21, Serial0/0/0
O IA 192.168.23.0/24 [110/128] via 192.168.34.3, 00:03:21, Serial0/0/0
     30.0.0.0/32 is subnetted, 1 subnets
O IA    30.30.30.30 [110/65] via 192.168.34.3, 00:03:21, Serial0/0/0
```

路由表中以字母“**O**”标识的条目是 OSPF 区域内路由，以字母“**O IA**”标识的条目代表 OSPF 区域间路由。

3. 查看 OSPF 数据库

（1）R1 的数据库

```
R1#show ip ospf database

            OSPF Router with ID (10.10.10.10) (Process ID 1)

                Router Link States (Area 10)

Link ID         ADV Router      Age     Seq#            Checksum    Link count
10.10.10.10     10.10.10.10     1547    0x80000004      0x00FEDC    3
20.20.20.20     20.20.20.20     1529    0x80000002      0x0008E4    2

                Summary Net Link States (Area 10)

Link ID         ADV Router      Age     Seq#            Checksum
20.20.20.20     20.20.20.20     1524    0x80000001      0x009DFD
30.30.30.30     20.20.20.20     1399    0x80000001      0x0052E0
40.40.40.40     20.20.20.20     1305    0x80000001      0x0007C3
192.168.23.0    20.20.20.20     1458    0x80000001      0x00022A
②.168.34.0      20.20.20.20     1333    0x80000001      0x000BD5
```

（2）R2 的数据库

```
R2#show ip ospf database

            OSPF Router with ID (20.20.20.20) (Process ID 1)

                Router Link States (Area 0)

Link ID         ADV Router      Age     Seq#            Checksum    Link count
20.20.20.20     20.20.20.20     1467    0x80000004      0x002EF4    3
30.30.30.30     30.30.30.30     1392    0x80000003      0x006D65    3

                Summary Net Link States (Area 0)

Link ID         ADV Router      Age     Seq#            Checksum
10.10.10.10     20.20.20.20     1582    0x80000001      0x00ED95
```

```
40.40.40.40     30.30.30.30     1359    0x80000001   0x00578B
192.168.12.0    20.20.20.20     1582    0x80000001   0x007BBB
192.168.34.0    30.30.30.30     1388    0x80000001   0x005B9D

                Router Link States (Area 10)

Link ID         ADV Router      Age     Seq#         Checksum    Link count
10.10.10.10     10.10.10.10     1602    0x80000004   0x00FEDC    3
20.20.20.20     20.20.20.20     1582    0x80000002   0x0008E4    2

                Summary Net Link States (Area 10)

Link ID         ADV Router      Age     Seq#         Checksum
20.20.20.20     20.20.20.20     1577    0x80000001   0x009DFD
30.30.30.30     20.20.20.20     1454    0x80000001   0x0052E0
40.40.40.40     20.20.20.20     1360    0x80000001   0x0007C3
192.168.23.0    20.20.20.20     1513    0x80000001   0x00022A
③.168.34.0      20.20.20.20     1388    0x80000001   0x000BD5
```

（3）R3 的数据库

```
R3#show ip ospf database

            OSPF Router with ID (30.30.30.30) (Process ID 1)

                Router Link States (Area 0)

Link ID         ADV Router      Age     Seq#         Checksum    Link count
20.20.20.20     20.20.20.20     1501    0x80000004   0x002EF4    3
30.30.30.30     30.30.30.30     1424    0x80000003   0x006D65    3

                Summary Net Link States (Area 0)

Link ID         ADV Router      Age     Seq#         Checksum
10.10.10.10     20.20.20.20     1616    0x80000001   0x00ED95
40.40.40.40     30.30.30.30     1391    0x80000001   0x00578B
192.168.12.0    20.20.20.20     1616    0x80000001   0x007BBB
192.168.34.0    30.30.30.30     1420    0x80000001   0x005B9D
```

```
                    Router Link States (Area 20)

Link ID         ADV Router      Age         Seq#         Checksum    Link count
30.30.30.30     30.30.30.30     1406        0x80000003   0x0008ED    2
40.40.40.40     40.40.40.40     1392        0x80000002   0x009884    3

                    Summary Net Link States (Area 20)

Link ID         ADV Router      Age         Seq#         Checksum
10.10.10.10     30.30.30.30     1425        0x80000001   0x0043D7
20.20.20.20     30.30.30.30     1426        0x80000001   0x00F240
30.30.30.30     30.30.30.30     1426        0x80000001   0x00A2A8
192.168.12.0    30.30.30.30     1426        0x80000001   0x00D0FD
④.168.23.0      30.30.30.30     1426        0x80000001   0x00D42F
```

（4）R4 的数据库

```
R4#show ip ospf database

            OSPF Router with ID (40.40.40.40) (Process ID 1)

                    Router Link States (Area 20)

Link ID         ADV Router      Age         Seq#         Checksum    Link count
30.30.30.30     30.30.30.30     1434        0x80000003   0x0008ED    2
40.40.40.40     40.40.40.40     1419        0x80000002   0x009884    3

                    Summary Net Link States (Area 20)

Link ID         ADV Router      Age         Seq#         Checksum
10.10.10.10     30.30.30.30     1452        0x80000001   0x0043D7
20.20.20.20     30.30.30.30     1452        0x80000001   0x00F240
30.30.30.30     30.30.30.30     1452        0x80000001   0x00A2A8
192.168.12.0    30.30.30.30     1452        0x80000001   0x00D0FD
192.168.23.0    30.30.30.30     1452        0x80000001   0x00D42F
```

以上输出显示在整个 OSPF 区域中产生了两种类型的 LSA：路由器 LSA 和网络汇总 LSA。

5.4.2 OSPF STUB 区域配置

【实验目的】

- 深入理解 OSPF 多种 LSA 类型；
- 掌握末梢区域与完全末梢区域的特点；
- 掌握 STUB 区域配置命令；
- 验证配置。

【实验拓扑】

实验拓扑如图 5-11 所示。

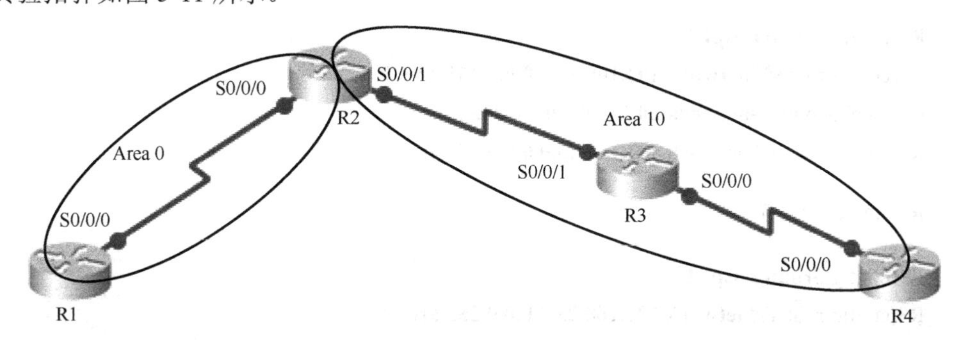

图 5-11 实验拓扑

设备参数如表 5-8 所示。

表 5-8 设备参数表

设 备	接 口	IP 地址	子网掩码	默认网关
R1	S0/0/0	192.168.12.1	255.255.255.0	N/A
	Loopback0	10.10.10.10	255.255.255.0	N/A
R2	S0/0/0	192.168.12.2	255.255.255.0	N/A
	S0/0/1	192.168.23.2	255.255.255.0	N/A
	Loopback0	20.20.20.20	255.255.255.0	N/A
R3	S0/0/0	192.168.34.3	255.255.255.0	N/A
	S0/0/1	192.168.23.3	255.255.255.0	N/A
	Loopback0	30.30.30.30	255.255.255.0	N/A
R4	S0/0/0	192.168.34.4	255.255.255.0	N/A
	Loopback0	40.40.40.40	255.255.255.0	N/A

本实验中把区域 10 设置为末梢区域与完全末梢区域来观察路由表以及 LSA 的变化。

【实验内容】

1. 配置路由协议

（1）R1 的基本配置

```
R1(config)#router ospf 1
R1(config-router)#network 192.168.12.0 0.0.0.255 area 0
R1(config-router)#redistribute connected subnets
//引入直连路由，构造 5 类 LSA
```

（2）R2 的基本配置

```
R2(config)#router ospf 1
R2(config-router)#network 192.168.12.0 0.0.0.255 area 0
R2(config-router)#network 20.20.20.0 0.0.0.255 area 0
R2(config-router)#network 192.168.23.0 0.0.0.255 area 10
```

（3）R3 的基本配置

```
R3(config)#router ospf 1
R3(config-router)#network 192.168.23.0 0.0.0.255 area 10
R3(config-router)#network 192.168.34.0 0.0.0.255 area 10
R3(config-router)#network 30.30.30.0 0.0.0.255 area 10
```

（4）R4 的基本配置

```
R4(config)#router ospf 1
R4(config-router)#network 192.168.34.0 0.0.0.255 area 10
R4(config-router)#network 40.40.40.0 0.0.0.255 area 10
```

（5）查看 OSPF 路由表

```
R1#show ip route ospf
     20.0.0.0/32 is subnetted, 1 subnets
O        20.20.20.20 [110/65] via 192.168.12.2, 00:13:57, Serial0/0/0
     40.0.0.0/32 is subnetted, 1 subnets
O IA     40.40.40.40 [110/193] via 192.168.12.2, 00:10:02, Serial0/0/0
O IA 192.168.23.0/24 [110/128] via 192.168.12.2, 00:13:45, Serial0/0/0
O IA 192.168.34.0/24 [110/192] via 192.168.12.2, 00:11:57, Serial0/0/0
     30.0.0.0/32 is subnetted, 1 subnets
O IA     30.30.30.30 [110/129] via 192.168.12.2, 00:10:56, Serial0/0/0
```

```
R2#show ip route ospf
     40.0.0.0/32 is subnetted, 1 subnets
O       40.40.40.40 [110/129] via 192.168.23.3, 00:10:16, Serial0/0/1
     10.0.0.0/24 is subnetted, 1 subnets
O E2    10.10.10.0 [110/20] via 192.168.12.1, 00:14:04, Serial0/0/0
O    192.168.34.0/24 [110/128] via 192.168.23.3, 00:12:10, Serial0/0/1
     30.0.0.0/32 is subnetted, 1 subnets
O       30.30.30.30 [110/65] via 192.168.23.3, 00:11:09, Serial0/0/1
R3#show ip route ospf
O IA 192.168.12.0/24 [110/128] via 192.168.23.2, 00:12:36, Serial0/0/1
     20.0.0.0/32 is subnetted, 1 subnets
O IA    20.20.20.20 [110/65] via 192.168.23.2, 00:12:36, Serial0/0/1
     40.0.0.0/32 is subnetted, 1 subnets
O       40.40.40.40 [110/65] via 192.168.34.4, 00:10:31, Serial0/0/0
     10.0.0.0/24 is subnetted, 1 subnets
O E2    10.10.10.0 [110/20] via 192.168.23.2, 00:12:36, Serial0/0/1
R4#show ip route ospf
O IA 192.168.12.0/24 [110/192] via 192.168.34.3, 00:11:00, Serial0/0/0
     20.0.0.0/32 is subnetted, 1 subnets
O IA    20.20.20.20 [110/129] via 192.168.34.3, 00:11:00, Serial0/0/0
     10.0.0.0/24 is subnetted, 1 subnets
O E2    10.10.10.0 [110/20] via 192.168.34.3, 00:11:00, Serial0/0/0
O    192.168.23.0/24 [110/128] via 192.168.34.3, 00:11:00, Serial0/0/0
     30.0.0.0/32 is subnetted, 1 subnets
O       30.30.30.30 [110/65] via 192.168.34.3, 00:11:00, Serial0/0/0
```

以上路由表中，以字母“**O E2**”标识的路由代表外部路由，为类型 2。引入的 OSPF 的外部路由分两种类型：类型 1 与类型 2，分别以字母“E1”和“E2”标识，区别在于度量的计算方式，两种计算度量的方法如下。

- 类型 1：外部路径成本与内部路径成本之和；
- 类型 2：只计算机外部路径成本之和，不计入到达 ASBR 路由器的路径代价。

（6）查看路由器 R4 的 OSPF 链路状态数据库

```
R4#show ip ospf database

            OSPF Router with ID (40.40.40.40) (Process ID 1)

                Router Link States (Area 10)
```

```
Link ID         ADV Router      Age     Seq#         Checksum    Link count
20.20.20.20     20.20.20.20     1199    0x80000002   0x002A5C    2
30.30.30.30     30.30.30.30     1084    0x80000004   0x001069    5
40.40.40.40     40.40.40.40     1070    0x80000002   0x009884    3

                Summary Net Link States (Area 10)

Link ID         ADV Router      Age     Seq#         Checksum
20.20.20.20     20.20.20.20     1297    0x80000001   0x009DFD
192.168.12.0    20.20.20.20     1297    0x80000001   0x007BBB

                Summary ASB Link States (Area 10)

Link ID         ADV Router      Age     Seq#         Checksum
10.10.10.10     20.20.20.20     1297    0x80000001   0x00D5AD

                Type-5 AS External Link States

Link ID         ADV Router      Age     Seq#         Checksum    Tag
10.10.10.0      10.10.10.10     1453    0x80000001   0x005109    0
```

以上输出显示，R4 路由器有 4 种类型的 LSA，分别是路由器 LSA、网络汇总 LSA、ASBR 汇总 LSA 和外部 LSA。

2. STUB 区域配置

（1）R2 的配置

```
R2(config)#router ospf 1
R2(config-router)#area 10 stub
//配置区域 10 为末梢区域
```

（2）R3 的配置

```
R3(config)#router ospf 1
R3(config-router)#area 10 stub
```

（3）R4 的配置

```
R4(config)#router ospf 1
R4(config-router)#area 10 stub
```

（4）R3 与 R4 的 OSPF 路由

```
R3#show ip route ospf
O IA 192.168.12.0/24 [110/128] via 192.168.23.2, 00:05:02, Serial0/0/1
     20.0.0.0/32 is subnetted, 1 subnets
O IA     20.20.20.20 [110/65] via 192.168.23.2, 00:05:02, Serial0/0/1
     40.0.0.0/32 is subnetted, 1 subnets
O        40.40.40.40 [110/65] via 192.168.34.4, 00:04:42, Serial0/0/0
O*IA 0.0.0.0/0 [110/65] via 192.168.23.2, 00:05:02, Serial0/0/1
R4#show ip route ospf
O IA 192.168.12.0/24 [110/192] via 192.168.34.3, 00:04:54, Serial0/0/0
     20.0.0.0/32 is subnetted, 1 subnets
O IA     20.20.20.20 [110/129] via 192.168.34.3, 00:04:54, Serial0/0/0
O     192.168.23.0/24 [110/128] via 192.168.34.3, 00:04:54, Serial0/0/0
     30.0.0.0/32 is subnetted, 1 subnets
O        30.30.30.30 [110/65] via 192.168.34.3, 00:04:54, Serial0/0/0
O*IA 0.0.0.0/0 [110/129] via 192.168.34.3, 00:04:54, Serial0/0/0
```

以上输出显示，区域 10 配置成为末梢区域之后不再接受 5 类的 LSA，所以路由表中没有外部引入的路由，取而代之的是一条以“**O*IA**”标识的默认路由。

3. Totally Stub 区域配置

（1）修改路由器 R2 配置

```
R2(config)#router ospf 1
R2(config-router)#area 10 stub no-summary
//配置区域 10 为完全末梢区域
```

（2）观察 R3 与 R4 的路由表变化

```
R3#show ip route ospf
     40.0.0.0/32 is subnetted, 1 subnets
O        40.40.40.40 [110/65] via 192.168.34.4, 00:09:18, Serial0/0/0
O*IA 0.0.0.0/0 [110/65] via 192.168.23.2, 00:01:01, Serial0/0/1
R4#show ip route ospf
O     192.168.23.0/24 [110/128] via 192.168.34.3, 00:09:29, Serial0/0/0
     30.0.0.0/32 is subnetted, 1 subnets
O        30.30.30.30 [110/65] via 192.168.34.3, 00:09:29, Serial0/0/0
O*IA 0.0.0.0/0 [110/129] via 192.168.34.3, 00:01:14, Serial0/0/0
```

以上输出显示，区域 10 变成完全末梢区域之后不接收外部路由以及区域间路由，仍然会生成一条以“**O*IA**”标识的默认路由。

5.4.3 OSPF NSSA 区域配置

【实验目的】

- 掌握 NSSA 区域的特点；
- 掌握 NSSA 区域配置命令；
- 验证配置。

【实验拓扑】

实验拓扑如图 5-12 所示。

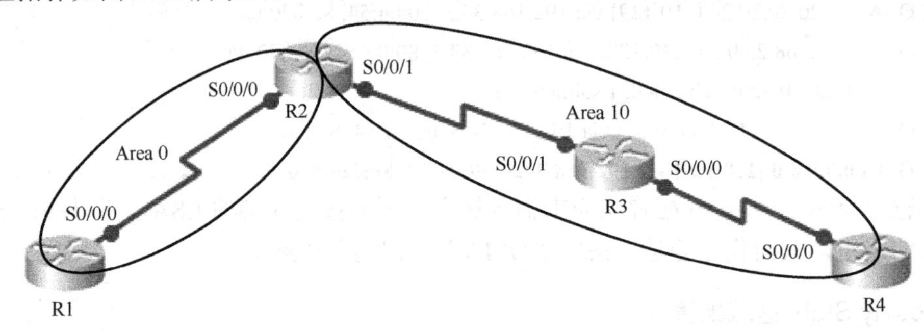

图 5-12　实验拓扑

设备参数如表 5-9 所示。

表 5-9　设备参数表

设　备	接　口	IP 地址	子网掩码	默认网关
R1	S0/0/0	192.168.12.1	255.255.255.0	N/A
	Loopback0	10.10.10.10	255.255.255.0	N/A
R2	S0/0/0	192.168.12.2	255.255.255.0	N/A
	S0/0/1	192.168.23.2	255.255.255.0	N/A
	Loopback0	20.20.20.20	255.255.255.0	N/A
R3	S0/0/0	192.168.34.3	255.255.255.0	N/A
	S0/0/1	192.168.23.3	255.255.255.0	N/A
	Loopback0	30.30.30.30	255.255.255.0	N/A
R4	S0/0/0	192.168.34.4	255.255.255.0	N/A
	Loopback0	40.40.40.40	255.255.255.0	N/A

【实验内容】

1. 配置路由协议

（1）R1 的配置

```
R1(config)#router ospf 1
R1(config-router)#network 192.168.12.0 0.0.0.255 area 0
R1(config-router)#redistribute connected subnets metric-type 1
//引入直连路由，构造 5 类 LSA，指定引入路由类型为 E1
```

（2）R2 的配置

```
R2(config)#router ospf 1
R2(config-router)#network 192.168.12.0 0.0.0.255 area 0
R2(config-router)#network 192.168.23.0 0.0.0.255 area 10
R2(config-router)#redistribute connected subnets metric-type 1
```

（3）R3 的配

```
R3(config)#router ospf 1
R3(config-router)#network 192.168.23.0 0.0.0.255 area 10
R3(config-router)#network 192.168.34.0 0.0.0.255 area 10
R3(config-router)#redistribute connected subnets metric-type 1
```

（4）R4 的配置

```
R4(config)#router ospf 1
R4(config-router)#network 192.168.34.0 0.0.0.255 area 10
R4(config-router)#network 40.40.40.0 0.0.0.255 area 10
```

2. 配置 NSSA 区域

（1）R2 的配置

```
R2(config)#router ospf 1
R2(config-router)#area 10 nssa
//配置区域 10 为非纯末梢区域
```

（2）R3 的配置

```
R3(config)#router ospf 1
R3(config-router)#area 10 nssa
```

（3）R4 的配置

```
R4(config)#router ospf 1
R4(config-router)#area 10 nssa
```

（4）查看 R3 与 R4 的路由表

```
R3#show ip route ospf
O IA 192.168.12.0/24 [110/128] via 192.168.23.2, 00:01:35, Serial0/0/1
        20.0.0.0/24 is subnetted, 1 subnets
O N1       20.20.20.0 [110/84] via 192.168.23.2, 00:01:35, Serial0/0/1
        40.0.0.0/32 is subnetted, 1 subnets
O          40.40.40.40 [110/65] via 192.168.34.4, 00:01:14, Serial0/0/0
R4#show ip route ospf
O IA 192.168.12.0/24 [110/192] via 192.168.34.3, 00:00:45, Serial0/0/0
        20.0.0.0/24 is subnetted, 1 subnets
O N1       20.20.20.0 [110/148] via 192.168.34.3, 00:00:45, Serial0/0/0
O       192.168.23.0/24 [110/128] via 192.168.34.3, 00:00:45, Serial0/0/0
        30.0.0.0/24 is subnetted, 1 subnets
O N1       30.30.30.0 [110/84] via 192.168.34.3, 00:00:45, Serial0/0/0
```

以上输出显示 NSSA 区域只能学习区域间路由以及本区域引入的外部路由，其他区域引入的外部路由不能进入 NSSA 区域，学习到的外部路由以字母“**O N1**”标识。

（5）查看 R1 与 R3 的链路状态数据库

```
R1#show ip ospf database

                OSPF Router with ID (10.10.10.10) (Process ID 1)

                    Router Link States (Area 0)

Link ID         ADV Router      Age         Seq#        Checksum    Link count
10.10.10.10     10.10.10.10     315         0x80000004  0x0049C9    2
20.20.20.20     20.20.20.20     833         0x80000006  0x0006E0    2

                    Summary Net Link States (Area 0)

Link ID         ADV Router      Age         Seq#        Checksum
40.40.40.40     20.20.20.20     284         0x80000001  0x0007C3
```

```
192.168.23.0      20.20.20.20     225        0x80000002   0x00FF2B
192.168.34.0      20.20.20.20     312        0x80000001   0x000BD5

                  Type-5 AS External Link States

Link ID           ADV Router      Age        Seq#         Checksum   Tag
10.10.10.0        10.10.10.10     915        0x80000001   0x00CD0D   0
20.20.20.0        20.20.20.20     572        0x80000001   0x00375D   0
30.30.30.0        20.20.20.20     311        0x80000001   0x00E304   0
R3#show ip ospf database

              OSPF Router with ID (30.30.30.30) (Process ID 1)

                  Router Link States (Area 10)

Link ID           ADV Router      Age        Seq#         Checksum   Link count
20.20.20.20       20.20.20.20     245        0x80000005   0x00CFAB   2
30.30.30.30       30.30.30.30     125        0x80000009   0x0033C2   4
40.40.40.40       40.40.40.40     35         0x80000005   0x0038DB   3

                  Summary Net Link States (Area 10)

Link ID           ADV Router      Age        Seq#         Checksum
192.168.12.0      20.20.20.20     245        0x80000004   0x001B13

                  Type-7 AS External Link States (Area 10)

Link ID           ADV Router      Age        Seq#         Checksum   Tag
20.20.20.0        20.20.20.20     385        0x80000001   0x001B77   0
30.30.30.0        30.30.30.30     337        0x80000001   0x002293   0
```

以上输出显示，在NSSA区域引入的路由是7类LSA，到区域0之后转换成了5类LSA。

3. 配置Totally NSSA区域

（1）修改R2的配置

```
R2(config)#router ospf 1
R2(config-router)#area 10 nssa no-summary
//配置区域10为完全非纯末梢区域
```

（2）查看 R3 和 R4 的路由表

```
R3#show ip route ospf
     20.0.0.0/24 is subnetted, 1 subnets
O N1      20.20.20.0 [110/84] via 192.168.23.2, 00:11:43, Serial0/0/1
     40.0.0.0/32 is subnetted, 1 subnets
O         40.40.40.40 [110/65] via 192.168.34.4, 00:11:23, Serial0/0/0
O*IA 0.0.0.0/0 [110/65] via 192.168.23.2, 00:02:18, Serial0/0/1
R4#show ip route ospf
     20.0.0.0/24 is subnetted, 1 subnets
O N1      20.20.20.0 [110/148] via 192.168.34.3, 00:11:29, Serial0/0/0
O      192.168.23.0/24 [110/128] via 192.168.34.3, 00:11:29, Serial0/0/0
     30.0.0.0/24 is subnetted, 1 subnets
O N1      30.30.30.0 [110/84] via 192.168.34.3, 00:11:29, Serial0/0/0
O*IA 0.0.0.0/0 [110/129] via 192.168.34.3, 00:02:32, Serial0/0/0
```

以上输出显示，完全非纯末梢区域比非纯末梢区域多了一条以“**O*IA**”标识的默认路由。

5.4.4 OSPF 虚链路配置

【实验目的】

- 理解 OSPF 虚链路的含义；
- 理解 OSPF 虚链路的配置；
- 验证配置。

【实验拓扑】

实验拓扑如图 5-13 所示。

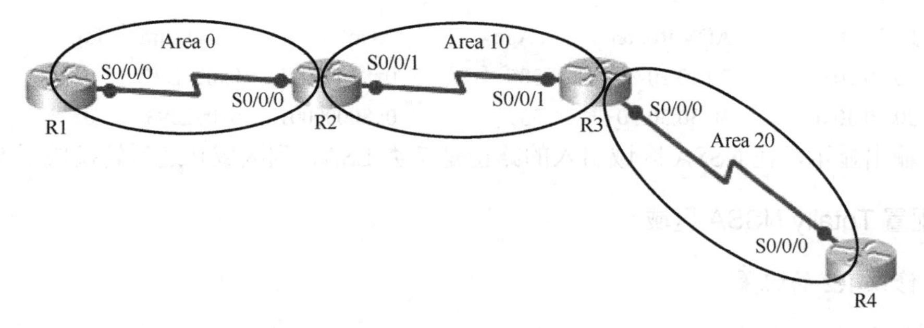

图 5-13 实验拓扑

设备参数如表 5-10 所示。

表 5-10 设备参数表

设 备	接 口	IP 地址	子网掩码	默认网关
R1	S0/0/0	192.168.12.1	255.255.255.0	N/A
	Loopback0	10.10.10.10	255.255.255.0	N/A
R2	S0/0/0	192.168.12.2	255.255.255.0	N/A
	S0/0/1	192.168.23.2	255.255.255.0	N/A
R3	S0/0/0	192.168.34.3	255.255.255.0	N/A
	S0/0/1	192.168.23.3	255.255.255.0	N/A
R4	S0/0/0	192.168.34.4	255.255.255.0	N/A
	Loopback0	40.40.40.40	255.255.255.0	N/A

【实验内容】

1. 配置路由协议

（1）R1 路由器的配置

```
R1(config)#router ospf 1
R1(config-router)#network 192.168.12.0 0.0.0.255 area 0
R1(config-router)#network 10.10.10.0 0.0.0.255 area 0
```

（2）R2 路由器的配置

```
R2(config)#router ospf 1
R2(config-router)#network 192.168.12.0 0.0.0.255 area 0
R2(config-router)#network 20.20.20.0 0.0.0.255 area 0
R2(config-router)#network 192.168.23.0 0.0.0.255 area 10
R2(config-router)#area 10 virtual-link 30.30.30.30
//配置虚链路，指定对端路由器 ID
```

（3）R3 路由器的配置

```
R3(config)#router ospf 1
R3(config-router)#network 192.168.23.0 0.0.0.255 area 10
R3(config-router)#network 30.30.30.0 0.0.0.255 area 10
R3(config-router)#network 192.168.34.0 0.0.0.255 area 20
R3(config-router)#area 10 virtual-link 20.20.20.20
```

（4）R4 路由器的配置

```
R4(config)#router ospf 1
```

```
R4(config-router)#network 192.168.34.0 0.0.0.255 area 20
R4(config-router)#network 40.40.40.0 0.0.0.255 area 20
```

2. 查看邻居关系

```
R2#show ip ospf neighbor

Neighbor ID     Pri   State           Dead Time   Address         Interface
30.30.30.30       0   FULL/  -        -           192.168.23.3    OSPF_VL1
10.10.10.10       0   FULL/  -        00:00:32    192.168.12.1    Serial0/0/0
30.30.30.30       0   FULL/  -        00:00:34    192.168.23.3    Serial0/0/1
R3#show ip ospf neighbor

Neighbor ID     Pri   State           Dead Time   Address         Interface
20.20.20.20       0   FULL/  -        -           192.168.23.2    OSPF_VL1
20.20.20.20       0   FULL/  -        00:00:38    192.168.23.2    Serial0/0/1
40.40.40.40       0   FULL/  -        00:00:31    192.168.34.4    Serial0/0/0
```

以上输出显示了 R2 与 R3 的虚链路邻居关系。

3. 查看虚链路

```
R2#show ip ospf virtual-links
Virtual Link OSPF_VL1 to router 30.30.30.30 is up
  Run as demand circuit
  DoNotAge LSA allowed.
  Transit area 10, via interface Serial0/0/1, Cost of using 64
  Transmit Delay is 1 sec, State POINT_TO_POINT,
  Timer intervals configured, Hello 10, Dead 40, Wait 40, Retransmit 5
    Hello due in 00:00:01
    Adjacency State FULL (Hello suppressed)
    Index 2/3, retransmission queue length 0, number of retransmission 0
    First 0x0(0)/0x0(0) Next 0x0(0)/0x0(0)
    Last retransmission scan length is 0, maximum is 0
    Last retransmission scan time is 0 msec, maximum is 0 msec
```

以上输出显示了 R2 与路由器 ID30.30.30.30 建立了虚链路。

4. 查看 R4 的路由表

```
R4#show ip route ospf
O IA 192.168.12.0/24 [110/192] via 192.168.34.3, 00:05:11, Serial0/0/0
```

```
        20.0.0.0/32 is subnetted, 1 subnets
O IA       20.20.20.20 [110/129] via 192.168.34.3, 00:05:11, Serial0/0/0
        10.0.0.0/32 is subnetted, 1 subnets
O IA       10.10.10.10 [110/193] via 192.168.34.3, 00:05:11, Serial0/0/0
O IA 192.168.23.0/24 [110/128] via 192.168.34.3, 00:05:21, Serial0/0/0
        30.0.0.0/32 is subnetted, 1 subnets
O IA       30.30.30.30 [110/65] via 192.168.34.3, 00:05:21, Serial0/0/0
```

以上输出显示 R4 路由器路由表学习正常。

第6章 >>>

交换机基本概念和配置

本章要点

- Cisco 交换机概述
- 实训一：交换机基本配置
- 实训二：交换机密码恢复
- 实训三：配置文件与 IOS 管理
- 实训四：交换机端口安全配置

交换机（Switch），是目前局域网中最常见的网络设备，它工作在 TCP/IP 协议栈的第二层——数据链路层，根据接收到的数据帧中的目的 MAC 地址进行数据的转发与过滤。交换机是局域网的纽带，广泛服务于各种行业的内部网络。目前，交换机的厂商和产品多样，本章主要介绍思科交换机的概念、工作原理、基本配置以及交换机密码恢复方法。

6.1 Cisco 交换机概述

思科是互联网的巨头，其网络交换机拥有高性能和安全性，同时兼备扩展能力符合企业成本效益，能够满足各种规模企业的数据、语音、视频等网络服务需求。

思科交换设备型号众多，如 Cisco 200/220 系列，适合小型远程办公机构；Cisco 2960 系列，适合小型企业和分支机构；Cisco 3560 系列，适合中小型企业和分支机构。本书所有路由实训均以 Cisco 3560 系列交换机例。

6.1.1 交换机工作原理

当讨论 Cisco 交换时，说的都是第二层以太网交换，除非另有所指。交换机是局域网的主要部署设备，起到分割冲突域、数据帧转发与过滤等功能。交换机与路由器的硬件配置基本相似，包含 CPU、RAM、Flash 等模块，网络连接接口按照速率分为 10 Mbps、100 Mbps、1 000 Mbps 和 10 000 Mbps。Cisco 交换机主要功能有两个：维护 MAC 地址表和根据接收到的数据帧进行转发。

1. 交换机的 4 种基本动作

交换机通过接收到的数据帧中的源 MAC 地址构建 MAC 表，然后根据数据帧中的目的 MAC 地址决定进行转发，交换机在整个数据交换过程中主要有 4 种基本动作：学习、过滤、泛洪和转发，接下来以一个实例对 4 种动作进行简述，实例中的拓扑图及交换机初始 MAC 地址表如下图 6-1 所示。

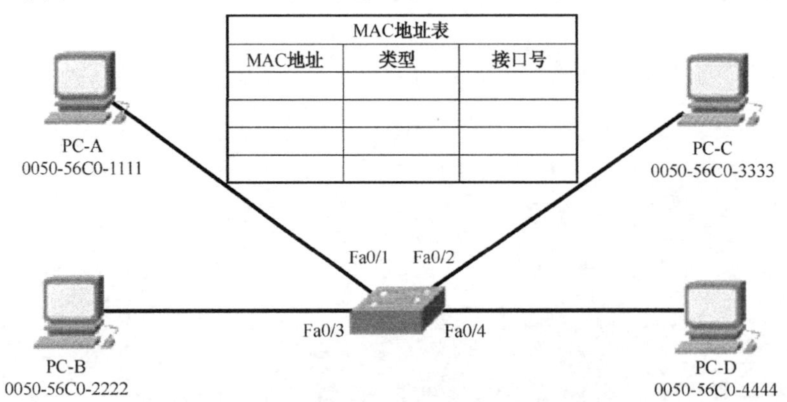

图 6-1 交换机连接及初始 MAC 地址表图

（1）学习

没有使用过的交换机开机后，初始 MAC 地址表状态为空，当 PC-A 发送数据帧给 PC-C 时，交换机将从 Fa0/1 接收到 PC-A 的数据帧。交换机会检查自己的 MAC 地址表。如果数据帧的源 MAC 地址不在交换机的 MAC 地址表中，交换机将 MAC 地址和接口信息添加进自己的 MAC 表中，如果源 MAC 地址已经存在交换机的 MAC 地址表中，将刷新地址的老化时间，此例中交换机将进行地址学习添加 PC-A 的 MAC 地址，如表 6-1 所示。

表 6-1　交换机 MAC 地址学习

MAC 地址表		
MAC 地址	类型	接口号
0050-56C0-1111	Dynamic	Fa0/1

（2）过滤

如果数据帧中的目的 MAC 地址和源 MAC 地址所对应的接口是相同的端口，交换机将过滤数据帧，只进行地址学习，不进行泛洪或转发。另外，如果交换机接收到的数据帧有破损也会进行过滤操作。

（3）泛洪

如果数据帧中的目的 MAC 地址为组播地址、广播地址或不存在交换机 MAC 地址表中的单播地址，则交换机将泛洪该数据帧，即接收除了该数据帧外的其他所有交换机接口转发数据帧，这种数据帧属于组播帧、广播帧或者未知单播帧。如图 6-2 所示，当 PC-A 发送数据给 PC-C 时，因为交换机中没有 PC-C 的地址信息，所以交换机会将 PC-A 发出的数据帧进行泛洪操作，实例中使用的数据帧类型为未知单播帧。

（4）转发

如果数据帧的目的 MAC 地址为单播地址，且该地址存在于交换机 MAC 地址表中，交换机将从目的 MAC 地址所对应的接口转发该数据帧。图 6-3 的实例中在运行一段时间后交换机通过学习功能获得网络中 4 台设备的 MAC 地址及其对应的连接接口，此时交换机的 MAC 地址表进入到稳定状态，网络中任何一台设备要发送数据帧到其他 3 台设备交换机都会以单播帧进行转发，当 PC-A 再次发送数据帧到 PC-C 时交换机会将收到的数据帧从 Fa0/2 接口发送出去。

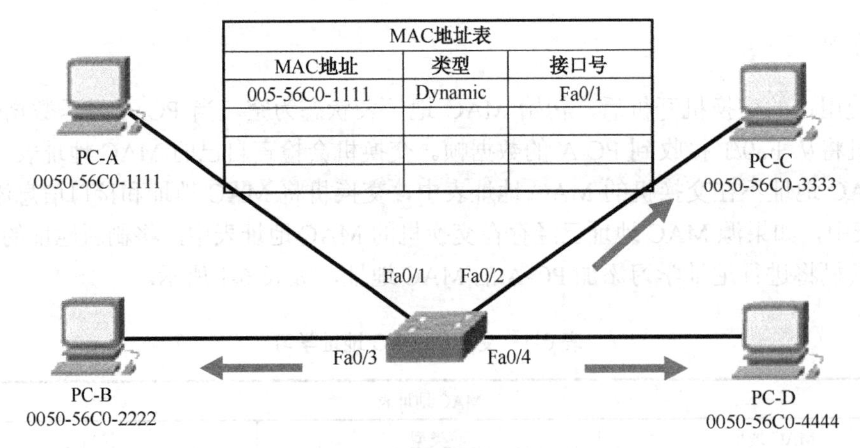

图 6-2　交换机的泛洪动作

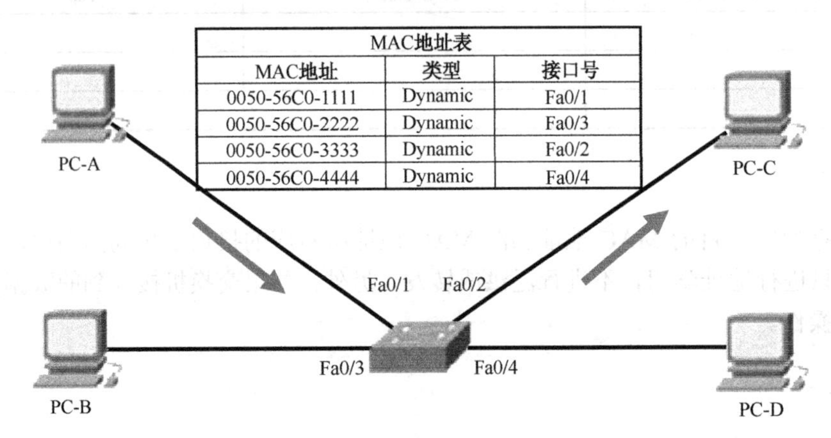

图 6-3　交换机的数据帧转发动作

2. 交换机转发数据帧的模式

（1）存储转发模式

存储转发模式，是指只有当交换机接收完一个完整数据帧并进行 CRC 校验后，如果 CRC 校验失败则丢弃数据帧，如果校验成功才进行转发的模式，这种模式可以保证每个转发的数据帧是无差错的，但是相应的代价是增加了传输过程中的延迟。相比下述两种模式，转发的数据帧越多，传输的延迟越大。

（2）直通转发模式

直通转发也被称作快速转发，是指当交换机接收数据帧时，一旦接收到完整的目的 MAC 地址就立刻进行转发数据帧的模式，接收数据帧和转发数据帧同时进行。这种模式的一个特点就是转发速率快，但是和存储转发模式相比，由于没有接收完整个数据帧并进行 CRC 校验，可能造成将一些错误帧转发给目的设备浪费网络中的带宽资源。相比其他两种转发模式转发的速率提高了，准确性降低了。

（3）无碎片转发模式

无碎片转发也被称为混合转发，是指在交换机接收数据帧时，一旦检测到数据帧不是冲突帧就进行转发的模式。冲突帧是指在以太网中由于网络中的冲突导致的残帧或破损帧，这类数据帧的共同特点是小于 64 字节。这种转发模式的实质是一旦接收到的数据帧大于 64 字节就进行转发，转发的速率和准确性介于存储转发和直通转发之间，有些书籍也用混合转发描述这种模式。

6.1.2　交换机安全

自“斯诺登事件”后人们逐渐的意识到自己身处的网络环境是如此的不安全，政府机关、企事业单位开始越来越重视自己的局域网安全建设，而它们的局域网大部分是交换网络，交换机又是交换网络的核心，所以如何保障交换机在网络中的安全一直是网络中的热点话题。

要理清交换机安全，我们先要看看网络中针对交换机有哪些攻击手段。

1. 密码攻击

交换机的密码设计如果复杂度不高或者以明文传输都会带来极大的危险，黑客通常会使用中间人攻击或者穷举攻击的方式破获交换机的准入控制密码进而获得交换机的控制权，所以密码的保护是网络中所有设备都应该最为重视的安全环节。

2. ARP 攻击

交换机是二层网络设备，数据帧在进行交换时主要的依据是二层的 MAC 地址。黑客往往在这一点上大做文章，恶意篡改交换机的源、目 MAC 地址对应的 IP 地址，导致网络内部部分主机甚至是全部主机出现连接中断的现象，破坏网络的稳定性。

3. DHCP 攻击

交换机不存储数据，只是数据的搬运工。DHCP 协议是网络中最重要的一个协议，负责给设备动态分配 IP 地址，黑客经常在网络中欺骗交换机，伪造 DHCP 服务器给用户发送非法的 IP 地址，用户一旦使用这些非法地址上网会造成数据泄露等诸多安全性问题。

交换机针对上述攻击手段也有非常丰富的应多措施，以 Cisco 的交换机举例，在应对密码攻击时，交换机使用双层的加密手段，一种是普通的 Password 加密，一种是安全性更高的 Secret 加密。在针对 ARP 攻击时，交换机会启用很多种 ARP 防护措施，包括 IP Source Guard、Port Security 和 Dynamic ARP Inspection（DAI）等。在应对 DHCP 攻击时，交换机有 DHCP Snooping

和 DHCP Binding 等措施。

6.1.3 交换机的管理方式

交换机的管理方式可以分为带内管理和带外管理两种模式。带内管理是指对交换机的管理信息和数据信息通过同一个传输接口进行传输，这里所说的接口是以太网接口。带外管理是指管理和数据信息通过不同的传输接口进行传输。

1.. 主流带内管理方式

主流带内管理方式主要有以下三种：

- Telnet；
- SSH；
- SNMP。

（1）Telnet 访问

Telnet 是一种远程登录服务标准协议，它通过建立 VTY（Virtual Teletype Terminal，虚拟终端）线路建立交换机和远程设备的会话，使用户可以通过客户端对设备进行带内控制管理，不过在现在的工程实例中不经常使用，因为 Telnet 采用明文的方式进行数据的传输（包括密码）。

（2）SSH

SSH（Secure Shell，安全外壳协议）提供与 Telnet 相同的带内远程登录功能，不同之处在于，SSH 采用更为严格的身份验证和加密方式，使得即使在公网进行远程管理也能获得很好的保密性。

（3）SNMP

SNMP（Simple Network Management Protocol，简单网络管理协议）由一组网络管理标准组成，提供带内管理网络系统的检测和管理等诸多功能。该协议是由 IETF（Internet Engineering Task Force，互联网工程工作小组）定义的，发展至今经历了三个版本的变迁，功能得到了大大的优化和加强。

2. 主流带外管理方式

主流带外管理方式主要有以下两种：

- Console；
- AUX。

（1）Console

Console 方式是通过 Cisco 独立的 Console 管理接口进行带外管理的访问方式，如图 6-4 所示是 Cisco3560 系列交换机的 Console 接口和 Cisco 专门的 Console 线缆。线缆一端是 9 针的 Com 接口，用于连接计算机等管理端设备，另一端是 RJ-45 接口，用于连接交换机。

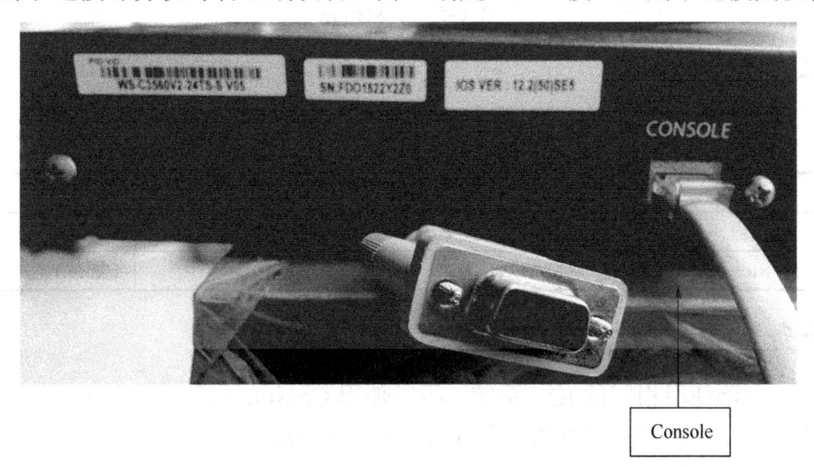

图 6-4 交换机连接线与 Console 口

（2）AUX

AUX（路由器辅助端口）访问方式是用于进行远程带外管理的访问方式，这种访问方式已经被当今的多种带内远程管理方式所替代。

6.2 实训一：交换机基本配置

【实验目的】

- 根据图片和要求搭建网络拓扑；
- 完成设备环境的查看（版本信息查看、CPU 信息查看、内存信息查看）；
- 完成基础安全性设置；
- 完成管理地址及远程登录设置；
- 完成交换机保存、清除和重启配置。

【实验拓扑】

实验拓扑如图 6-5 所示。

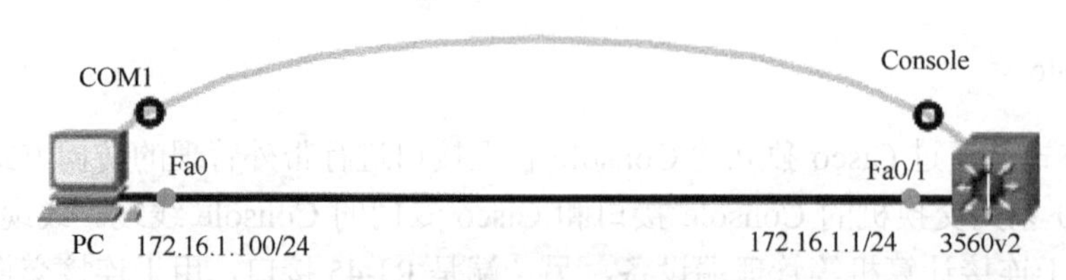

图 6-5　实验拓扑

设备参数如表 6-2 所示。

表 6-2　设备参数表

设　备	接　口	IP 地址	子网掩码	默认网关
Switch	Fa0/1	172.16.1.1	255.255.255.0	N/A
PC	NIC	172.16.1.100	255.255.255.0	172.16.1.1

【实验任务】

交换机和路由器使用相同的 IOS 系统，所以使用 Console 口管理交换机的方式和使用路由器管理的方式相同，详细配置可以查看第 1 章的相关内容。

交换机开机后，如果是新设备，会出现如下的对话框，是否要初始化配置，必须输入“no”，结束对话框，进入交换机控制台，如下所示。

```
--- System Configuration Dialog ---

Enable secret warning
----------------------------------
In order to access the device manager, an enable secret is required
If you enter the initial configuration dialog, you will be prompted for the enable secret
If you choose not to enter the intial configuration dialog, or if you exit setup without setting the enable secret,
please set an enable secret using the following CLI in configuration mode-
enable secret 0 <cleartext password>
----------------------------------
Would you like to enter the initial configuration dialog? [yes/no]: no
//询问管理员是否要进入初始化配置模式，初始化配置模式会按照导航为交换机配置一些初始化的命令，这里选择 no 直接进入用户模式
Switch>
```

1. 设备环境的查看

在进行交换机的配置前通常需要先熟悉交换机的运行环境和一些硬件基本信息，下面列出了一些交换机环境的 show 命令。

（1）查看版本信息

```
Switch#show version
//查看交换机版本信息
Cisco IOS Software, C3560 Software (C3560-IPSERVICESK9-M), Version 12.2(58)SE2, RELEASE SOFTWARE (fc1)
//交换机操作系统版本信息
<----省略部分输出---->
512K bytes of flash-simulated non-volatile configuration memory.
Base ethernet MAC Address          : 20:37:06:DC:64:00   //交换机 MAC 地址
Motherboard assembly number        : 73-12636-01
Power supply part number           : 341-0328-02
Motherboard serial number          : FDO15220YEJ         //交换机各模块序列号信息
Power supply serial number         : DCA1514M324
Model revision number              : K0
Motherboard revision number        : B0
Model number                       : WS-C3560V2-24TS-S   //交换机型号
```

（2）查看 CPU 信息

```
Switch#show processes cpu
//查看交换机 CPU 使用率命令会列出交换机过去 5 s、1 min、5 min 的 CPU 使用率
CPU utilization for five seconds: 6%/0%; one minute: 6%; five minutes: 6%
<----省略部分输出---->
```

（3）查看内存使用情况

```
Switch#show processes memory
//查看交换机内存使用情况会列出交换机各个模块的内存使用了多少，还剩余多少，以 bit 为单位
Processor Pool Total:    66092100 Used:   23197856 Free:    42894244
      I/O Pool Total:     8388608 Used:    3670896 Free:     4717712
 Driver te Pool Total:    1048576 Used:         40 Free:     1048536
```

2. 基础安全性设置

```
Switch(config)#enable password cisco
//配置特权模式密码，此密码是没有加密的，只有输入 password-encryption 命令后才会对密码进行加密操作
Switch(config)#service password-encryption
//配置 Password 密码加密技术，默认使用 type 7 双向加密技术
Switch(config)#enable secret 123456
```

```
//配置特权加密密码，此密码是经过 MD5 加密的，加密效果比 Password 方式更好，如果两个密码同时存在，优先使用 Secret 加密的密码
Switch(config)#exit
Switch#show running-config

Current configuration : 1387 bytes
version 12.2
service timestamps debug datetime msec
service timestamps log datetime msec
service password-encryption

hostname Switch
boot-start-marker
boot-end-marker
enable secret 5 $1$CQ6B$bPW/hpraH91IKs153.b4F1
enable password 7 0822455D0A16
//可以直观地看出 Secret 加密比 Password 加密方式更为复杂，安全性也更高
<----省略部分输出---->
```

除了特权模式密码外，常见的密码还有线路登录密码，交换机最多可以支持 17 台设备同时登录，0 号线路为 Console 线路，其余线路均为虚拟终端，线路前的*号代表正在使用的线路，下面是使用 show line 命令查看设备线路的使用情况。

```
Switch#show line
   Tty Typ      Tx/Rx     A Modem  Roty AccO AccI   Uses   Noise  Overruns   Int
*    0 CTY                -    -      -    -    -      0       0      0/0      -
     1 VTY                -    -      -    -    -      0       0      0/0      -
     2 VTY                -    -      -    -    -      0       0      0/0      -
     3 VTY                -    -      -    -    -      0       0      0/0      -
     4 VTY                -    -      -    -    -      0       0      0/0      -
     5 VTY                -    -      -    -    -      0       0      0/0      -
     6 VTY                -    -      -    -    -      0       0      0/0      -
     7 VTY                -    -      -    -    -      0       0      0/0      -
     8 VTY                -    -      -    -    -      0       0      0/0      -
     9 VTY                -    -      -    -    -      0       0      0/0      -
    10 VTY                -    -      -    -    -      0       0      0/0      -
    11 VTY                -    -      -    -    -      0       0      0/0      -
    12 VTY                -    -      -    -    -      0       0      0/0      -
    13 VTY                -    -      -    -    -      0       0      0/0      -
    14 VTY                -    -      -    -    -      0       0      0/0      -
```

```
    15 VTY                    -  -    -  -    -     0     0    0/0     -
    16 VTY                    -  -    -  -    -     0     0    0/0     -
Switch#configure terminal
Switch(config)#line console 0
//进入 Console 线路配置模式
Switch(config-line)#password cisco
//配置 Console 口的线路登录密码
Switch(config-line)#login
//启用设置的密码
```

3. 管理地址及远程登录设置

Switch(config)#**interface vlan 1**

//Cisco 交换机的所有接口默认属于 VLAN1，所以 PC 连接交换机 FastEthernet0/1 接口后要实现远程登录需要配置 VLAN1 的 SVI 地址（关于 VLAN 的具体细节在第 7 章详述）

Switch(config-if)#**ip address 172.16.1.1 255.255.255.0**

//为 VLAN1 配置 IP 地址，由于 VLAN 接口默认处于 no shutdown 状态，所以不需要进行打开接口操作

Switch(config-if)#**end**

Switch#**show ip interface brief**

//查看交换机接口 IP 配置，可以看到 PC 连接交换机的 FastEthernet0/1，这个接口的状态都是 up，VLAN1 配置了 IP 地址也都是 up 状态

```
Interface            IP-Address      OK? Method Status              Protocol
Vlan1                172.16.1.1      YES manual up                  up
FastEthernet0/1      unassigned      YES unset  up                  up
FastEthernet0/2      unassigned      YES unset  down                down
FastEthernet0/3      unassigned      YES unset  down                down
FastEthernet0/4      unassigned      YES unset  down                down
FastEthernet0/5      unassigned      YES unset  down                down
FastEthernet0/6      unassigned      YES unset  down                down
FastEthernet0/7      unassigned      YES unset  down                down
FastEthernet0/8      unassigned      YES unset  down                down
FastEthernet0/9      unassigned      YES unset  down                down
FastEthernet0/10     unassigned      YES unset  down                down
FastEthernet0/11     unassigned      YES unset  down                down
FastEthernet0/12     unassigned      YES unset  down                down
FastEthernet0/13     unassigned      YES unset  down                down
FastEthernet0/14     unassigned      YES unset  down                down
FastEthernet0/15     unassigned      YES unset  down                down
FastEthernet0/16     unassigned      YES unset  down                down
```

```
FastEthernet0/17        unassigned      YES unset   down                  down
FastEthernet0/18        unassigned      YES unset   down                  down
FastEthernet0/19        unassigned      YES unset   down                  down
FastEthernet0/20        unassigned      YES unset   down                  down
FastEthernet0/21        unassigned      YES unset   down                  down
FastEthernet0/22        unassigned      YES unset   down                  down
FastEthernet0/23        unassigned      YES unset   down                  down
FastEthernet0/24        unassigned      YES unset   down                  down
GigabitEthernet0/1      unassigned      YES unset   down                  down
GigabitEthernet0/2      unassigned      YES unset   down                  down

Switch#ping 172.16.1.100
//使用 ping 命令测试 PC 和交换机管理地址之间的连通性，这是可以远程连接的前提
Type escape sequence to abort.
Sending 5, 100-byte ICMP Echos to 172.16.1.100, timeout is 2 seconds:
!!!!!
Success rate is 100 percent (5/5), round-trip min/avg/max = 1/203/1006 ms

Switch(config)#line vty 0 4
Switch(config-line)#password cisco          //设置 VTY 线路的登录密码
Switch(config-line)#login
//由于前面的基础性安全设置已经设置了 Enable 密码，此时，设备的管理地址、VTY 线路密码和
Enable 密码均已配置完成，可以进行 Telnet 连接
```

打开 PC 的 SecureCRT，选择 Quick Connect，按照图示 6-6 进行参数选择后，点击 Connect 进行连接。

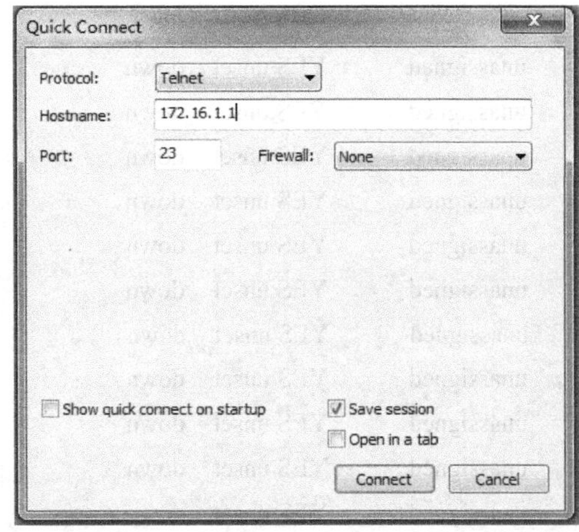

图 6-6 SecureCRT 快速连接设置

连接完成按照图 6-7 的提示输入 VTY 线路密码和 Enable 密码后，即可对交换机进行远程配置。

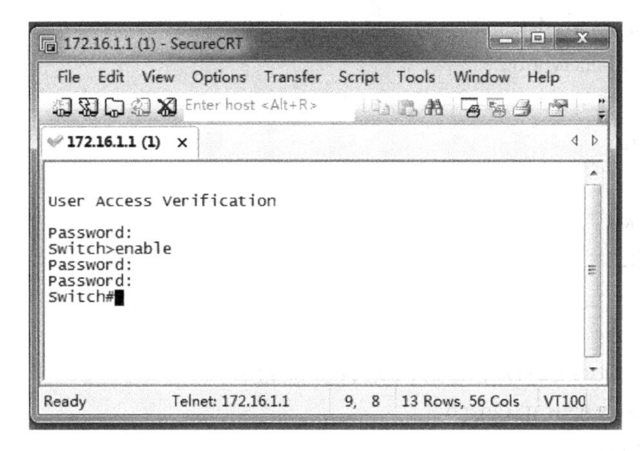

图 6-7　Telnet 远程登录 Switch

4. 交换机保存、清除和重启配置

Cisco 交换机在保存配置时会将命令存储在 startup-config 文件和 vlan.bat 文件中，此实验主要讨论 startup-config 处的配置命令存储

```
Switch#show startup-config
//查看交换机开机加载的配置文件
startup-config is not present
//新设备或被清除配置的设备查询结果为空，当前配置的命令存储在 running-config 文件中
Switch#copy running-config startup-config
//在特权模式下将当前配置命令保存到 starup-config 文件中
Destination filename [startup-config]?
//不改变文件名，直接按回车确认
Building configuration...
[OK]
0 bytes copied in 1.526 secs (0 bytes/sec)
//完成保存操作
Switch#show startup-config
//此时再查看开机加载的配置文件就不为空了，正在运行的配置命令文件已经被保存
Using 1493 out of 524288 bytes
!
! Last configuration change at 00:20:36 UTC Mon Mar 1 1993
!
version 12.2
```

```
no service pad
service timestamps debug datetime msec
service timestamps log datetime msec
service password-encryption
!
hostname Switch
!
boot-start-marker
boot-end-marker
!
!
enable secret 5 $1$QiEw$D7lgv6OmC0yZV0SRoml.P1
enable password 7 02050D480809
<----省略部分输出---->

Switch#write
//保存操作除了上述方式外还有一种更为简洁的方式就是直接在特权模式下输入 write 进行保存，保存效果和上面的方式相同
Building configuration...
[OK]
```

5. 清除配置

```
Switch#erase startup-config
//在特权模式下输入 erase 删除开机加载的配置文件
Erasing the nvram filesystem will remove all configuration files! Continue? [confirm]
//直接输入回车确认操作，如果是误操作可以输入 no 取消操作
[OK]
Erase of nvram: complete
//完成删除操作
Switch#reload
//在特权模式下输入 reload 将重启交换机，如果更新过的 running-config 没有被保存会提示是否进行存储，之后输入回车确认重启操作
System configuration has been modified. Save? [yes/no]: yes
Building configuration...
[OK]
Proceed with reload? [confirm]
```

6.3　实训二：交换机密码恢复

【实验目的】

- 完成交换机的密码恢复；
- 验证配置。

【实验拓扑】

实验拓扑使用图 6-5 所示，设备参数列表使用表 6-2 所示。

【实验任务】

在对交换机进行管理时管理员通常会启动线路密码和 Enable 密码加强管理，但如果由于工作交接等问题的疏忽导致密码忘记或被人恶意修改，就需要进行密码恢复，密码恢复的实质是绕过保存密码的配置命令文件进入一个空配置的交换机特权模式，再将 startup-config 文件加载入 running-config 文件中对其中的密码进行修改或者删除达到“密码恢复”的效果。

图 6-8　交换机正面板 MODE 键

交换机的密码恢复配置如下所述。

先拔掉交换机电源，按住如图 6-8 所示交换机前面板 MODE 键后插入电源，等待 30 s 松开 MODE 键，出现如下提示

```
Using driver version 1 for media type 1
Base ethernet MAC Address: 20:37:06:dc:64:00
Xmodem file system is available.
The password-recovery mechanism is enabled.

The system has been interrupted prior to initializing the
flash filesystem.  The following commands will initialize
the flash filesystem, and finish loading the operating
system software:

    flash_init
    boot
```
//系统给出了两条常用命令，flash_init 是初始化 Flash 的命令，用于加载 Flash 里的内容，boot 是完

成配置后引导命令

```
switch: flash_init
//初始化 Flash，加载文件
Initializing Flash...
mifs[2]: 0 files, 1 directories
mifs[2]: Total bytes       :    3870720
mifs[2]: Bytes used        :       1024
mifs[2]: Bytes available :    3869696
mifs[2]: mifs fsck took 0 seconds.
mifs[3]: 427 files, 8 directories
mifs[3]: Total bytes       :   27998208
mifs[3]: Bytes used        :   19218944
mifs[3]: Bytes available :    8779264
mifs[3]: mifs fsck took 8 seconds.
...done Initializing Flash.

switch: dir flash:
//查看 Flash 里面的文件
Directory of flash:/

    2  -rwx  1670       <date>      backup-config-Mar--1-00-04-46.965-0
    3  -rwx  15965969   <date>      c3560-ipservicesk9-mz.122-58.SE2.bin
    4  drwx  2560       <date>      S1
   37  -rwx  8483       <date>      Lab101-DLS1-TT-A-Cfg.txt
   38  -rwx  384        <date>      express_setup.debug
   39  drwx  512        <date>      c3560-ipbasek9-mz.122-50.SE5
  430  -rwx  1331       <date>      config.text     //包含密码的配置文件
  431  -rwx  736        <date>      vlan.dat.renamed
  432  -rwx  1918       <date>      private-config.text.renamed
  434  -rwx  5          <date>      private-config.text
  435  -rwx  2072       <date>      multiple-fs

8781824 bytes available (19216384 bytes used)

switch: rename flash:config.text flash:config.old
//思科交换机在导入配置命令文件时采用在 Flash 内查找 config.text 文件进行导入的方式，所以只须
```

更改文件名使交换机无法加载 config.text 即可

```
switch: dir flash:
Directory of flash:/

    2  -rwx   1670       <date>          backup-config-Mar--1-00-04-46.965-0
    3  -rwx   15965969   <date>          c3560-ipservicesk9-mz.122-58.SE2.bin
    4  drwx   2560       <date>          S1
   37  -rwx   8483       <date>          Lab101-DLS1-TT-A-Cfg.txt
   38  -rwx   384        <date>          express_setup.debug
   39  drwx   512        <date>          c3560-ipbasek9-mz.122-50.SE5
  430  -rwx   1331       <date>          config.old   //配置文件名已经修改
  431  -rwx   736        <date>          vlan.dat.renamed
  432  -rwx   1918       <date>          private-config.text.renamed
  434  -rwx   5          <date>          private-config.text
  435  -rwx   2072       <date>          multiple-fs

8781824 bytes available (19216384 bytes used)
switch: boot
//开始引导交换机 IOS 系统

Would you like to enter the initial configuration dialog? [yes/no]: no
//系统由于无法加载配置命令文件，进入无配置文件系统
Switch#rename flash:config.old flash:config.text
Destination filename [config.text]?
//将 config.old 更改为 config.text

Switch#copy flash:config.text running-config
Destination filename [running-config]?
 [OK] (elapsed time was 6 seconds)
//将包含命令的配置文件拷贝到正在运行的配置文件中
sw1#configure terminal
sw1(config)#enable secret 123456
//重新为系统设置一个密码
sw1(config)#exit
sw1#write
//保存配置命令文件完成密码恢复
Building configuration...
[OK]
```

6.4 实训三：配置文件与 IOS 管理

【实验目的】

- 掌握思科 TFTP 服务器的使用方法；
- 备份交换机配置文件；
- 备份及恢复交换机 IOS。

【实验拓扑】

实验拓扑如图 6-9 所示。

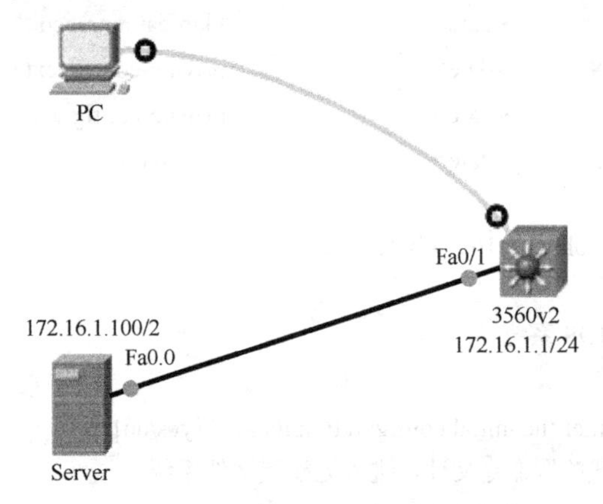

图 6-9 配置文件与 IOS 管理实验拓扑

设备参数如表 6-3 所示。

表 6-3 设备参数表

设 备	接 口	IP 地址	子网掩码	默认网关
Switch	Fa0/1	172.16.1.1	255.255.255.0	N/A
Server	NIC	172.16.1.100	255.255.255.0	172.16.1.1
PC	COM1			

【实验任务】

TFTP 服务器软件准备：本节内容在第 1 章实验中的路由器 IOS 管理中已经详细介绍，如果还有困惑请阅读 1.4 节。

6.4.1 配置命令文件的管理

1. 备份交换机配置文件

```
//打开 TFTP 服务器软件，设置文件保存文件夹后配置交换机
SW1(config)#interface vlan 1
SW1(config-if)#ip address 172.16.1.1 255.255.255.0
SW1(config-if)#end
//设置交换机 VLAN1 的管理地址
SW1#copy running-config tftp:
//备份正在运行的配置文件到 TFTP 服务器
Address or name of remote host []? 172.16.1.100        //远端 TFTP 服务器 IP 地址
Destination filename []? sw1-confg.text                 //设置服务器保存配置文件名
!!
3069 bytes copied in 1.871 secs (1640 bytes/sec)

//交换机不同于路由器，配置命令文件除了 config.text 外还有 vlan.dat，保存了所有的 VLAN 相关信息，所以在备份的时候也要一起进行备份
SW1#copy flash:vlan.dat tftp:
//备份交换机 VLAN 信息至 TFTP 服务器
Address or name of remote host []? 172.16.1.100        //远端 TFTP 服务器 IP 地址
Destination filename [vlan.dat]? sw1-vlan.dat           //设置服务器保存配置文件名
!!
736 bytes copied in 0.008 secs (92000 bytes/sec)
//图 6-10 显示服务器本地目录下保存的两个配置文件及 TFTP 服务器备份的日志消息
```

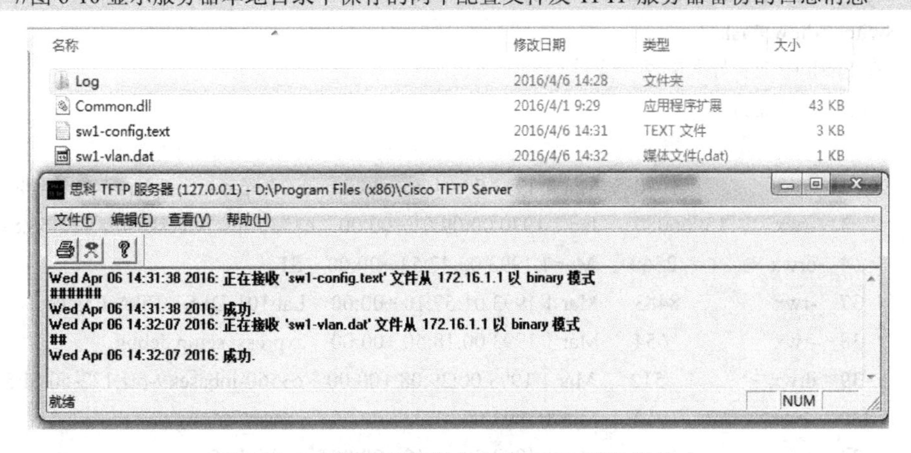

图 6-10 本地目录保存文件及 TFTP 服务器日志

2. 恢复交换机配置文件

```
Switch#copy tftp: flash:
//将 TFTP 服务器上的配置文件拷贝到 Flash 中
Address or name of remote host []? 172.16.1.100          //远端 TFTP 服务器 IP 地址
Source filename []? sw1-config.text                       //服务器上配置文件名
Destination filename [sw1-config.text]? config.text
//交换机在加载配置文件时会查看 Flash 中的 config.text 文件，所以在将配置文件导入进 Flash 中时确保将文件名修改为 config.text，否则即使导入交换机也不能读取
Accessing tftp://172.16.1.100/sw1-config.text...
Loading sw1-config.text from 172.16.1.100 (via Vlan1): !
[OK - 1662 bytes]

1662 bytes copied in 8.036 secs (207 bytes/sec)
Switch#copy tftp: flash:
//将 VLAN 配置文件导入交换机 Flash 内
Address or name of remote host []? 172.16.1.100          //远端 TFTP 服务器 IP 地址
Source filename [sw1-config.text]? sw1-vlan.dat          //服务器上 VLAN 配置文件名
Destination filename [sw1-vlan.dat]? vlan.dat
//和 config.text 名称一样，交换机中 Flash 的文件名必须设置为 vlan.dat
Accessing tftp://172.16.1.100/sw1-vlan.dat...
Loading sw1-vlan.dat from 172.16.1.100 (via Vlan1): !
[OK - 616 bytes]

616 bytes copied in 8.028 secs (77 bytes/sec)
Switch#show flash:
//在 Flash 中查看导入的两个文件
Directory of flash:/

    2  -rwx        1670   Mar 1 1993 00:04:46 +00:00  backup-config-Mar--1-00-04-46.965-0
    3  -rwx    15966080   Jan 1 1970 00:09:01 +00:00  c3560-ipservicesk9-mz.122-58.SE2.bin
    4  drwx        2560   Mar 1 1993 00:47:54 +00:00  S1
   37  -rwx        8483   Mar 1 1993 01:57:10 +00:00  Lab101-DLS1-TT-A-Cfg.txt
   38  -rwx         654   Mar 1 1993 00:18:50 +00:00  express_setup.debug
   39  drwx         512   Mar 1 1993 00:29:08 +00:00  c3560-ipbasek9-mz.122-50.SE5
  430  -rwx        1912   Mar 1 1993 00:01:02 +00:00  private-config.text.renamed
  434  -rwx        1048   Mar 1 1993 00:01:10 +00:00  multiple-fs
  431  -rwx         736   Mar 1 1993 00:43:56 +00:00  vlan.dat.renamed
```

```
432   -rwx        1662   Mar 1 1993 00:45:36 +00:00   config.text
435   -rwx         616   Mar 1 1993 00:48:21 +00:00   vlan.dat
433   -rwx        1652   Mar 1 1993 00:01:02 +00:00   config.text.renamed

27998208 bytes total (8778752 bytes free)
Switch#
//图 6-11 显示 TFTP 服务器中两个文件的传输记录
```

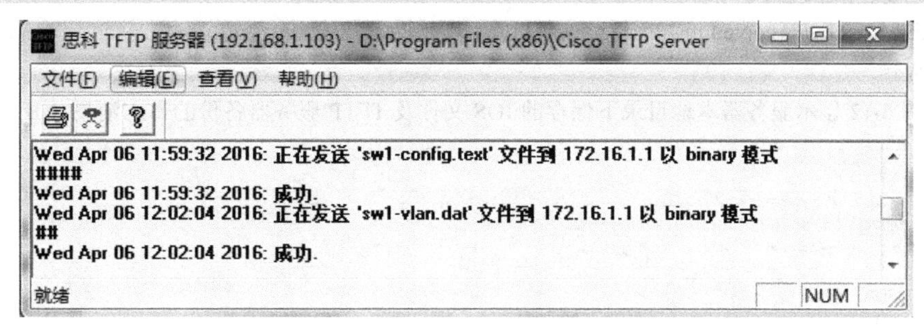

图 6-11　TFTP 服务器传输成功记录

6.4.2　交换机 IOS 文件管理

1. 备份交换机 IOS 文件

```
SW1#show flash:
//查看交换机 IOS 文件名
Directory of flash:/

  2   -rwx        1670   Mar 1 1993 00:04:46 +00:00   backup-config-Mar--1-00-04-46.965-0
  3   -rwx    15965969   Mar 1 1993 00:30:06 +00:00   c3560-ipservicesk9-mz.122-58.SE2.bin
//交换机 IOS 文件名
  4   drwx        2560   Mar 1 1993 00:47:54 +00:00   S1
 37   -rwx        8483   Mar 1 1993 01:57:10 +00:00   Lab101-DLS1-TT-A-Cfg.txt
 38   -rwx         228   Mar 1 1993 00:18:50 +00:00   express_setup.debug
 39   drwx         512   Mar 1 1993 00:29:08 +00:00   c3560-ipbasek9-mz.122-50.SE5
430   -rwx        3096   Mar 1 1993 00:31:55 +00:00   multiple-fs
432   -rwx        1918   Mar 1 1993 00:31:54 +00:00   private-config.text
431   -rwx         736   Mar 1 1993 00:43:56 +00:00   vlan.dat
433   -rwx        1737   Mar 1 1993 00:31:54 +00:00   config.text
```

```
27998208 bytes total (8781312 bytes free)
SW1#copy flash:c3560-ipservicesk9-mz.122-58.SE2.bin tftp:
//将 IOS 文件备份到 TFTP 服务器中
Address or name of remote host []? 172.16.1.100                    //远端 TFTP 服务器 IP 地址
Destination filename [c3560-ipservicesk9-mz.122-58.SE2.bin]?      //默认保存文件名与 Flash 中相同
!!!!!!!!!!!!!!!!!!!!!!!!!!!!!!!!!!!!!!!!!!!!!!!!!!!!!!!!!!!!!!!!!!!!!!!
//全部!表示正常，如果中间出现.表示备份过程中存在文件丢失，需要重新进行备份操作
15965969 bytes copied in 135.752 secs (117611 bytes/sec)
SW1#
//图 6-12 显示服务器本地目录下保存的 IOS 文件及 TFTP 服务器备份的日志消息
```

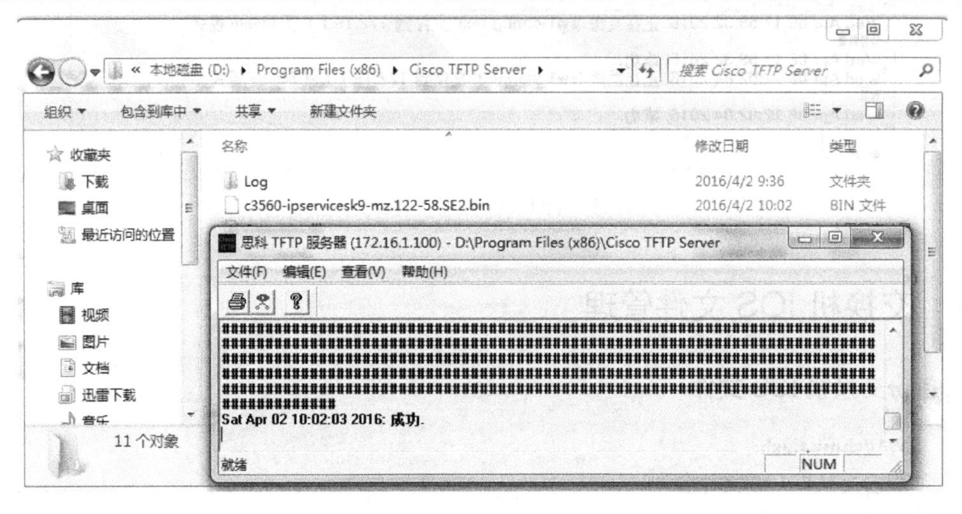

图 6-12 本地目录保存文件及 TFTP 服务器日志

2. 恢复交换机 IOS 文件

交换机使用 Xmodem 恢复 IOS，传统的方法使用的速率都是思科登录 Console 口默认的 9 600 bps，相对于一个 IOS 文件动辄十几 Mbps 来说速率相当的慢，所以本实验中提高速率至 115 200 bps，大大提高了传输效率。

```
sw1#delete flash:c3560-ipservicesk9-mz.122-58.SE2.bin
//为了完成恢复交换机 IOS 实验删除 Flash 中的 IOS 文件，在真实环境中请谨慎操作
Delete filename [c3560-ipservicesk9-mz.122-58.SE2.bin]?      //直接输入回车确认删除文件名
Delete flash:/c3560-ipservicesk9-mz.122-58.SE2.bin? [confirm]   //再次确认删除操作
sw1#reload
//重启交换机
Proceed with reload? [confirm]
```

switch:

//由于删除了交换机的 IOS，系统进入交换机的修复模式

switch: **set BAUD 115200**

//调整交换机的波特率至 115 200，默认为 9 600

switch: **copy xmodem: flash:c3560-ipservicesk9-mz.122-58.SE2.bin**

//通过 Xmodem 的方式传输 IOS 文件到交换机 Flash 中，文件名为 c3560-ipservicesk9-mz.122-58.SE2.bin

Begin the Xmodem or Xmodem-1K transfer now...

CCCCC

//当屏幕上出现 CCC 的符号时表示交换机正在接收通过 Xmodem 传输的文件，现在打开 SecureCRT，新建快速连接，波特率设置为 115200，其余采用默认设置，建立连接，图 6-13 显示了参数设置界面

//登录后点击 Transfer 菜单下的 Send Xmodem 命令，选择本地路径上的 IOS 文件后，开始执行 Xmodem 传输，图 6-14 显示选择传输 Xmodem 命令

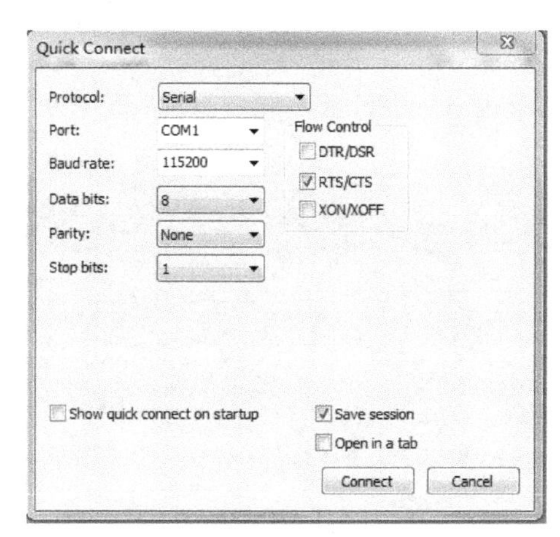

图 6-13　设置 SecureCRT 连接参数

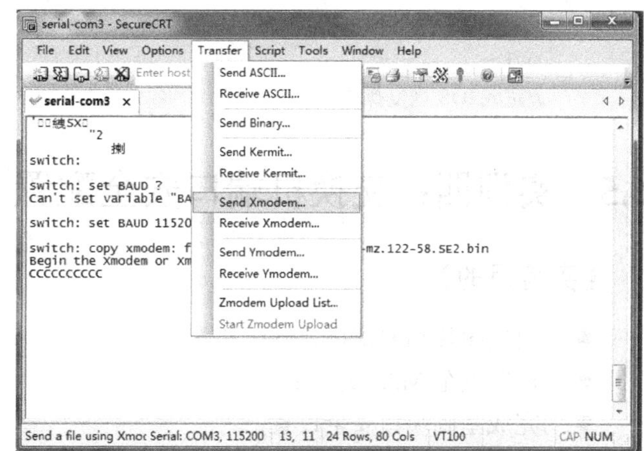

图 6-14　显示选择传输 Xmodem 命令

Starting xmodem transfer.　Press Ctrl+C to cancel.

Transferring c3560-ipservicesk9-mz.122-58.SE2.bin...

100%　15591 KB　3 KB/sec　01:06:49　0 Errors

....

File "xmodem:" successfully copied to "flash:c3560-ipservicesk9-mz.122-58.SE2.bin"

//经过 1 h 的传输，IOS 文件顺利的传输到交换机的 Flash 中

switch: **unset BAUD**

//删除一开始设置的波特率 115 200，交换机将恢复波特率为 9 600，此时需要重新配置 SecureCRT

的速率为 9 600 进行接下来的配置

```
switch: set BOOT flash:c3560-ipservicesk9-mz.122-58.SE2.bin
//设置引导进入的交换机系统为刚传入的 IOS 文件
switch: boot
//引导进入交换机 IOS 系统
Interrupt within 5 seconds to abort boot process.
Loading
"flash:/c3560-ipservicesk9-mz.122-58.SE2.bin"...@@@@@@@@@@@@@@@@@@@@@@@@@@@@@@@@@@@
@@@@@@@@@@@@@@@@@@@@@@@@@@@@@@@@@@@@@@@@@@@@@@@@@@@@@@@@@@@@@@@@@@@@@@@@@@
File "flash:/c3560-ipservicesk9-mz.122-58.SE2.bin" uncompressed and installed, entry point: 0x1000000
executing...
<----省略部分输出---->

Press RETURN to get started!
sw1>
//完成 IOS 恢复操作
```

6.5 实训四：交换机端口安全配置

【实验目的】

- 根据图片和要求搭建网络拓扑；
- 理解安全 MAC 地址；
- 完成基础端口安全设置；
- 完成基于动态 MAC 地址的端口安全设置；
- 完成基于固定 MAC 地址的端口安全设置；
- 完成基于活跃 MAC 地址的端口安全设置。

【实验拓扑】

实验拓扑如图 6-15 所示。

设备参数如表 6-4 所示。

表 6-4 设备参数表

设 备	交换机接口	MAC 地址
PC1	Fa0/1	94de.8073.4991
PC2	Fa0/3	0024.be84.4152

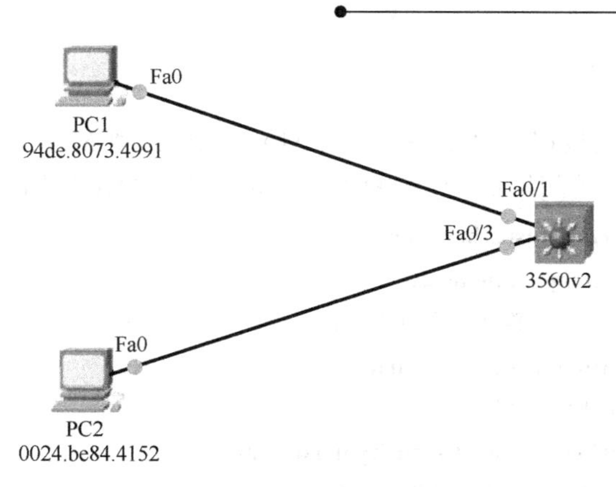

图 6-15 端口安全实验拓扑

【实验任务】

安全 MAC 地址：交换机的端口安全特性使接口具有了一定的安全功能，可以限制 MAC 地址的数量并且警告或关闭非法连接端口，而这些限制或允许的操作的依据是交换机的安全地址。

```
SW1#show port-security address
//查看交换机端口安全地址
            Secure Mac Address Table
------------------------------------------------------------------------
Vlan    Mac Address       Type                    Ports   Remaining Age
                                                             (mins)
----    -----------       ----                    -----   -------------
   1    94de.8073.4991    SecureDynamic           Fa0/1       -
   1    0405.0000.0001    SecureConfigured        Fa0/2       -
   1    0405.0000.0002    SecureConfigured        Fa0/2       -
   1    0405.0000.0003    SecureConfigured        Fa0/2       -
   1    0405.0000.0004    SecureConfigured        Fa0/2       -
   1    0024.be84.4152    SecureSticky            Fa0/3       -
------------------------------------------------------------------------
Total Addresses in System (excluding one mac per port)      : 3
Max Addresses limit in System (excluding one mac per port) : 6144
//交换机端口安全地址的类型主要有 3 种
//SecureDynamic：通过端口动态学习到的 MAC 地址
//SecureConfigured：手工配置的 MAC 地址
//SecureSticky：通过 sticky 功能学习到的 MAC 地址
//每一种类型的安全地址都有其特定的含义，下面的实验会详细介绍
```

1. 基础端口安全设置

配置基础端口安全的接口可以动态的学习 MAC 地址，当 MAC 地址数目超过最大允许数时启动惩罚措施，限制或关闭接口，这种配置还能起到防止 MAC 地址泛洪和欺骗攻击的作用。

```
SW1(config)#interface fastEthernet 0/1
SW1(config-if)#switchport mode access
//将交换接口设置为接入模式，否则无法在该接口上设置端口安全
SW1(config-if)#switchport port-security
//开启 FastEthernet0/1 的端口安全特性
SW1(config-if)#switchport port-security maximum 1
//设置端口最大允许接入的 MAC 地址数量
SW1(config-if)#switchport port-security violation ?
  protect    Security violation protect mode
  restrict   Security violation restrict mode
  shutdown   Security violation shutdown mode
```

设置端口安全的惩罚措施，一个激活了端口安全的接口上有两种方式会激活惩罚措施：① 当MAC地址数量达到最大允许数量后又收到了一个新的MAC地址的数据帧时启动惩罚措施；② 接口设置了允许的固定MAC地址，此时有一个陌生 MAC 地址企图接入该接口，启动惩罚措施。惩罚措施有以下 3 种限制手段。

- 保护措施（Protect）：当激活端口安全的接口允许的 MAC 地址数量达到最大值后（如允许 2 个 MAC 地址，此时已经有 2 个 MAC 地址接入端口），有新的 MAC 地址接入时（如接入一台新的计算机），则新的 MAC 地址将无法接入，而之前接入接口的设备不受影响，交换机不发送警告信息给终端设备；
- 限制措施（Restrict）：和保护措施相似，唯一的不同是当激活惩罚措施后，交换机会发送警告信息给终端设备；
- 关闭措施（Shutdown）：和保护措施不同的是当激活惩罚措施后，原有的MAC地址设备和 / 新接入的MAC地址设备都因为端口被关闭而无法接入网络，并且交换机会发送警告信息给终端设备，需要网络管理员手动输入“no shutdown”命令重新打开接口。

```
SW1(config-if)#switchport port-security violation shutdown
//设置端口安全的惩罚措施为关闭接口
SW1(config-if)#end
SW1#show port-security address
//查看安全机端口安全地址表
               Secure Mac Address Table
-------------------------------------------------------------------------
Vlan    Mac Address       Type                          Ports   Remaining Age
                                                                    (mins)
```

```
----    -----------       ----                      -----    ------------
  1     94de.8073.4991    SecureDynamic             Fa0/1         -
--------------------------------------------------------------------------
Total Addresses in System (excluding one mac per port)       : 0
Max Addresses limit in System (excluding one mac per port) : 6144
//通过动态学习到的安全地址会以 SecureDynameic 类型出现在安全 MAC 地址表中
```

2. 基于固定 MAC 地址的端口安全设置

基础端口安全设置可以动态地允许端口接入 MAC 地址的数量，但如果需要更精确控制，比如仅允许一些固定的 MAC 地址的设备接入端口，拒绝其他所有，上面这种配置方式就无法完成这个操作，此时需要固定 MAC 地址的端口安全设置。

```
SW1(config)#interface fastEthernet 0/3
SW1(config-if)#switchport mode access
SW1(config-if)#switchport port-security
//开启 FastEthernet0/3 的端口安全特性
SW1(config-if)#switchport port-security maximum 4
//设置端口最大允许接入的 MAC 地址数量
SW1(config-if)#switchport port-security mac-address 0405.0000.0001
SW1(config-if)#switchport port-security mac-address 0405.0000.0002
SW1(config-if)#switchport port-security mac-address 0405.0000.0003
SW1(config-if)#switchport port-security mac-address 0405.0000.0004
//设置允许的 4 个固定 MAC 地址
SW1(config-if)#switchport port-security violation shutdown
//设置端口安全的惩罚措施为关闭接口
SW1(config-if)#end
SW1#show port-security address
//查看安全机端口安全地址表
              Secure Mac Address Table
--------------------------------------------------------------------------
Vlan    Mac Address       Type                      Ports    Remaining Age
                                                                 (mins)
----    -----------       ----                      -----    ------------
  1     94de.8073.4991    SecureDynamic             Fa0/1         -
  1     0405.0000.0001    SecureConfigured          Fa0/3         -
  1     0405.0000.0002    SecureConfigured          Fa0/3         -
  1     0405.0000.0003    SecureConfigured          Fa0/3         -
  1     0405.0000.0004    SecureConfigured          Fa0/3         -
```

```
------------------------------------------------------------------------
Total Addresses in System (excluding one mac per port)      : 3
Max Addresses limit in System (excluding one mac per port) : 6144
//设置固定的安全 MAC 地址后，在安全 MAC 地址表内会以 SecureConfigured 类型显示
```

3. 基于 Sticky MAC 地址的端口安全设置

固定安全 MAC 地址是一种非常好的精确控制方式，但是这种控制也有弊端，企业或校园网的交换机接口少则几百个，多的有几千个如果每个接口都进行固定 MAC 地址设置，那将是一个巨大的工程，并且这种方式灵活性也非常差，所以思科的折中方案是采用“粘贴”MAC 地址设置端口安全。

```
SW1(config)#interface fastEthernet 0/2
SW1(config-if)#switchport mode access
SW1(config-if)#switchport port-security
//开启 FastEthernet0/3 的端口安全特性
SW1(config-if)#switchport port-security maximum 1
//设置端口最大允许接入的 MAC 地址数量
SW1(config-if)#switchport port-security mac-address sticky
//配置端口安全采用“粘贴”的方式自动获得 MAC 地址
SW1(config-if)#switchport port-security violation shutdown
//设置端口安全的惩罚措施为关闭接口
SW1(config-if)#end
SW1#show port-security address
//查看安全机端口安全地址表
               Secure Mac Address Table
------------------------------------------------------------------------
Vlan    Mac Address       Type                        Ports    Remaining Age
                                                                  (mins)
----    -----------       ----                        -----    -------------
   1    94de.8073.4991    SecureDynamic               Fa0/1       -
   1    0024.be84.4152    SecureSticky                Fa0/2       -
   1    0405.0000.0001    SecureConfigured            Fa0/3       -
   1    0405.0000.0002    SecureConfigured            Fa0/3       -
   1    0405.0000.0003    SecureConfigured            Fa0/3       -
   1    0405.0000.0004    SecureConfigured            Fa0/3       -
------------------------------------------------------------------------
Total Addresses in System (excluding one mac per port)      : 0
Max Addresses limit in System (excluding one mac per port) : 6144
```

```
//通过“粘贴”方式获得的 MAC 地址会以 SecureSticky 类型出现在安全 MAC 地址表中
//由于实验接口配置了允许的最大 MAC 地址数为 1，通过表查询得知 Sticky 方式绑定的 MAC 地址为 0024.be84.4152，此时一台 MAC 地址为 94de.8073.4991 的计算机接入 Fa0/2 后，系统激活惩罚措施
*Mar  1 00:13:06.431: %PM-4-ERR_DISABLE: psecure-violation error detected on Fa0/2, putting Fa0/2 in err-disable state
//Fa0/2 开启惩罚措施，接口进入 err-disable 状态
*Mar  1 00:13:06.431: %PORT_SECURITY-2-PSECURE_VIOLATION: Security violation occurred, caused by MAC address 94de.8073.4991 on port FastEthernet0/2.
//开启惩罚措施的原因是 MAC 地址为 94de.8073.4991 的设备从 Fa0/2 接口接入网络
*Mar  1 00:13:07.455: %LINEPROTO-5-UPDOWN: Line protocol on Interface FastEthernet0/2, changed state to down
//FastEthernet0/2 接口第二层协议状态变为关闭
*Mar  1 00:13:08.436: %LINK-3-UPDOWN: Interface FastEthernet0/2, changed state to down
//FastEthernet0/2 接口第一层状态变为关闭
```

查看接口信息

```
SW1#show interfaces fa0/2
//查看 Fa0/2 接口信息
FastEthernet0/2 is down, line protocol is down (err-disabled)
//接口进入 err-disabled 的 down 状态
  Hardware is Fast Ethernet, address is 2037.06dc.6404 (bia 2037.06dc.6404)
  MTU 1500 bytes, BW 10000 Kbit/sec, DLY 1000 usec,
     reliability 255/255, txload 1/255, rxload 1/255
  Encapsulation ARPA, loopback not set
<----省略部分输出---->
//此时只能手工在接口上输入 no shutdown 重新开启 Fa0/2 接口
```

4. 基于活跃 MAC 地址的端口安全设置

Sticky 方式一旦“粘贴”就无法改变 MAC 地址，而①和②两种方式虽然可以识别不同的 MAC 地址，但是应对的大多是固定状态，如果二层地址每天都变动呢？比如今天有几台设备接入网络，明天这些设备不接入了又有几台新设备接入呢？针对这些场景我们还需要设置在一定周期内不活动的 MAC 地址被淘汰的老化机制更能合理地完善端口安全的设置。

```
SW1(config)#interface fastEthernet 0/1
SW1(config-if)#switchport port-security aging time 30
//在 FastEthernet0/1 接口上配置安全端口的老化时间为 30 min,（时间设置以分钟为单位）
SW1(config-if)#switchport port-security aging type ?
  absolute      Absolute aging (default)
  inactivity    Aging based on inactivity time period
```

//端口安全的接口老化类型主要有两种：① 基于绝对时间计数，即配置好后就开始计时倒数，直到时间为 0 后在安全 MAC 地址表上删除对应的 MAC 地址条目（默认配置）。② 基于不活跃计时，即当接口不活跃时开始计时，这种方式更适合网络运行

SW1(config-if)#**switchport port-security aging type inactivity**

//设置安全端口的接口老化类型基于不活跃计时

SW1(config-if)#**end**

SW1#**show port-security address**

//查看安全机端口安全地址表

```
          Secure Mac Address Table
-----------------------------------------------------------------------
Vlan    Mac Address       Type                  Ports   Remaining Age
                                                           (mins)
----    -----------       ----                  -----   -------------
   1    94de.8073.4991    SecureDynamic         Fa0/1      30 (I)
   1    0024.be84.4152    SecureSticky          Fa0/2      -
   1    0405.0000.0001    SecureConfigured      Fa0/3      -
   1    0405.0000.0002    SecureConfigured      Fa0/3      -
   1    0405.0000.0003    SecureConfigured      Fa0/3      -
   1    0405.0000.0004    SecureConfigured      Fa0/3      -
-----------------------------------------------------------------------
Total Addresses in System (excluding one mac per port)     : 3
Max Addresses limit in System (excluding one mac per port) : 6144
```

//可以看到第一条条目最后的剩余时间为 30 min，（I）表示处于不活跃状态

SW1(config)#**interface fastEthernet 0/3**

SW1(config-if)#**switchport port-security aging time 60**

//在 FastEthernet0/3 接口上配置安全端口的老化时间为 60 min

SW1(config-if)#**switchport port-security aging type inactivity**

//设置安全端口的接口老化类型基于不活跃计时

SW1(config-if)#**switchport port-security aging static**

//因为 Fa0/3 中的端口安全是基于固定 MAC 地址配置的，所以在配置老化类型时需要设置为静态类型

SW1(config-if)#**end**

SW1#**show port-security address**

//查看安全机端口安全地址表

```
          Secure Mac Address Table
-----------------------------------------------------------------------
Vlan    Mac Address       Type                  Ports   Remaining Age
```

```
                                                              (mins)
----    -----------         ----                        -----    ------------
   1    94de.8073.4991     SecureDynamic              Fa0/1      30 (I)
   1    0024.be84.4152     SecureSticky               Fa0/2       -
   1    0405.0000.0001     SecureConfigured           Fa0/3      60 (I)
   1    0405.0000.0002     SecureConfigured           Fa0/3      60 (I)
   1    0405.0000.0003     SecureConfigured           Fa0/3      60 (I)
   1    0405.0000.0004     SecureConfigured           Fa0/3      60 (I)
-----------------------------------------------------------------------------
Total Addresses in System (excluding one mac per port)       : 3
Max Addresses limit in System (excluding one mac per port) : 6144
//Fa0/3 接口对应的所有 SecureConfigured 类型的静态 MAC 地址条目的剩余时间为 60 min，状态为不活跃
```

第7章 >>>

虚拟局域网

本章要点

- 虚拟局域网（VLAN）
- VLAN Trunk
- DTP 协议
- EtherChannel
- 实训一：VLAN 基本配置
- 实训二：VLAN Trunk 配置
- 实训三：动态 Trunk 配置
- 实训四：EtherChannel 配置

当今企业网络中部署的大部分设备是交换机，因为它从结构上来说是一种扁平设计，方便企业的管理和维护。但随着企业终端设备的增加，越来越多的问题也显现出来。通过前面所学我们知道，默认情况下交换机分隔冲突域，路由器分隔广播域。随着终端设备的增加使得广播域变得越来越巨大，这会存在网络设备死机、网络瘫痪、降低网络安全性和提高网络管理成本等诸多问题。因此如何在扁平的交换网络结构中分隔广播域就变得十分重要，本章学习的虚拟局域网技术就是在这类需求推动下产生的。

7.1 虚拟局域网（VLAN）

VLAN（Virtual Local Area Network，虚拟局域网）中的第一个字母 V 很好地诠释了这项技术的核心，即将较大的网络从逻辑上，而非物理上划分为多个较小网络的方法，从而实现虚拟工作组的技术。

7.1.1 VLAN 概念及其优点

VLAN 是一种工作在二层的技术，该技术允许网络管理员基于组织构架或功能进行逻辑组合，而不必受到地理位置的限制。如下图 7-1 所示，大型组织的分类一般是按照楼层或地域进

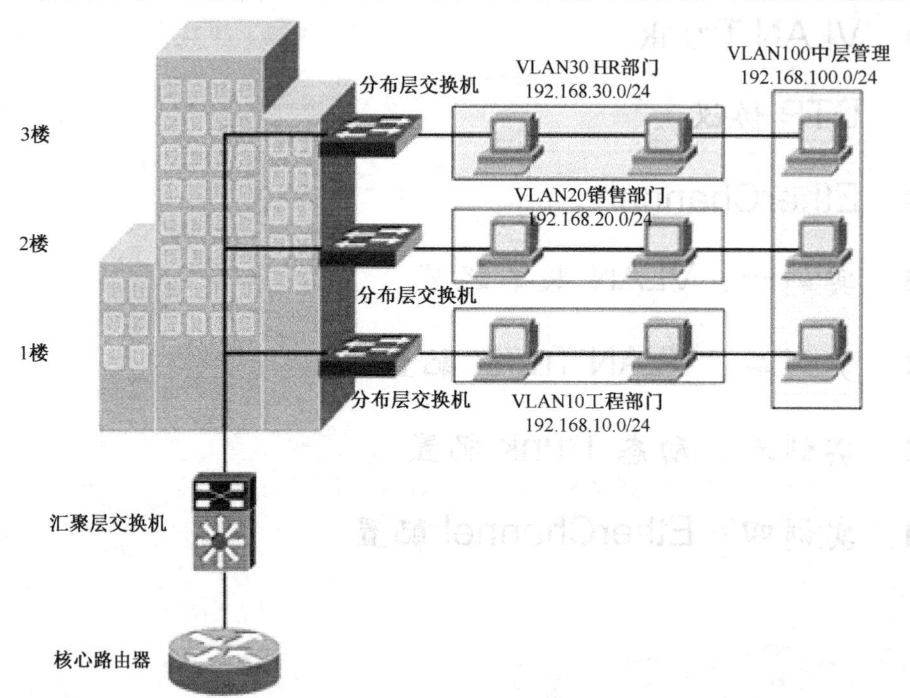

图 7-1 VLAN 技术的应用

行的，所以 VLAN 默认也是按照楼层进行划分的。但是图中 VLAN100 代表中层管理域，它在大楼的各层都有分布，此时物理上不在一起的设备，通过 VLAN 技术逻辑上也可以属于同一个 VLAN，这种搭建方式的好处就是配置简便，分隔广播域，一个 VLAN 仅属于一个广播域，而 VLAN 间的通信通过三层设备来完成。

VLAN 技术更符合当今企业对于网络的需求，使用 VLAN 主要有以下一些优点。

1. 控制网络广播域

交换机默认情况下分隔冲突域，但不分隔广播域。连接到交换机各个接口的设备之间发送和接收数据不会产生冲突，但随着交换网络的不断增大，不分隔广播域的弊端就会越发显现，一台设备发送的广播报文会发送给所有广播域中的其他设备，这样就会造成网络效率低下。而如图 7-2 所示，将网络划分成多个 VLAN 可以有效的减小广播域的范围。

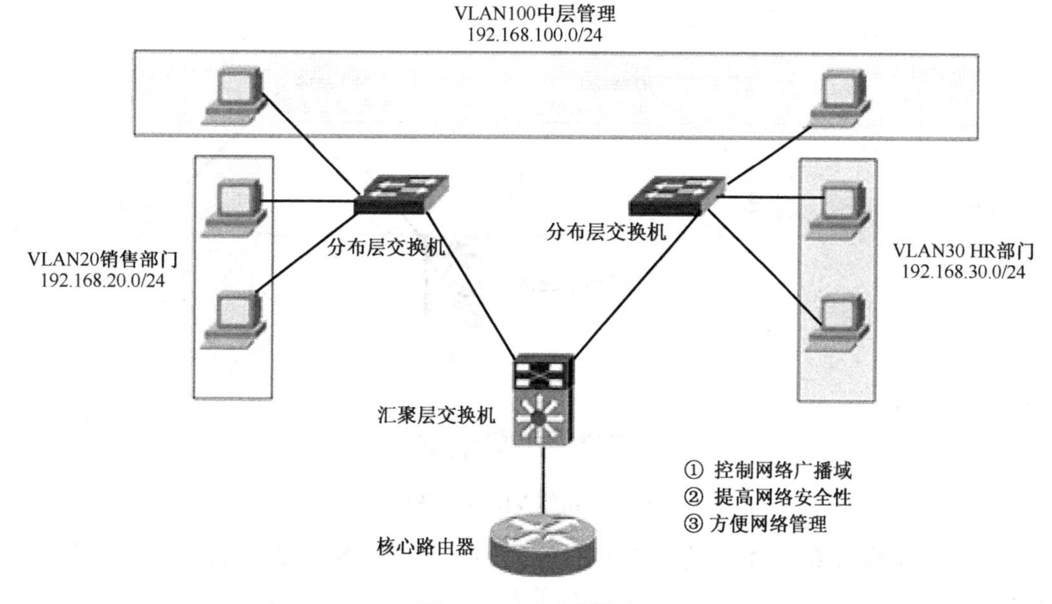

图 7-2　VLAN 的优点

图中原有的一个广播域被多个 VLAN 分隔成了 VLAN20、VLAN30 和 VLAN100 3 个小的广播域，VLAN 内部成员发送的广播包只有同一 VLAN 内部的成员可以接收，其他 VLAN 的成员都不会收到，这样就有效地缩减了广播域的范围，提高了数据转发的效率。

2. 提高网络安全性

VLAN 在缩小广播域的同时还带来了一些优点，比如提高了网络的安全性。默认情况下 VLAN 之间是逻辑隔离的，这种隔离使得它们之间不能直接通信，除非由网络管理员手工配置相关命令进行通信。因此可以利用 VLAN 技术来限制各个虚拟工作组之间的设备互访。如

图 7-2 所示，默认 VLAN20、VLAN30 和 VLAN100 之间是不能相互访问的，这样既保证了独立性又保证了安全性。如果处于 VLAN100 的企业管理者需要从另外两个部门的员工处获得一些数据，网络管理员必须在具有三层功能的设备（汇聚层交换机）上做一些配置才能进行访问。

3. 方便网络管理

跨越物理位置的限制，将组织中的人和物通过逻辑的方式进行分组可以有效地提高管理的效率，因为组织中的人和物都不是固定在一地永不变化的。当有人员或者设备发生变化时，网络管理员只需通过很少的操作就可以实现新的部署而无须重新布线。如图 7-3 所示。

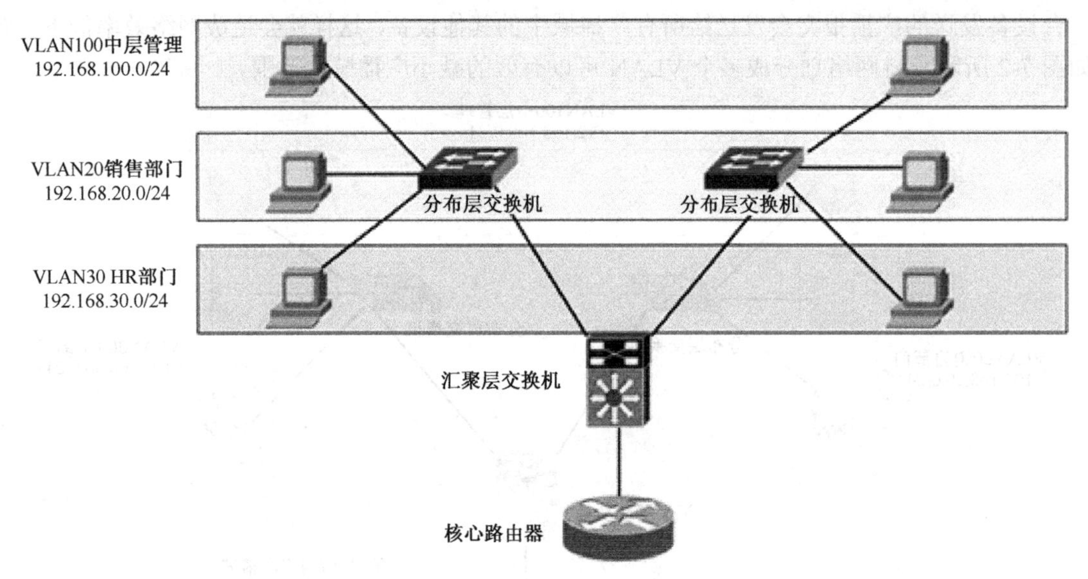

图 7-3 组织 VLAN 的变化

当组织的架构从图 7-2 转变为图 7-3 时，由于使用了 VLAN 技术，只需要在各自的分布层交换机上做一些很少量的配置即可完成架构的改变，而不需要去重新部署或者重新布线等操作，这大大简少了网络管理员的工作量，提高了网络运行的效率。

7.1.2 VLAN 的类型

企业网络中的 VLAN 有许多不同的分类方式，有的按照流量进行分类、有的按照操作方式进行分类，本书按照功能将 VLAN 类型主要分为以下三类。

1. Default VLAN

Default VLAN（默认 VLAN），交换机启动完毕后，默认所有接口属于默认 VLAN，所以当不做任何配置时，所有交换机的端口处于同一广播域，这样所有端口都可以相互通信。思科交换机的默认 VLAN 是 VLAN 1，该 VLAN 不能删除、不能重命名。

2. Data VLAN

Data VLAN（数据 VLAN），大多数的 VLAN 都属于数据 VLAN，顾名思义，它是用于传递用户数据流量的 VLAN，如图 7-2 中 VLAN20、VLAN30 和 VLAN100 都属于数据 VLAN，正因为数据 VLAN 和用户结合得比较紧密，有时也称之为用户 VLAN。

3. Voice VLAN

Voice VLAN（语音 VLAN），相比普通应用如下载或打开网页等操作网速的快慢影响的仅是下载何时完成或打开网页的速度，这些延迟是可以容忍的；而使用 IP 语音通话时如果网速变慢，你将会听到电话另一边说话声音出现卡顿、杂音甚至无声的情况，这些是不能容忍的。所以对网络延迟和抖动要求非常高的 IP 语音通话通常需要使用语音 VLAN 将其单独划分以保证语音质量，调整传输优先级等操作，这部分已经超出本书范围，但了解网络中对于 IP 语音有独立的语音 VLAN 进行控制还是很有必要的。

7.2　VLAN Trunk

根据面前的知识我们了解了 VLAN 技术可以用来划分多个小的网段实现安全、高效通信，而如果多台设备之间的相同 VLAN 要进行通信，又会是什么样的呢？如下图 7-4 所示。

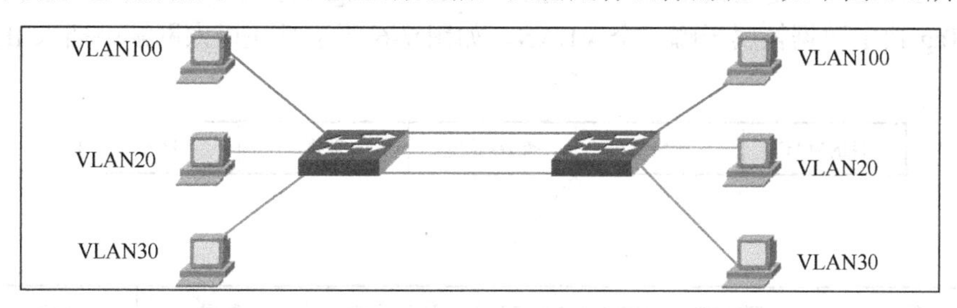

图 7-4　无 Trunk 的 VLAN 通信

左侧 VLAN20 的主机需要访问右侧 VLAN20 的主机，两台交换机之间就需要各划分出一个 VLAN20 的接口并使用交叉线相连，以此类推，如果有 3 个 VLAN，交换机之间就需要使用 6 个接口保证 3 个 VLAN 的正常通信。如果该组织有 100 个 VLAN 呢？这种解决方案显然无法解决这个问题。

而 Trunk 技术就是为了解决这个问题而出现的，使用了 Trunk 后，如图 7-5 所示。

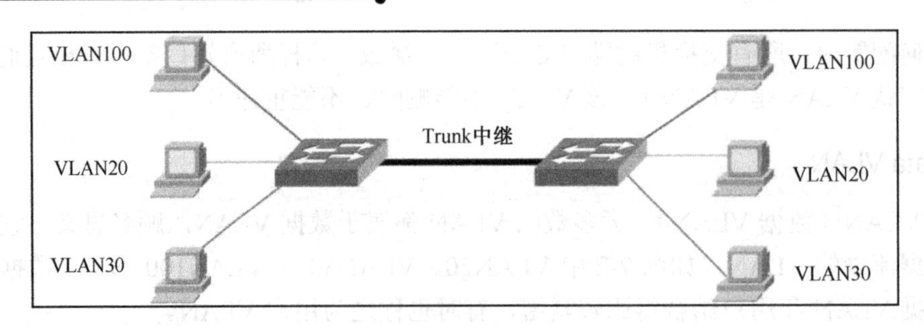

图 7-5　Trunk 技术的使用

Trunk 技术主要功能是实现多 VLAN 跨越交换机的通信，使用 Trunk 后，交换机之间只需要一根网线就可以实现图中 3 个 VLAN 跨越交换机的通信，甚至网络中有 100 个 VLAN 也只需要这一条线路就可以实现它们的相互通信，这大大的提高了资源利用率，节约了交换机端口。

不仅如此，通过 Trunk 允许哪些 VLAN 通过，不允许哪些 VLAN 通过的配置，还能加强交换机之间的安全性。如果交换机之间的流量非常大，还可以通过建立多条 Trunk 一起为流量服务，提高数据的通过率，这些配置在接下来的实验环节均有介绍。

7.2.1　VLAN 的帧结构

传统的以太网数据帧中并没有考虑VLAN技术的出现，所以当VLAN在企业网中使用时，不同 VLAN 的数据被交换机接收后怎么进行快速转发呢？这需要一种新的机制增加到传统以太网帧中，这种方式就是在数据帧的帧头插入 VLAN Tag（标记），交换机在进行转发时通过检查这个 Tag 决定数据帧属于哪一个 VLAN，如图 7-6 所示是在以太网帧中插入 IEEE 802.1q 报头。

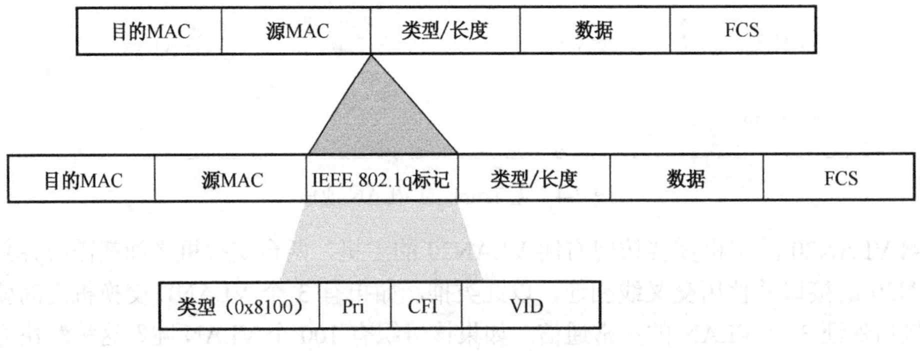

图 7-6　IEEE 802.1q 帧中的字段

IEEE 802.1q 帧在传统帧报头的源 MAC 和类型 / 长度字段之间插入唯一的 IEEE 802.1q 标记，交换机之间在转发该帧时通过查询标记内的 VLAN 信息进行转发。

IEEE 802.1q 标记一共包含以下 4 字节。

- **类型**：标记协议 ID 值，在以太网中是固定十六进制值 0x8100，占 2 字节。
- **Priority**：用户优先级，一共有 8 种优先级，在网络发生拥塞时可以设置帧优先级以控制哪些数据帧优先，占 3 比特。
- **CFI**：规范格式表示符，用于在以太网和令牌环网络之间转发数据时使用，令牌环网络不是本书重点内容，只需牢记在以太网网络中总是设置为 0 即可，占 1 比特。
- **VID**：VLAN ID，该字段是整个标记的核心内容，用于表示数据帧所属的 VLAN，最多可以支持 4 096 个 VLAN。

当插入 IEEE 802.1q 标记后，数据帧的长度和大小都发生了变化，所以之前计算出来的 FCS 字段将变为无效字段，此时会根据新的数据帧长度计算一个新的 FCS 值插入数据帧中。

7.2.2 Trunk 的封装和 Native VLAN

Trunk 技术用于连接交换机，使其通过一条链路就可以传递多个 VLAN 的数据，在传递之前需要添加 VLAN 信息方便对端交换机把数据转发给相应的 VLAN，这种添加的动作称为封装。

主流的封装技术有 2 种，一种叫 ISL（Interior Switching Link，交换机间链路）协议，另一种叫 IEEE 802.1q 协议。由于 ISL 协议是思科私有协议，非思科设备无法使用，所以适用面比较狭窄，IEEE 802.1q 协议由于其广泛的兼容性和较高的运行效率逐渐成为 Trunk 封装的标准协议，思科的一些交换机默认也使用 802.1q 协议。图 7-7 所示是 IEEE 802.1q 在工程案例中的应用。

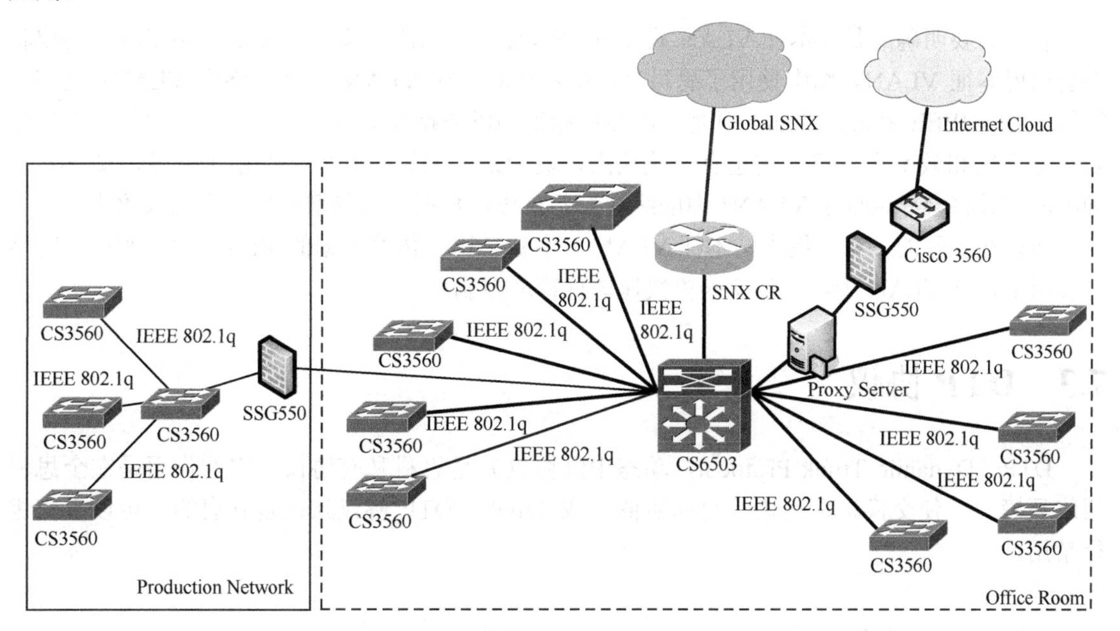

图 7-7　IEEE 802.1q 在工程案例中的应用

可以看出在实际工程案例中，交换机之间相连接都会推荐使用 Trunk 协议，而由于 ISL 协议是思科私有的，和其他非思科设备不能兼容，在混合交换机环境中不推荐使用。即使在当今全思科设备网络中，有的企业出于兼容性需要也会采用 IEEE 802.1q 协议作为 Trunk 封装的首选协议。

Native VLAN 中文称之为本征 VLAN，一句话概括可以理解为“不打标记的 VLAN”。本征 VLAN 在学习时，读者可能会感到困惑，VLAN 帧之所以可以在交换机之间进行传递原理是在传统以太网帧头部插入 VLAN 标记字段，但为什么本征 VLAN 可以不打标记就能使用呢？并且在交换机中，只要使用了 Trunk 技术，默认本征 VLAN 也随之一起生成。

本征 VLAN 在思科交换机中默认为 VLAN1，有且只能有一个。这样其他数据帧经过交换机时都有自己的 VLAN 标记，如果遇到没有 VLAN 标记的数据帧时，交换机就会将其归纳为本征 VLAN 进行转发，图 7-8 显示了这一过程。

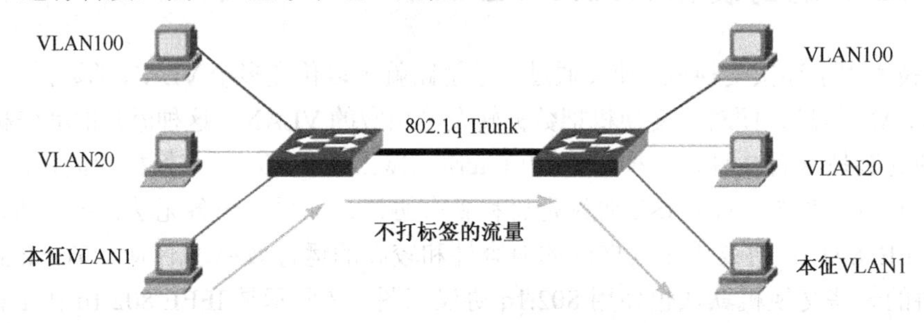

图 7-8 Native VLAN 经过 Trunk

首先需要明确的是，本征 VLAN 只在 IEEE 802.1q 中出现，如果 Trunk 使用了其他协议将不会出现本征 VLAN。图中使用了思科交换机默认的本征 VLAN1，在网络中 VLAN1 之间的通信在经过 IEEE 802.1q Trunk 时是不需要打标签仍以数据帧原有的形态进行传输的，它的好处是速度快和效率高。但是它也有一些缺点，其中最大的缺点是安全性很难保障，图 7-8 这种组网方式将会导致处于 VLAN1 中的终端设备在传输数据时容易遭受黑客中间人攻击。

所以在实际的工程案例中，本征 VLAN 大多数不用在传输数据的 VLAN 中，利用其特性主要用于管理 VLAN 中，方便交换机快速进行管理控制。

7.3 DTP 协议

DTP（Dynamic Trunk Protocol，动态中继协议）是思科私有协议，它的作用是在全思科网络环境中，使交换机之间进行自动协商形成 Trunk。DTP 协议默认是开启的，可以手工进行禁用。

7.3.1　DTP 协议简介

大部分的以太网交换机接口支持至少两种模式，接入模式和中继模式。思科交换机在此基础之上还有一种默认支持的模式，即动态协商模式。动态协商模式仅在思科交换机之间点对点进行协商，当思科交换机和非思科交换机相连时，建议关闭 DTP 功能，因为互连的非思科设备可能不能正确接收或转发协商帧，导致配置出现错误。

如图 7-9 所示，3 台交换机都是 Catalyst 3560，默认交换机所有二层接口都处于动态协商模式，此时配置 SW3 的 Fastethernet0/24 接口为 Trunk 模式，观察 3 台设备运行 DTP 进行协商的结果。

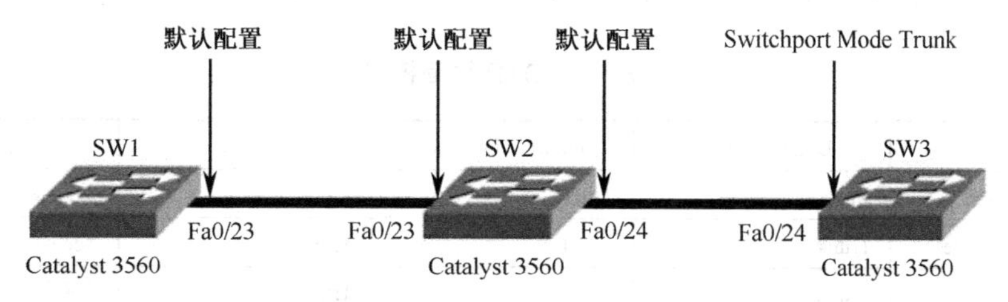

图 7-9　3 台交换机协商前配置

图 7-10 所示是 3 台交换机 DTP 协商结果，SW1 和 SW2 上的端口 Fa0/23 由于没有做任何配置，两端通过协商自动进入接入模式。交换机 SW2 和 SW3 上的接口 Fa0/24 由于 SW3 端手工配置了 switchport mode trunk 命令，SW1 的 Fa0/24 是默认配置，两端通过协商最终会进入 Trunk 模式。

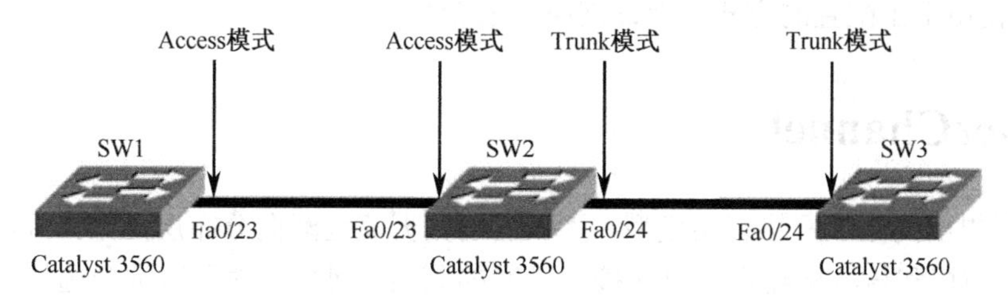

图 7-10　3 台交换机协商结果

7.3.2　DTP 端口协商模式

从上文可以看出不同的协商模式之间，得到的协商结果可能有很大的不同，思科主要的协商模式有以下 4 种。

- Dynamic Auto 模式：思科交换机的默认模式，接口将尝试和对端形成 Trunk 链路，当对端接口为 Trunk 或 Desirable 模式时，接口将协商为 Trunk 模式，但如果两台交换机都是默认设置，它们将协商为 Access 模式。

- Dynamic Desirable 模式：老式的思科交换机默认采用协商模式，即主动协商为 Trunk 接口模式。该模式顾名思义是非常渴望和对端协商成为 Trunk 接口，所以除非对端是 Access 模式，否则都会协商成为 Trunk 模式，但出于安全性的考虑，一般不建议这么设置。
- Trunk 模式：该模式是永久的使接口成为 Trunk 模式，并且如果对端是两种 Dynamic 模式中的任意一种，都会协商最终成为 Trunk 模式。
- Access 模式：该模式是永久的使接口成为 Access 模式，并且如果对端是两种 Dynamic 模式中的任意一种，都会协商最终成为 Access 模式。

表 7-1 显示了不同模式链路两两配对可能产生的协商结果。

表 7-1　DTP 协商模式

	Dynamic Auto	Dynamic Desirable	Trunk	Access
Dynamic Auto	Access	Trunk	Trunk	Access
Dynamic Desirable	Trunk	Trunk	Trunk	Access
Trunk	Trunk	Trunk	Trunk	有限连接
Access	Access	Access	有限连接	Access

企业在采用思科交换机和非思科交换机混合形成企业网络时，为了防止思科交换机接口发出 DTP 帧，可在交换接口中手动输入 switchport nonegotiate 命令，禁用 DTP 功能。在一些安全性要求比较高的交换网络中，有时即使是全思科交换网也会输入这条命令，禁止动态形成 Trunk，转而使用手工配置的方式，保证网络的安全性。

7.4　EtherChannel

根据思科提出的企业网络三层模型，接入层的数据流逐渐向分布层汇聚，再通过核心层进行转发。在分布层和核心层经常会出现接口带宽的瓶颈。网络管理员通常会选择更宽带宽的接口来应对问题，例如，原先采用 100 Mbps 接口的环境换成 1 000 Mbps 的接口。在大多数情况下，虽然我们可以选择这种更宽带宽的接口作为增加设备间带宽的方法，但是这种方式需要增加额外的网络成本，扩展性也不强，兼容性也不好。

EtherChannel（以太网隧道）技术有效地解决了以上这些问题，通过绑定多个物理接口形成一个逻辑接口的方式，充分利用了交换机的现有资源增加可用带宽，思科 Catalyst 系列交换机最多允许将 8 个接口进行绑定，在全双工模式下，快速以太网可以达到的最大理论带宽为 1 600 Mbps，吉比特以太网可以达到的最大理论带宽为 16 Gbps。

图 7-11 显示的是 EtherChannel 在实际网络中的应用，EtherChannel 能够提供冗余备份，在绑定的多条链路中即使有失效链路存在也不会引起通道的状态变化，只有当所有绑定的链路全

部失效时，通道状态才会发生变化。

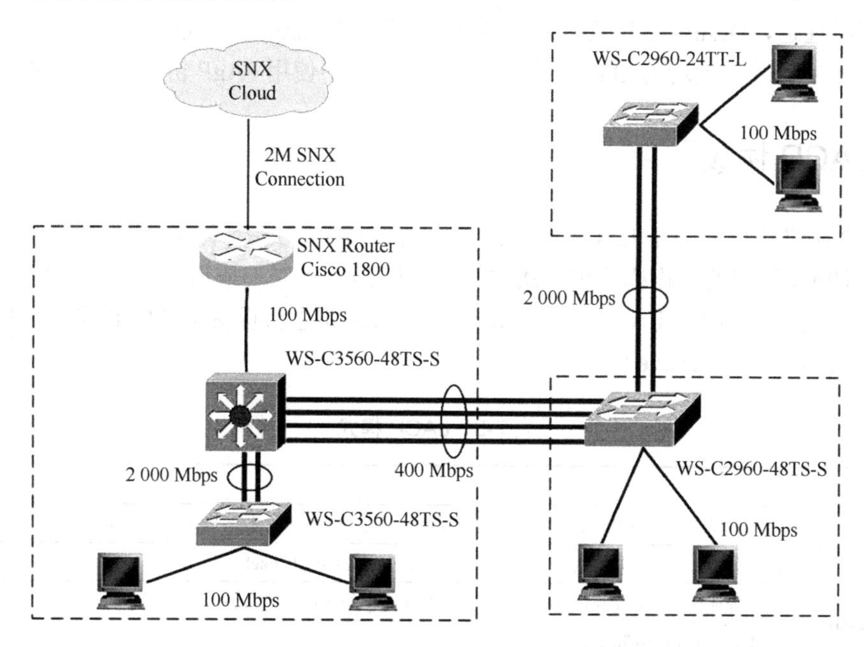

图 7-11 EtherChannel 在工程中的应用

Catalyst 3560 交换机支持 PAgP 和 LACP 两种通道协议，PAgP 是思科私有协议，LACP 是 IEEE 802.3ad 公有协议。一般在全思科设备网络中建议采用 PAgP 协议，而在其他的混合设备网络中建议采用 LACP 协议。

7.4.1 PAgP 协议

PAgP 协议可以工作在不同的模式中，使用命令 channel-group mode 进行模式的切换，不同的工作模式也能决定接口之间是否可以形成通道。表 7-2 显示的是 PAgP 的 4 种工作模式及其描述，思科交换机默认采用的协议是 PAgP，工作模式为自动（Auto）。

表 7-2 PAgP 模式

模 式	描 述
启动（On）	这种模式不会使用 PAgP 协议，只有在对端也是 On 模式时才会形成 EtherChannel
关闭（Off）	这种模式的作用是关闭自动协商，禁止接口形成 EtherChannel
自动（Auto）	这种模式是思科交换机默认模式，处于此模式中的接口会被动进行协商，只有当对端是主动模式时才会形成 EtherChannel
主动（Desirable）	这种模式是主动利用 PAgP 协议进行 EtherChannel 协商，当对端接口处于自动或主动模式时均可形成 EtherChannel

对上表进行总结可以得出，On 模式只能与 On 模式兼容形成通道，Auto 模式只能与 Desirable 模式兼容形成通道，Desirable 模式可以和 Auto 模式或 Desirable 模式兼容形成通道。需要特别关注的是，如果两端配置均为 On 模式，实际上它们是不使用 PAgP 协议强制形成通道的。

7.4.2 LACP 协议

与 PAgP 协议相类似的是 LACP 协议也工作在不同的模式中，使用命令 channel-group mode 进行模式的切换，不同的工作模式也能决定接口之间是否可以形成通道。表 7-3 显示的是 LACP 的 4 种工作模式及其描述，LACP 是公有协议，所以在非思科设备中通常是默认选择，默认采用的工作模式为被动（Passive）。

表 7-3　LACP 模式

模　式	描　述
启动（On）	这种模式不会使用 LACP 协议，只有在对端也是 On 模式时才会形成 EtherChannel
关闭（Off）	这种模式的作用是关闭自动协商，禁止接口形成 EtherChannel
被动（Passive）	这种模式是思科交换机默认模式，处于此模式中的接口会被动进行协商，只有当对端是主动模式时才会形成 EtherChannel
主动（Active）	这种模式是主动利用 PAgP 协议进行 EtherChannel 协商，当对端接口处于被动或主动模式时均可形成 EtherChannel

对上表进行总结可以得出，LACP 与 PAgP 模式极为相似。On 模式只能与 On 模式兼容形成通道，Passive 模式只能与 Active 模式兼容形成通道，Active 模式可以和 Active 模式或 Passive 模式兼容形成通道。需要特别关注的是，如果两端配置均为 On 模式，实际上它们也不使用 LACP 协议强制形成通道的，这点同 PAgP 协议一样。

7.4.3 EtherChannel 设计原则

在网络中设计 EtherChannel 时，应当遵循以下 6 个主要的设计原则：

① 每一个 EtherChannel 最大支持 8 个接口进行绑定，这些接口可以是不连续的，也可以是不在一个模块上的，但是必须是在同一台交换机上的接口。

② 每一个 EtherChannel 内的所有接口必须统一选择 PAgP 或者 LACP 协议中的一种。

③ 每一个 EtherChannel 内的所有接口必须选择统一的双工模式和带宽。

④ 交换机的接口只能属于某一个 EtherChannel。

⑤ 如果某个接口设置了交换端口分析器（SPAN），那么它将不能加入 EtherChannel 中。

⑥ 接口的生成树协议（STP）路径开销不同并不影响 EtherChannel 的建立。

7.5 实训一：VLAN 基本配置

【实验目的】

- 掌握思科交换机创建 VLAN 的方式；
- 掌握交换机接口划分进特定 VLAN 的方法；
- 了解查看 VLAN 信息的命令；
- 了解交换机 SVI 接口。

【实验拓扑】

实验拓扑如图 7-12 所示。

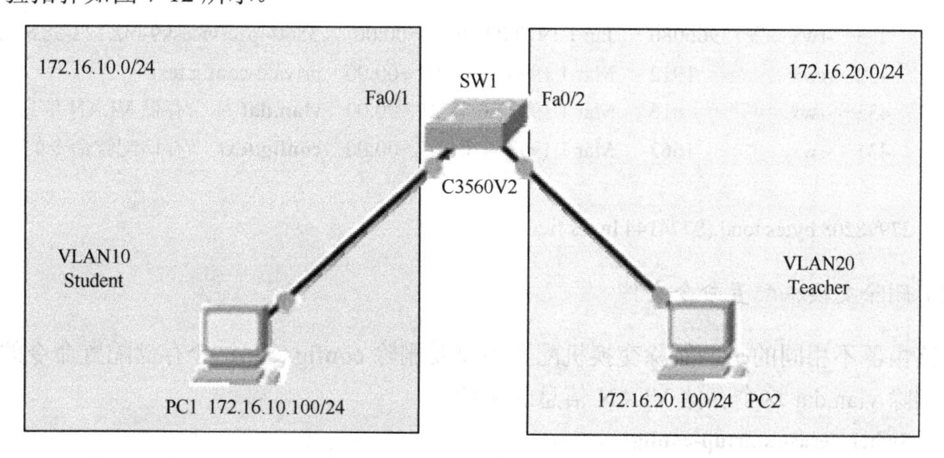

图 7-12 VLAN 基本配置实验拓扑

设备参数如表 7-4 所示。

表 7-4 设备参数表

设 备	接 口	接口模式	所属 VLAN	VLAN 名称
C3560V2	Fa0/1	ACCESS	VLAN10	Student
	Fa0/2	ACCESS	VLAN20	Teacher
设 备	接 口	IP 地址	子网掩码	默认网关
PC1	NIC	172.16.10.100	255.255.255.0	172.16.10.1
PC2	NIC	172.16.20.100	255.255.255.0	172.16.20.1

【实验任务】

交换机的主要功能是进行冲突域分隔，而 VLAN 的配置也是交换机其他配置的基础，所以如何快速高效地使用好 VLAN 是网络管理员的必修课。

1. 查看交换机初始 VLAN 配置信息

如果是新购买的交换机可以直接查看初始化 VLAN 配置，但更多的时候我们拿到的交换机已经有了一些配置，此时我们需要对交换机进行删除操作，但删除交换机的配置命令跟删除路由器的略有不同，这里需要特别注意。

（1）查看交换机配置命令文件

```
Switch #show flash:
//查看交换机的 Flash，交换机的配置文件存储于 Flash 中。
Directory of flash:/

    3  -rwx    15966080   Jan 1 1970 00:09:01 +00:00   c3560-ipservicesk9-mz.122-58.SE2.bin
  432  -rwx        1912   Mar 1 1993 00:01:09 +00:00   private-config.text
  433  -rwx         616   Mar 1 1993 00:48:21 +00:00   vlan.dat       //存储 VLAN 信息文件
  435  -rwx        1662   Mar 1 1993 00:01:09 +00:00   config.text    //存储配置命令的文件

27998208 bytes total (8774144 bytes free)
```

（2）删除交换机配置命令文件

与路由器不相同的是，删除交换机配置不仅要删除 config.text 这个存储配置命令的文件，还需要删除 vlan.dat 这个存储 VLAN 信息的文件。

```
Switch #erase startup-config
//删除交换机的基本配置命令
Erasing the nvram filesystem will remove all configuration files! Continue? [confirm]
[OK]
Erase of nvram: complete
Switch #delete flash:vlan.dat
//删除 VLAN 信息文件
Delete filename [vlan.dat]?  //直接回车
Delete flash:/vlan.dat? [confirm]  //直接回车
SW1#reload
//删除后重启进入交换机初始化状态
Proceed with reload? [confirm]  //直接回车

//重启后或新设备，在初始化配置模式下输入 no，进入空配置的交换机，输入 enable 进入特权模式
```

（3）查看交换机 VLAN 简明信息

```
Switch#show vlan brief
//查看交换机 VLAN 的简明信息
1      2                                    3        4
VLAN Name                                   Status   Ports
---- -------------------------------- --------- ------------------------------
1    default                                active   Fa0/1, Fa0/2, Fa0/3, Fa0/4
                                                     Fa0/5, Fa0/6, Fa0/7, Fa0/8
                                                     Fa0/9, Fa0/10, Fa0/11, Fa0/12
                                                     Fa0/13, Fa0/14, Fa0/15, Fa0/16
                                                     Fa0/17, Fa0/18, Fa0/19, Fa0/20
                                                     Fa0/21, Fa0/22, Fa0/23, Fa0/24
                                                     Gi0/1, Gi0/2
1002 fddi-default                       act/unsup
1003 token-ring-default                 act/unsup
1004 fddinet-default                    act/unsup
1005 trnet-default                      act/unsup
Switch#
```

交换机的简明信息主要有 4 列内容：第 1 列表示 VLAN ID。
第 2 列表示 VLAN 名称。
第 3 列表示 VLAN 状态。
第 4 列表示哪些端口属于某个 VLAN。

C3560v2 交换机默认所有端口属于 VLAN1，VLAN1 名称是 default，并且 VLAN1 在思科交换机中不能删除或修改，状态处于 Active（活跃）。除了默认 VLAN1 外，交换机默认还有 4 个 1002～1005 的 VLAN，这部分内容超出本书范围在此就不具体介绍。

2. 在交换机 SW1 上创建 VLAN

（1）创建单个 VLAN

```
SW1(config)#vlan 10
//在 SW1 上创建 VLAN10
SW1(config-vlan)#name Student
//设置 VLAN10 名称为 Student
SW1(config-vlan)#exit
SW1(config)#vlan 20
//在 SW1 上创建 VLAN20
```

```
SW1(config-vlan)#name Teacher
//设置 VLAN20 名称为 Teacher
```

到目前为止，我们已经在交换机中创建了 VLAN10 和 VLAN20，并修改 VLAN 名称为 Student 和 Teacher，但如果企业中有多个 VLAN 存在，有没有比一条一条地输入更好的办法呢？下面提供了一种优化办法。

（2）同时创建多个 VLAN 并查看 VLAN 简明信息

```
SW1(config)#vlan 100,101,102
//在创建 VLAN 时，可以采取使用逗号隔开的方式一次性创建多个 VLAN。系统默认采用 VLAN+4 位数的 ID 的组合标识 VLAN 的名称，这里它们的名称分别是 VLAN0100、VLAN0101 和 VLAN0102。
```

3. 将交换机 SW1 接口划分到新创建的 VLAN

（1）配置 SW1 FastEthernet0/1

```
SW1(config)#interface fastEthernet 0/1
//进入 Fa0/1 接口子模式
SW1(config-if)#switchport mode ?
//查看交换机交换接口支持的模式
  access        Set trunking mode to ACCESS unconditionally
  dot1q-tunnel  Set trunking mode to TUNNEL unconditionally
  dynamic       Set trunking mode to dynamically negotiate access or trunk mode
  private-vlan  Set private-vlan mode
  trunk         Set trunking mode to TRUNK unconditionally
//C3560v2 交换机的交换接口支持以上 5 模式，本书主要介绍其中的 3 种模式：Access 模式、Dynamic 模式和 Trunk 模式。
SW1(config-if)#switchport mode access
//将 Fa0/1 接口设置为 Access 模式
SW1(config-if)#switchport access vlan 10
//将接口加入 VLAN10
```

虽然可以直接输入 interface fastEthernet 0/2 命令进入 Fa0/2 接口进行配置，但对于初学者来说，切换接口后由于命令行的显示仍然是（config-if)，所以不建议直接进行切换，建议退出当前接口再进入下一个需要配置的接口。

（2）配置 SW1 FastEthernet0/2

```
SW1(config)#interface fastEthernet 0/2
SW1(config-if)#switchport mode access
```

```
SW1(config-if)#switchport access vlan 20
//在 Fa0/2 上进行同样的操作，将接口加入 VLAN20
```

（3）查看 VLAN 及交换端口信息

```
SW1#show vlan brief
VLAN Name                             Status    Ports
---- -------------------------------- --------- -------------------------------
1    default                          active    Fa0/3, Fa0/4, Fa0/5, Fa0/6
                                                Fa0/7, Fa0/8, Fa0/9, Fa0/10
                                                Fa0/11, Fa0/12, Fa0/13, Fa0/14
                                                Fa0/15, Fa0/16, Fa0/17, Fa0/18
                                                Fa0/19, Fa0/20, Fa0/21, Fa0/22
                                                Fa0/23, Fa0/24, Gi0/1, Gi0/2
10   Student                          active    Fa0/1
20   Teacher                          active    Fa0/2
100  VLAN0100                         active
101  VLAN0101                         active
102  VLAN0102                         active
1002 fddi-default                     act/unsup
1003 token-ring-default               act/unsup
1004 fddinet-default                  act/unsup
1005 trnet-default                    act/unsup
//根据 VLAN 的简明信息可以看出，现在 VLAN10 和 VLAN20 各有一个接口加入
SW1#show vlan summary
//查看 VLAN 的汇总信息
Number of existing VLANs              : 10    //目前交换机存在的 VLAN 数目
 Number of existing VTP VLANs         : 10
 Number of existing extended VLANS    : 0
SW1#show interfaces fastEthernet 0/1 switchport
//查看 Fa0/1 交换端口信息，需要重点关注有以下几项
Name: Fa0/1                           //接口名称
Switchport: Enabled                   //接口是否开启
Administrative Mode: static access    //管理员配置的接口模式
Operational Mode: static access       //接口当前模式
Administrative Trunking Encapsulation: negotiate
Operational Trunking Encapsulation: native
Negotiation of Trunking: Off
```

```
Access Mode VLAN: 10 (Student)          //接口当前加入的 VLAN 和名称
Trunking Native Mode VLAN: 1 (default)
Administrative Native VLAN tagging: enabled
Voice VLAN: none
<----省略部分输出---->
```

与配置 VLAN 相类似，接口的配置有时也存在需要将多个接口加入同一个 VLAN 的情况，此时也有比对每个接口逐一配置更简便的方法。

（4）多端口加入同一 VLAN 的配置方法

```
SW1(config)#interface range fastEthernet 0/10 – 20
//同时进入 Fa0/10 到 Fa0/20 接口，此时 10 与 20 之间使用横线和空格隔开，如果是对于不连续的接口进行统一配置则需要使用逗号隔开
SW1(config-if-range)#switchport mode access
SW1(config-if-range)#switchport access vlan 100
```

4. 在交换机 SW1 上修改和删除 VLAN

假设网络管理员发现配置出错，需要对接口加入的 VLAN 进行修改，这时只需进入接口直接输入 switchport access vlan VLAN-ID 覆盖之前的配置即可。

（1）在交换机上修改 VLAN 的配置并查看

```
SW1(config)#interface range fastEthernet 0/10 – 15
SW1(config-if-range)#switchport access vlan 102
SW1(config-if-range)#end
```

当需要删除某些 VLAN 时一定要特别注意删除的操作步骤，如果出错将导致接口“消失”等问题。

（2）在交换机上删除 VLAN 的配置并查看

```
SW1(config)#interface range fastEthernet 0/10 – 15
SW1(config-if-range)#no switchport access vlan 102
//在原先加入 VLAN102 的命令前输入 no 删除加入命令
SW1(config-if-range)#exit
SW1(config)#no vlan 102
//在创建 VLAN 命令前输入 no 删除 VLAN
SW1(config)#exit
SW1#show vlan brief
```

```
VLAN Name                             Status    Ports
---- -------------------------------- --------- -------------------------------
1    default                          active    Fa0/3, Fa0/4, Fa0/5, Fa0/6
                                                Fa0/7, Fa0/8, Fa0/9, Fa0/10
                                                Fa0/11, Fa0/12, Fa0/13, Fa0/14
                                                Fa0/15, Fa0/21, Fa0/22, Fa0/23
                                                Fa0/24, Gi0/1, Gi0/2
10   Student                          active    Fa0/1
20   Teacher                          active    Fa0/2
100  VLAN0100                         active    Fa0/16, Fa0/17, Fa0/18, Fa0/19
                                                Fa0/20
101  VLAN0101                         active
1002 fddi-default                     act/unsup
1003 token-ring-default               act/unsup
1004 fddinet-default                  act/unsup
1005 trnet-default                    act/unsup
```

//通过查看 VLAN 简明信息可以看出 VLAN102 已经被删除，并且原本属于 VLAN102 的 Fa0/10～Fa0/15 接口现在重新属于默认 VLAN1。如果仅仅在全局配置模式删除 VLAN 信息就会出现问题

SW1(config)#**no vlan 100**

//删除之前创建的 VLAN100

SW1(config)#**end**

SW1#**show vlan brief**

```
VLAN Name                             Status    Ports
---- -------------------------------- --------- -------------------------------
1    default                          active    Fa0/3, Fa0/4, Fa0/5, Fa0/6
                                                Fa0/7, Fa0/8, Fa0/9, Fa0/10
                                                Fa0/11, Fa0/12, Fa0/13, Fa0/14
                                                Fa0/15, Fa0/21, Fa0/22, Fa0/23
                                                Fa0/24, Gi0/1, Gi0/2
10   Student                          active    Fa0/1
20   Teacher                          active    Fa0/2
101  VLAN0101                         active
1002 fddi-default                     act/unsup
1003 token-ring-default               act/unsup
1004 fddinet-default                  act/unsup
1005 trnet-default                    act/unsup
```

通过查看 VLAN 简明信息可以看到虽然 VLAN100 被删除了，但同时原本属于 VLAN100 的 Fa0/16～Fa0/20 也一并消失了，这是因为原本这些接口都被配置了 switchport access vlan 100，它们目前在配置上仍然属于 VLAN100，所以就消失了。要杜绝这种现象出现就要在删除 VLAN 的时候将接口的加入 VLAN 信息一并删除掉，否则接口就会从 VLAN 简明信息中“消失”。

（3）端口“消失”问题的解决方法

```
SW1(config)#interface range fastEthernet 0/16 – 20
SW1(config-if-range)#no switchport access vlan 100
//在原先加入 VLAN100 的命令前输入 no 删除加入命令
SW1(config-if-range)#end
SW1#show vlan brief

VLAN Name                             Status    Ports
---- -------------------------------- --------- -------------------------------
1    default                          active    Fa0/3, Fa0/4, Fa0/5, Fa0/6
                                                Fa0/7, Fa0/8, Fa0/9, Fa0/10
                                                Fa0/11, Fa0/12, Fa0/13, Fa0/14
                                                Fa0/15, Fa0/16, Fa0/17, Fa0/18
                                                Fa0/19, Fa0/20, Fa0/21, Fa0/22
                                                Fa0/23, Fa0/24, Gi0/1, Gi0/2
10   Student                          active    Fa0/1
20   Teacher                          active    Fa0/2
101  VLAN0101                         active
1002 fddi-default                     act/unsup
1003 token-ring-default               act/unsup
1004 fddinet-default                  act/unsup
1005 trnet-default                    act/unsup
//通过观察发现原本属于 VLAN100 的接口又出现在 VLAN 简明信息中了
```

5. 在交换机 SW1 上创建 SVI 口并测试连通性

SVI（Switch Virtual Interface）交换虚拟接口，主要的作用有管理交换机，实现三层交换跨 VLAN 间路由，本章主要使用 SVI 对交换机进行管理。

（1）配置 SVI 接口的 IP 地址

```
SW1(config)#interface vlan 10
//进入 VLAN10 的虚拟接口
SW1(config-if)#ip address 172.16.10.1 255.255.255.0
```

```
//为接口配置 IP 地址
SW1(config-if)#exit
```

（2）查看交换机接口 IP 地址简明信息表

```
SW1#show ip interface brief
//查看交换机接口 IP 地址简明列表
Interface              IP-Address      OK? Method Status                Protocol
Vlan1                  unassigned      YES unset  administratively down down
Vlan10                 172.16.10.1     YES manual up                    up
FastEthernet0/1        unassigned      YES unset  up                    up
FastEthernet0/2        unassigned      YES unset  up                    up
FastEthernet0/3        unassigned      YES unset  down                  down
FastEthernet0/4        unassigned      YES unset  down                  down
FastEthernet0/5        unassigned      YES unset  down                  down
FastEthernet0/6        unassigned      YES unset  down                  down
FastEthernet0/7        unassigned      YES unset  down                  down
FastEthernet0/8        unassigned      YES unset  down                  down
FastEthernet0/9        unassigned      YES unset  down                  down
FastEthernet0/10       unassigned      YES unset  down                  down
FastEthernet0/11       unassigned      YES unset  down                  down
FastEthernet0/12       unassigned      YES unset  down                  down
FastEthernet0/13       unassigned      YES unset  down                  down
FastEthernet0/14       unassigned      YES unset  down                  down
FastEthernet0/15       unassigned      YES unset  down                  down
FastEthernet0/16       unassigned      YES unset  down                  down
FastEthernet0/17       unassigned      YES unset  down                  down
FastEthernet0/18       unassigned      YES unset  down                  down
FastEthernet0/19       unassigned      YES unset  down                  down
FastEthernet0/20       unassigned      YES unset  down                  down
FastEthernet0/21       unassigned      YES unset  down                  down
FastEthernet0/22       unassigned      YES unset  down                  down
FastEthernet0/23       unassigned      YES unset  down                  down
FastEthernet0/24       unassigned      YES unset  down                  down
GigabitEthernet0/1     unassigned      YES unset  down                  down
GigabitEthernet0/2     unassigned      YES unset  down                  down
SW1#
//通过列表我们发现 VLAN10 处于双 up 状态，并且配置了 IP 地址；属于 VLAN10 的 Fa0/1 接口也属于双 up 状态，此时可以测试 VLAN10 和 PC1 的连通性。
```

（3）交换机连通性测试

```
SW1#ping 172.16.10.100

Type escape sequence to abort.
Sending 5, 100-byte ICMP Echos to 172.16.10.100, timeout is 2 seconds:
!!!!!
Success rate is 100 percent (5/5), round-trip min/avg/max = 1/203/1007 ms
```

现在 PC1 和交换机的 VLAN10 可以正常通信了，如果交换机配置了 Telnet 或者 SSH，那么从 PC1 就可以远程登录交换机，实现对交换机的管理功能。SVI 实现的另一个跨网段通信功能将在第 8 章详细讲述。

7.6 实训二：VLAN Trunk 配置

【实验目的】

- 掌握配置交换机 Trunk 的方法；
- 了解 Trunk 的查看与检测方法；
- 掌握配置交换机 Native VLAN 的方法；
- 掌握 Trunk 的安全性配置方法。

【实验拓扑】

实验拓扑如图 7-13 所示。

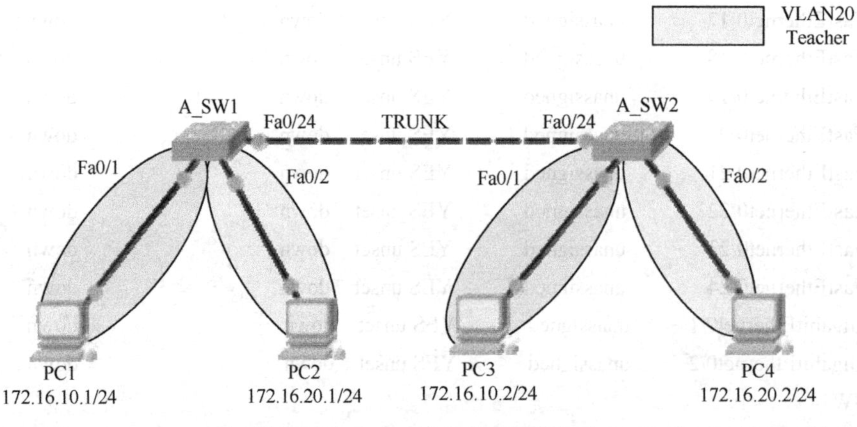

图 7-13　VLAN 基本配置实验拓扑

设备参数如表 7-5 所示。

表 7-5　设备参数表

设　备	接　口	接口模式	所属 VLAN	VLAN 名称
A_SW1	Fa0/1	ACCESS	VLAN10	Student
	Fa0/2	ACCESS	VLAN20	Teacher
	Fa0/24	TRUNK		
A_SW2	Fa0/1	ACCESS	VLAN10	Student
	Fa0/2	ACCESS	VLAN20	Teacher
	Fa0/24	TRUNK		
设　备	接　口	IP 地址	子网掩码	默认网关
PC1	NIC	172.16.10.1	255.255.255.0	172.16.10.254
PC2	NIC	172.16.20.1	255.255.255.0	172.16.20.254
PC3	NIC	172.16.10.2	255.255.255.0	172.16.10.254
PC4	NIC	172.16.20.2	255.255.255.0	172.16.20.254

【实验任务】

Trunk 技术实现了多 VLAN 复用一条链路在交换机之间进行数据传输，为企业大规模部署交换网络提供了很好的技术支撑。作为“地基”的 Trunk 技术及其配置是学好交换技术的前提。

1. 创建 VLAN 并划分端口

(1) 在 A_SW1 交换机上创建 VLAN

```
A_SW1(config)#interface fastEthernet 0/1
A_SW1(config-if)#switchport mode access
A_SW1(config-if)#switchport access vlan 10
% Access VLAN does not exist. Creating vlan 10
//将接口加入 VLAN10 中，由于之前交换机中没有创建过 VLAN10，所以思科交换机自动创建
VLAN10。(不建议采用这种方式创建 VLAN)
A_SW1(config-if)#exit
A_SW1(config)#vlan 10
A_SW1(config-vlan)#name Student
A_SW1(config-vlan)#exit
A_SW1(config)#vlan 20
A_SW1(config-vlan)#name Teacher
```

```
A_SW1(config-vlan)#exit
A_SW1(config)#interface fastEthernet 0/2
A_SW1(config-if)#switchport mode access
A_SW1(config-if)#switchport access vlan 20
```

交换机 A_SW2 配置和 A_SW1 相同，这里仅列出配置，不做详细说明。

（2）配置 A_SW2

```
A_SW2(config)#vlan 10
A_SW2(config-vlan)#name Student
A_SW2(config-vlan)#exit
A_SW2(config)#vlan 20
A_SW2(config-vlan)#name Teacher
A_SW2(config-vlan)#exit
A_SW2(config)#interface fastEthernet 0/1
A_SW2(config-if)#switchport mode access
A_SW2(config-if)#switchport access vlan 10
A_SW2(config-if)#exit
A_SW2(config)#interface fastEthernet 0/2
A_SW2(config-if)#switchport mode access
A_SW2(config-if)#switchport access vlan 20
A_SW2(config-if)#end
```

2. 配置 Trunk

（1）配置 A_SW1 Trunk

```
A_SW1(config)#interface fastEthernet 0/24
A_SW1(config-if)#switchport trunk encapsulation ?
  dot1q       Interface uses only 802.1q trunking encapsulation when trunking
  isl         Interface uses only ISL trunking encapsulation when trunking
  negotiate   Device will negotiate trunking encapsulation with peer on interface
//输入 switchport trunk encapsulation ？命令可以看到默认 C3560v2 交换机支持 3 种模式的封装分别是 IEEE 802.1q、ISL 和 Negotiate（协商）模式。
A_SW1(config-if)#switchport trunk encapsulation dot1q
//将接口 Trunk 封装方式设置为 IEEE 802.1q
A_SW1(config-if)#switchport mode trunk
//设置接口模式为 Trunk
```

（2）配置 A_SW2 Trunk

```
A_SW2(config)#interface fastEthernet 0/24
A_SW2(config-if)#switchport trunk encapsulation dot1q
A_SW2(config-if)#switchport mode trunk
A_SW2(config-if)#end
```

（3）查看 A_SW2 Trunk 接口信息

```
A_SW2#show interfaces fastEthernet 0/24 trunk
//查看 A_SW2 的 Fa0/24 接口 Trunk 信息
Port        Mode              Encapsulation  Status        Native vlan
Fa0/24      on                802.1q         trunking      1

Port        Vlans allowed on trunk
Fa0/24      1-4094
```

//通过 A_SW2 的 Trunk 信息可以看出，在两端都配置了 Trunk 后，接口 Fa0/24 手工通过 on 模式建立起了 IEEE 802.1q 的 Trunk 链路，Native VLAN 为默认的 VLAN1，所有 VLAN1～VLAN4096 都可以使用这条 Trunk 链路。

```
Port        Vlans allowed and active in management domain
Fa0/24      1,10,20,100-102

Port        Vlans in spanning tree forwarding state and not pruned
Fa0/24      1,10,20,100-102
```

3. 查看并测试交换机之间 Trunk 的连通性

（1）完成 PC 之间 ping 测试

在 PC1 和 PC3、PC2 和 PC4 之间使用 ping 命令，测试交换机 A_SW1 和 A_SW2 的 VLAN、Trunk 配置的正确性，测试结果如图 7-14 和图 7-15 所示。

```
管理员: C:\Windows\system32\cmd.exe

C:\Users\Administrator>ping 172.16.10.2

正在 Ping 172.16.10.2 具有 32 字节的数据:
来自 172.16.10.2 的回复: 字节=32 时间<1ms TTL=64
来自 172.16.10.2 的回复: 字节=32 时间<1ms TTL=64
来自 172.16.10.2 的回复: 字节=32 时间=1ms TTL=64
来自 172.16.10.2 的回复: 字节=32 时间<1ms TTL=64

172.16.10.2 的 Ping 统计信息:
    数据包: 已发送 = 4, 已接收 = 4, 丢失 = 0 (0% 丢失),
往返行程的估计时间(以毫秒为单位):
    最短 = 0ms, 最长 = 1ms, 平均 = 0ms

C:\Users\Administrator>
```

图 7-14　PC1 和 PC3 之间连通性测试

```
管理员: C:\Windows\system32\cmd.exe

C:\Users\Administrator>ping 172.16.20.2

正在 Ping 172.16.20.2 具有 32 字节的数据:
来自 172.16.20.2 的回复: 字节=32 时间<1ms TTL=64
来自 172.16.20.2 的回复: 字节=32 时间=1ms TTL=64
来自 172.16.20.2 的回复: 字节=32 时间=1ms TTL=64
来自 172.16.20.2 的回复: 字节=32 时间<1ms TTL=64

172.16.20.2 的 Ping 统计信息:
    数据包: 已发送 = 4, 已接收 = 4, 丢失 = 0 (0% 丢失),
往返行程的估计时间(以毫秒为单位):
    最短 = 0ms, 最长 = 1ms, 平均 = 0ms

C:\Users\Administrator>
```

图 7-15　PC2 和 PC4 之间连通性测试

（2）查看 A_SW1 Trunk 接口信息

A_SW1#**show interfaces fastEthernet 0/24 switchport**
//查看 A_SW1 Fa0/24 交换口信息
Name: Fa0/24
Switchport: Enabled　　　　//接口处于开启状态
Administrative Mode: trunk　　　　//管理员设置为 Trunk 模式
Operational Mode: trunk　　　　//目前接口模式为 Trunk
Administrative Trunking Encapsulation: dot1q　　　　//接口 Trunk 封装方式为 IEEE 802.1q

```
Negotiation of Trunking: On
Access Mode VLAN: 1 (default)
Trunking Native Mode VLAN: 1 (default)
Administrative Native VLAN tagging: enabled
Voice VLAN: none
<----省略部分输出---->
A_SW1#
```

4. 配置 Native VLAN

（1）配置 A_SW1 和 A_SW2 Native VLAN

```
A_SW1(config)#interface fastEthernet 0/24
A_SW1(config-if)#switchport trunk native vlan 100
//在 A_SW1 的 Fa0/24 的 Trunk 接口上设置 Native Vlan 为 100
A_SW2(config)#interface fastEthernet 0/24
A_SW2(config-if)#switchport trunk native vlan 100
//在 A_SW2 的 Fa0/24 的 Trunk 接口上设置 Native VLAN 为 100
```

（2）查看 A_SW2 Trunk 接口信息

```
A_SW2#show interfaces fastEthernet 0/24 trunk
//查看 A_SW2 的 Fa0/24 接口 Trunk 信息
Port        Mode        Encapsulation    Status       Native vlan
Fa0/24      on          802.1q           trunking     100
//Native vlan 从默认的 VLAN1 变为了修改后的 VLAN100
Port        Vlans allowed on trunk
Fa0/24      1-4094

Port        Vlans allowed and active in management domain
Fa0/24      1,10,20,100-102

Port        Vlans in spanning tree forwarding state and not pruned
Fa0/24      10,20,101-102
A_SW2#
//需要特别注意的是，两台交换机上选择的 Native  VLAN 必须一致，如果一端选择 VLAN100 作为
Native VLAN，但另一端选择 VLAN200 作为 Native VLAN，那它们将无法通信，交换机也会报错
```

5. Trunk 的安全性配置

交换机的接口默认是即插即用的，如果网络管理员操作不当误插某些接口，或者别有用心

的人连入交换网络会产生许多安全性问题，如 Trunk 的中间人攻击、伪造 Trunk 数据包攻击等，所以保护好交换机的 Trunk 首要做的就是将暂时不使用接口全部手工输入 shutdown 命令，彻底关闭。

（1）关闭 A_SW1 不使用的接口

```
A_SW1(config)#interface range fastEthernet 0/3 - 23
A_SW1(config-if-range)#shutdown
//关闭 Fa0/3～Fa0/23 接口
A_SW1(config)#interface range gigabitEthernet 0/1 - 2
A_SW1(config-if-range)#shutdown
//关闭 Gi0/1～Gi0/2 接口
```

（2）在 Trunk 接口上配置 VLAN 允许列表

```
A_SW1(config)#interface fastEthernet 0/24
A_SW1(config-if)#switchport trunk allowed vlan ?
//思科交换机还可以通过设置 Trunk 允许或者拒绝通过的具体 VLAN 来控制安全性，通过命令
switchport trunk allowed vlan ? 查看配置方式
  WORD      VLAN IDs of the allowed VLANs when this port is in trunking mode
  //将 VLAN 添加进允许通过 Trunk 的列表
  add       add VLANs to the current list          //在列表中添加 VLAN
  all       all VLANs                              //允许所有 VLAN 通过
  except    all VLANs except the following         //除指定 VLAN 外，允许所有
  none      no VLANs                               //拒绝所有 VLAN 通过
  remove    remove VLANs from the current list     //在列表中删除指定 VLAN

A_SW1(config-if)#switchport trunk allowed vlan 1,10,100
//允许 VLAN1、VLAN10 和 VLAN100 通过 Trunk
```

（3）查看 A_SW1 Trunk 接口信息

```
A_SW1#show interfaces fastEthernet 0/24 trunk
//查看 A_SW1 的 Fa0/24 接口 Trunk 信息
Port        Mode         Encapsulation  Status        Native vlan
Fa0/24      on           802.1q         trunking      100

Port        Vlans allowed on trunk
Fa0/24      1,10,100
//Trunk 链路上允许的 VLAN ID
```

```
Port          Vlans allowed and active in management domain
Fa0/24        1,10

Port          Vlans in spanning tree forwarding state and not pruned
Fa0/24        1,10
A_SW1#
```

（4）查看 PC 之间验证允许列表

由于仅允许了 VLAN1、VLAN10 和 VLAN100 通过 Trunk，图 7-16 是 PC2 和 PC4 之间连通性测试，检验 Trunk 安全性是否生效。

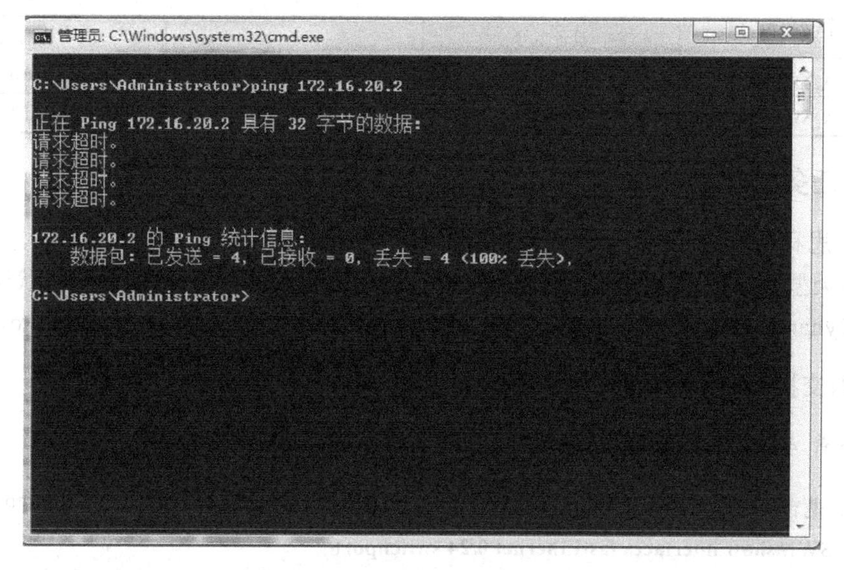

图 7-16　Trunk 安全性配置测试

PC2 无法 ping 通 PC4，流量在到达 Trunk 链路时由于安全性策略被拒绝，实验验证成功。

7.7　实训三：动态 Trunk 配置

【实验目的】

- 理解 DTP 查看的方法；
- 掌握 DTP 配置的方法；
- 了解 DTP 的协商模式。

【实验拓扑】

实验拓扑如图 7-17 所示。

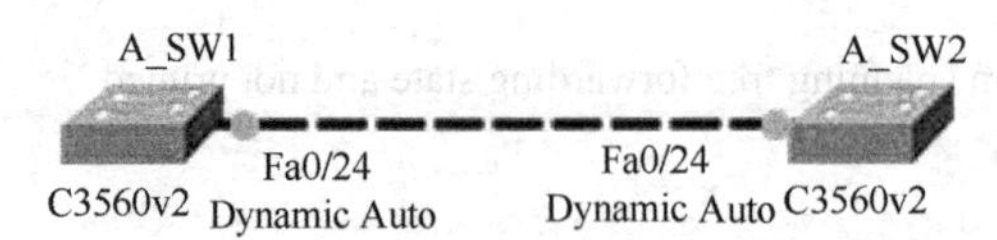

图 7-17　动态 Trunk 配置实验拓扑

设备参数如表 7-6 所示。

表 7-6　设备参数表

设备名称	设备型号	接　口	DTP 协商模式
A_SW1	C3560v2	Fa0/24	Dynamic Auto
A_SW2	C3560v2	Fa0/24	Dynamic Auto

【实验任务】

DTP 是思科私有协议，所以只有在两端都是思科交换机的时候才能够运行，并且根据型号不同，各种类型交换机默认的协商模式也有所不同，比如思科 3550 系列交换机默认的 DTP 协商模式为 Dynamic Desirable，而思科 3560 系列交换机默认的模式为 Dynamic Auto。

1. 查看交换机初始的 DTP 配置信息

（1）查看 A_SW1 交换接口信息

```
//将两台交换机使用双绞线进行连接，对两端的 Fa0/24 接口不做任何配置，查看 DTP 信息
A_SW1#show interfaces fastEthernet 0/24 switchport
Name: Fa0/24
Switchport: Enabled                              //接口处于打开状态
Administrative Mode: dynamic auto                //接口处于的默认动态协商模式
Operational Mode: static access                  //接口目前处于 Access 模式
Administrative Trunking Encapsulation: negotiate
Operational Trunking Encapsulation: native
Negotiation of Trunking: On
Access Mode VLAN: 1 (default)
Trunking Native Mode VLAN: 1 (default)
Administrative Native VLAN tagging: enabled
Voice VLAN: none
<----省略部分输出---->
```

（2）查看 A_SW1 Trunk 接口信息

```
A_SW1#show interfaces fastEthernet 0/24 trunk
Port        Mode            Encapsulation  Status          Native vlan
Fa0/24      auto            negotiate      not-trunking    1
```

//因为两边都是默认的 Auto 模式，根据表 7-1 的匹配原则，两端都将成为 Access 模式，所以查看 Trunk 信息内的状态处于 Not-trunking。

```
Port        Vlans allowed on trunk
Fa0/24      1

Port        Vlans allowed and active in management domain
Fa0/24      1

Port        Vlans in spanning tree forwarding state and not pruned
Fa0/24      1
A_SW1#
```

2. 修改 DTP 协商模式，查看协商结果的变化

（1）配置 A_SW1 Fa0/24 接口为 Dynamic Desirable 模式

```
A_SW1(config)#interface fastEthernet 0/24
A_SW1(config-if)#switchport mode dynamic desirable
//将 A_SW1 Fa0/24 交换接口设置为 Dynamic Desirable 模式
```

（2）查看修改后的交换接口信息

```
A_SW1#show interfaces fastEthernet 0/24 switchport
Name: Fa0/24
Switchport: Enabled
Administrative Mode: dynamic desirable
Operational Mode: trunk
Administrative Trunking Encapsulation: negotiate
Operational Trunking Encapsulation: isl
Negotiation of Trunking: On
Access Mode VLAN: 1 (default)
Trunking Native Mode VLAN: 1 (default)
Administrative Native VLAN tagging: enabled
Voice VLAN: none
<----省略部分输出---->
```

（3）查看协商结果

```
A_SW1#show interfaces fastEthernet 0/24 trunk
Port        Mode           Encapsulation    Status        Native vlan
Fa0/24      desirable      n-isl            trunking      1
```

//交换机之间一端是 Dynamic Auto 模式，另一端是 Dynamic Desirable 模式，根据表 7-1 的匹配原则，两端将形成 Trunk 模式，并且封装协议也将采用思科私有的 ISL，这里“n”代表是经过动态协商的

```
Port        Vlans allowed on trunk
Fa0/24      1-4094

Port        Vlans allowed and active in management domain
Fa0/24      1

Port        Vlans in spanning tree forwarding state and not pruned
Fa0/24      1
A_SW1#
```

（4）将 A_SW2 配置为手工 Trunk 模式

```
A_SW2(config)#interface fastEthernet 0/24
A_SW2(config-if)#switchport trunk encapsulation dot1q
```

//将封装协议设置为 IEEE 802.1q

```
A_SW2(config-if)#switchport mode trunk
```

//交换接口手工设置为 Trunk

```
A_SW2(config-if)#switchport nonegotiate
```

//本地交换接口不进行协商

（5）查看 A_SW1 和 A_SW2 的协商结果

```
A_SW2#show interfaces fastEthernet 0/24 trunk
Port        Mode           Encapsulation    Status        Native vlan
Fa0/24      on             802.1q           trunking      1
```

//现在交换机两端，一端为 Dynamic Desirable，另一端直接手工指定为 Trunk，根据表 7-1 的匹配原则，两端将形成 Trunk 模式，Trunk 封装协议由手工配置端（on 模式端）选择的协议决定，这里是 IEEE 802.1q，状态为 Trunking

```
Port        Vlans allowed on trunk
Fa0/24      1-4094

Port        Vlans allowed and active in management domain
```

```
Fa0/24        1

Port          Vlans in spanning tree forwarding state and not pruned
Fa0/24        1

A_SW1#show interfaces fastEthernet 0/24 trunk
Port          Mode              Encapsulation     Status        Native vlan
Fa0/24        desirable         n-802.1q          trunking      1
```
//这里模式为 Dynamic Desirable，封装协议为 IEEE 802.1q，"n"代表是经过动态协商的，状态为 Trunking

```
Port          Vlans allowed on trunk
Fa0/24        1-4094

Port          Vlans allowed and active in management domain
Fa0/24        1

Port          Vlans in spanning tree forwarding state and not pruned
Fa0/24        1
A_SW1#
```

7.8 实训四：EtherChannel 配置

【实验目的】

- 了解 EtherChannel 的工作原理；
- 掌握静态 EtherChannel 的配置方式；
- 掌握动态 EtherChannel 的配置方式；
- 理解 EtherChannel 的冗余性。

【实验拓扑】

实验拓扑如图 7-18 所示。

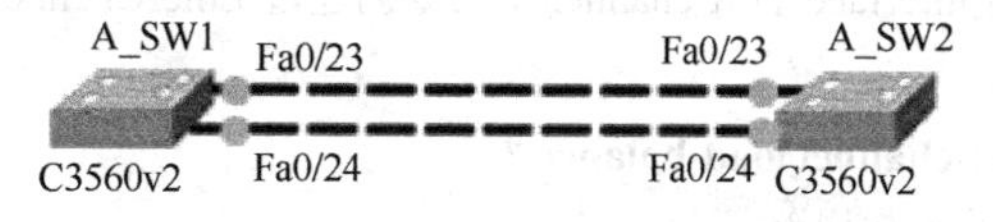

图 7-18 EtherChannel 配置实验拓扑

设备参数如表 7-7 所示。

表 7-7 设备参数表

设备名称	设备型号	接　口
A_SW1	C3560v2	Fa0/23
		Fa0/24
A_SW2	C3560v2	Fa0/23
		Fa0/24

【实验任务】

EtherChannel 是一种公有协议，广泛应用在交换骨干网络中，扩展交换机之间的数据传输能力。3560 系列交换机最大支持 16 个 Port-channel，每条 Port-channel 最大支持 8 个端口进行聚合，思科交换机动态 EtherChannel 支持的协议有思科私有 PAgP 和公有 LACP 协议。

1. 配置并查看静态 EtherChannel

（1）完成 A_SW1 接口 Trunk 配置

```
A_SW1(config)#interface range fastEthernet 0/23 – 24
A_SW1(config-if-range)#switchport trunk encapsulation dot1q
A_SW1(config-if-range)#switchport mode trunk
```

（2）完成 A_SW1 接口 EtherChannel 配置

```
A_SW1(config-if-range)#channel-group 1 mode ?
//查看交换机支持的 EtherChannel 模式
  active      Enable LACP unconditionally                          //LACP 模式
  auto        Enable PAgP only if a PAgP device is detected        //PAgP 模式
  desirable   Enable PAgP unconditionally                          //PAgP 模式
  on          Enable Etherchannel only                             //手工模式
  passive     Enable LACP only if a LACP device is detected        //LACP 模式
A_SW1(config-if-range)#channel-group 1 mode on
//配置交换机 Channel-group 1 的模式
Creating a port-channel interface Port-channel 1
//因为之前没有使用 interface  port-channel  1 命令创建过 EtherChannel，所以系统自动创建一条名称为 1 的 port-channel。
A_SW1(config)#port-channel load-balance ?
//查看 port-channel 的负载均衡方式
  dst-ip       Dst IP Addr
  dst-mac      Dst Mac Addr
```

```
  src-dst-ip      Src XOR Dst IP Addr
  src-dst-mac     Src XOR Dst Mac Addr
  src-ip          Src IP Addr
  src-mac         Src Mac Addr
A_SW1(config)#port-channel load-balance dst-ip
//选择交换机根据目的 IP 地址进行 port-channel 负载均衡
```

（3）查看 EtherChannel 接口

```
A_SW1#show running-config interface port-channel 1
//查看接口 port-channel 1 已经配置的命令
Building configuration...

Current configuration : 92 bytes
!
interface Port-channel1
 switchport trunk encapsulation dot1q
 switchport mode trunk
end
//虽然只在物理接口 Fa0/23 和 Fa0/24 配置了 Trunk 信息，但由于将这两个接口加入了 port-channel 1
接口中，所以 Trunk 的配置信息也自动拷贝进了接口 port-channel 1 中
```

（4）完成 A_SW2 Trunk 和 EtherChannel 配置

```
//A_SW2 的配置和 A_SW1 相同，这里只列出不解释
A_SW2(config)#interface range fastEthernet 0/23 - 24
A_SW2(config-if-range)#switchport trunk encapsulation dot1q
A_SW2(config-if-range)#switchport mode trunk
A_SW2(config-if-range)#channel-group 1 mode on
Creating a port-channel interface Port-channel 1
A_SW2(config)#port-channel load-balance des-ip
```

（5）查看 A_SW2 EtherChannel 信息

```
A_SW2#show etherchannel summary
//查看 EtherChannel 的汇总信息
Flags:  D - down          P - bundled in port-channel
        I - stand-alone s - suspended
        H - Hot-standby (LACP only)
        R - Layer3        S - Layer2
```

```
        U - in use          f - failed to allocate aggregator

        M - not in use, minimum links not met
        u - unsuitable for bundling
        w - waiting to be aggregated
        d - default port

Number of channel-groups in use: 1
Number of aggregators:           1

Group  Port-channel  Protocol    Ports
------+-------------+-----------+-----------------------------------------------
1      Po1(SU)           -        Fa0/23(P)   Fa0/24(P)
```

//port-channel 1 的（SU）分别代表二层隧道和正在使用的协议，正在使用的协议是“-”表示使用静态方式建立的 port-channel，隧道内接口旁边的（P）代表绑定在隧道中。Port-channel 不仅有二层的还有三层的，由于三层隧道不是本章的内容，在这里不再详细介绍

（6）查看 A_SW2 EtherChannel 负载均衡信息

```
A_SW2#show etherchannel load-balance
//查看 EtherChannel 的负载均衡
EtherChannel Load-Balancing Configuration:
        dst-ip
//根据目的 IP 地址的方式进行负载均衡
EtherChannel Load-Balancing Addresses Used Per-Protocol:
Non-IP: Destination MAC address
  IPv4: Destination IP address
  IPv6: Destination IP address
//IPv4 和 IPv6 都根据目的 IP 地址的方式进行负载均衡
```

2. 配置并查看动态 EtherChannel

动态 EtherChannel 使用的协议主要有 PAgP 和 LACP，这两种协议的配置和原理基本一致，但 PAgP 是思科私有协议，而 LACP 协议是公有协议，这里使用 LACP 协议介绍动态 EtherChannel。

（1）完成 A_SW1 Trunk 配置

```
A_SW1(config)#interface range fastEthernet 0/23 – 24
A_SW1(config-if-range)#switchport trunk encapsulation dot1q
A_SW1(config-if-range)#switchport mode trunk
```

（2）完成 A_SW1 动态 EtherChannel Active 模式配置

```
A_SW1(config-if-range)#channel-protocol ?
//查看接口支持的动态 EtherChannel 协议
  lacp   Prepare interface for LACP protocol
  pagp   Prepare interface for PAgP protocol
A_SW1(config-if-range)#channel-protocol lacp
//配置 LACP 作为动态 EtherChannel 协议
A_SW1(config-if-range)#channel-group 1 mode active
//配置隧道的 LACP 动态协商模式为 Active
Creating a port-channel interface Port-channel 1
```

A_SW2 和 A_SW1 的配置除协商模式外都相同，这里相同的命令只列出不解释。

（3）完成 A_SW2 Trunk 与动态 EtherChannel Passive 模式配置

```
A_SW2(config)#interface range fastEthernet 0/23 - 24
A_SW2(config-if-range)#switchport trunk encapsulation dot1q
A_SW2(config-if-range)#switchport mode trunk
A_SW2(config-if-range)#channel-protocol lacp
A_SW2(config-if-range)#channel-group 1 mode passive
//A_SW2 的 LACP 协商模式为 Passive
Creating a port-channel interface Port-channel 1
```

（4）查看 A_SW2 EtherChannel 汇总信息

```
A_SW2#show etherchannel summary
//查看 EtherChannel 的汇总信息
Flags:  D - down              P - bundled in port-channel
        I - stand-alone s - suspended
        H - Hot-standby (LACP only)
        R - Layer3            S - Layer2
        U - in use            f - failed to allocate aggregator

        M - not in use, minimum links not met
        u - unsuitable for bundling
        w - waiting to be aggregated
        d - default port

Number of channel-groups in use: 1
```

```
Number of aggregators:          1

Group  Port-channel  Protocol    Ports
------+-------------+-----------+-----------------------------------------------
1      Po1(SU)         LACP      Fa0/23(P)   Fa0/24(P)
```

//EtherChannel 的汇总信息中和手工建立 EtherChannel 唯一不同的是动态方式在 Protocol 下明确显示使用的协议是 LACP

（5）查看 A_SW2 EtherChannel 端口隧道信息

```
A_SW2#show etherchannel port-channel
//查看 A_SW2 的 EtherChannel 的隧道信息
                Channel-group listing:
                ----------------------

Group: 1
----------
                Port-channels in the group:
                ---------------------------

Port-channel: Po1    (Primary Aggregator)

------------

Age of the Port-channel   = 0d:00h:02m:17s
Logical slot/port   = 2/1          Number of ports = 2
HotStandBy port = null
Port state          = Port-channel Ag-Inuse
Protocol            =   LACP
Port security       = Disabled

Ports in the Port-channel:

Index   Load   Port     EC state        No of bits
------+------+------+------------------+-----------
  0     00     Fa0/23   Passive            0
  0     00     Fa0/24   Passive            0

Time since last port bundled:    0d:00h:02m:02s    Fa0/23
```

```
Time since last port Un-bundled: 0d:00h:02m:04s    Fa0/23
```

//和 EtherChannel 的汇总信息相比，EtherChannel 的隧道信息不仅显示了使用的动态协议，还分别显示了 Port-channel 中的接口使用的协商模式，这里 A_SW2 的 Fa0/23 和 Fa0/24 使用的是 Passive

（6）查看 A_SW1 EtherChannel 端口隧道信息

```
A_SW1#show etherchannel port-channel
//查看 A_SW1 的 EtherChannel 的隧道信息
                Channel-group listing:
                ----------------------

Group: 1
----------
                Port-channels in the group:
                ---------------------------

Port-channel: Po1      (Primary Aggregator)

------------

Age of the Port-channel     = 0d:00h:04m:41s
Logical slot/port     = 2/1          Number of ports = 2
HotStandBy port = null
Port state            = Port-channel Ag-Inuse
Protocol              =     LACP
Port security         = Disabled

Ports in the Port-channel:

Index    Load    Port    EC state        No of bits
------+------+------+-----------------+-----------
  0      00     Fa0/23   Active             0
  0      00     Fa0/24   Active             0
```

//A_SW1 使用的同样是 LACP 协议，但协商模式是 Active，根据协商原则，一端是 Passive，另一端是 Active 是可以动态形成 EtherChannel 的，所以最终协商成功形成了隧道。

```
Time since last port bundled:     0d:00h:03m:08s    Fa0/23
```

3. 配置及测试 EtherChannel 的冗余性

（1）完成交换机 SVI 接口配置

```
A_SW1(config)#vlan 10
A_SW1(config-vlan)#exit
A_SW1(config)#interface vlan 10
A_SW1(config-if)#ip address 172.16.10.100 255.255.255.0

A_SW2(config)#vlan 10
A_SW2(config-vlan)#exit
A_SW2(config)#interface vlan 10
A_SW2(config-if)#ip address 172.16.10.101 255.255.255.0
```

两台交换机 VLAN10 的 SVI 接口都配置了 IP 地址，在 A_SW1 上使用 ping 命令，ping 对端 172.16.10.101 地址 1 000 次，在 ping 的过程中将 A_SW1 上 Fa0/23 接口的网线拔出，保持 Fa0/24 的连接状态，检测 EtherChannel 的连通性。

（2）验证 EtherChannel 冗余性

```
A_SW1#ping 172.16.10.101 repeat 1000
//ping 对端 IP 地址重复 1 000 次
Type escape sequence to abort.
Sending 1000, 100-byte ICMP Echos to 172.16.10.101, timeout is 2 seconds:
!!!!!!!!!!!!!!!!!!!!!!!!!!!!!!!!!!!!!!!!!!!!!!!!!!!!!!!!!!!!!!!!!!!!!!!!!!!!!!!!!!!!!!!!!!!!!!!!!!!!!!!!!!!
!!!!!!!!!!!!!!!!!!!!!!!!!!!!!!!!!!!!!!!.!!!!!!!!!!!!!!!!!!!!!!!!!!!!!!!!!!!!!!!!!!!!!!!!!!!!!
*Mar   1 00:11:34.425: %LINEPROTO-5-UPDOWN: Line protocol on Interface FastEthernet0/23, changed state to down
*Mar   1 00:11:35.432: %LINK-3-UPDOWN: Interface FastEthernet0/23, changed state to down
!!!!!!!!!!!!!!!!!!!!!!!!!!!!!!!!!!!!!!!!!!!!!!!!!!!!!!!!!!!!!!!!!!!!!!!!!!!!!!!!!!!!!!!!!!!!!!!!!!!!!!!!!!!
!!!!!!!!!!!!!!!!!!!!!!!!!!!!!!!!!!!!!!!!!!!!!!!!!!!!!!!!!!!!!!!!!!!!!!!!!!!!!!!!!!!!!!!!!!!!!!!!!!!!!!!!!!!!!!!!!!!!!!!
!!!!!!!!!!!!!!!!!!!!!!!!!!!!!!!!!!!!!!!!!!!!!!!!!!!!!!!!!!!!!!!!!!!!!!!!!!!!!!!!!!!!!!!!!!!!!!!!!
Success rate is 99 percent (999/1000), round-trip min/avg/max = 1/3/42 ms
//可以清楚地看到在 1 000 次 ping 的过程中，只丢失了 1 个数据包，其他 999 个数据包都顺利进行了传输，这个丢失的包是因为 EtherChannel 在做物理接口的切换造成的，系统信息也提示 Fa0/23 接口出现 down 状态，所以印证了只要 EtherChannel 中有至少一条物理链路处于 up 状态，EtherChannel 就可以正常工作
```

（3）查看 Fa0/23 接口 down 状态的 EtherChannel 汇总信息

```
A_SW1#show etherchannel summary
Flags:  D - down        P - bundled in port-channel
```

```
        I - stand-alone s - suspended
        H - Hot-standby (LACP only)
        R - Layer3          S - Layer2
        U - in use          f - failed to allocate aggregator

        M - not in use, minimum links not met
        u - unsuitable for bundling
        w - waiting to be aggregated
        d - default port

Number of channel-groups in use: 1
Number of aggregators:           1

Group  Port-channel  Protocol    Ports
------+-------------+-----------+-----------------------------------------------
1      Po1(SU)         LACP      Fa0/23(D)   Fa0/24(P)
//Fa0/23 旁的（D）代表关闭状态，此时 Port-channel 中 Fa0/24 接口处于正常状态
```

第8章 >>>

VLAN 间路由

本章要点

- VLAN 间路由的概念
- VLAN 间路由的分类
- 三层交换
- 实训一：传统 VLAN 间路由
- 实训二：单臂路由器 VLAN 间路由
- 实训三：SVI 的 VLAN 间路由
- 实训四：路由接口的 VLAN 间路由

我们已经知道 VLAN 使网络中的广播域得到有效控制，提高了安全性，方便了网络管理。Trunk 主要实现了多个 VLAN 自身跨越交换机的通信。但是，各个 VLAN 还是相互隔离的，这有好处也有弊端。企业中的部门之间的交流是非常频繁的，会计部门、管理部门、销售部门和后勤部门等之间会共享大量的文件和其他网络资源，所以要求企业大部分公开数据能在 VLAN 之间进行传递，即需要网络中的 VLAN 流量具有从一个网段传输到另一个网段的能力，这种能力也被称为 VLAN 间路由。

8.1 VLAN 间路由的概念

VLAN 定义中明确指出，它是一种逻辑接口，这些接口通常用于将较大的广播域划分成多个较小的广播域。如图 8-1 所示，这种方法确实将原来默认的所有设备都属于 VLAN1 划分成了三个更小的网段 VLAN10、VLAN20 和 VLAN30，图中这 3 个 VLAN 内的 PC 不能相互通信，但原来默认当属于 VLAN1 时这 6 台设备都可以相互通信。

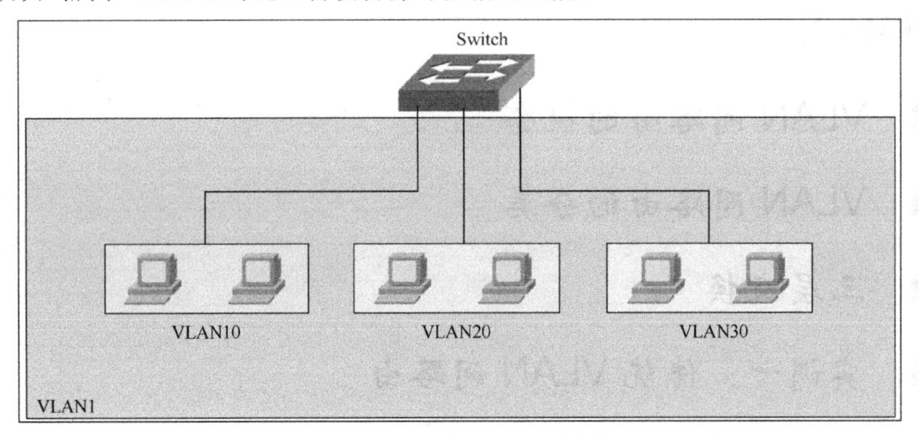

图 8-1　VLAN 在网络中的作用

VLAN 间路由技术借助三层设备实现 VLAN 之间的通信，能够实现 VLAN 间路由的设备主要有以下 4 类。

① 传统的支持以太网口的路由器。

② 具有支持子接口功能的路由器（单臂路由器）。

③ 支持 SVI 功能的交换机。

④ 支持多层交换的思科 Catalyst 交换机。

8.2 VLAN 间路由的分类

路由器和交换机是实现 VLAN 间路由的主要设备，VLAN 间路由从实现方式分类主要有传统 VLAN 间路由、单臂路由器 VLAN 间路由和多层交换机 VLAN 间路由。

8.2.1　传统 VLAN 间路由

传统 VLAN 间路由是第一个 VLAN 间路由的解决方案，该方案依赖于大量的路由接口，网络中存在一个 VLAN 就需要一个路由接口，如图 8-2 所示。图中路由器连接到交换机的每个接口都处于 Access 模式，并且每个接口属于不同的 VLAN，这样路由器可以接收所有 VLAN 的数据流，数据流也可以通过路由器进行转发。

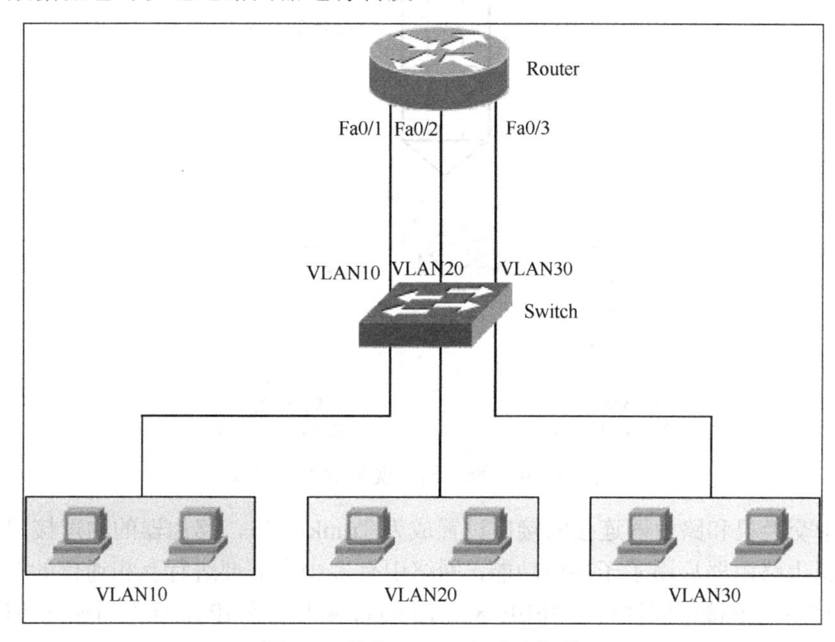

图 8-2　传统 VLAN 间路由拓扑

这种方法的好处是配置简单，容易操作，在企业网络 VLAN 非常少的情况下可以使用。但它的缺点更明显，在网络中如果要实现 X 个 VLAN 间通信，那就需要占用路由器 X 个以太网接口，路由器不像交换机，它每个接口的成本比交换机高很多，所以这种方式在现在的实际网络中并不实用。

8.2.2　单臂路由器 VLAN 间路由

我们先回顾下 Trunk 技术，它主要解决多 VLAN 跨越交换机的通信，使用 Trunk 后，交换机之间只需要一根网线就能实现多个 VLAN 的通信，单臂路由器 VLAN 间路由正是利用 Trunk 这个特性，提供了解决传统 VLAN 间路由需要多个路由接口的问题的一种解决方案。使用单臂路由技术后，路由器只需要提供一个以太网接口与交换机相连就可以实现 VLAN 间的路由，如

图 8-3 所示，路由器 R1 与交换机 SW1 之间仅通过一条以太网连接，实现 VLAN 之间的路由。

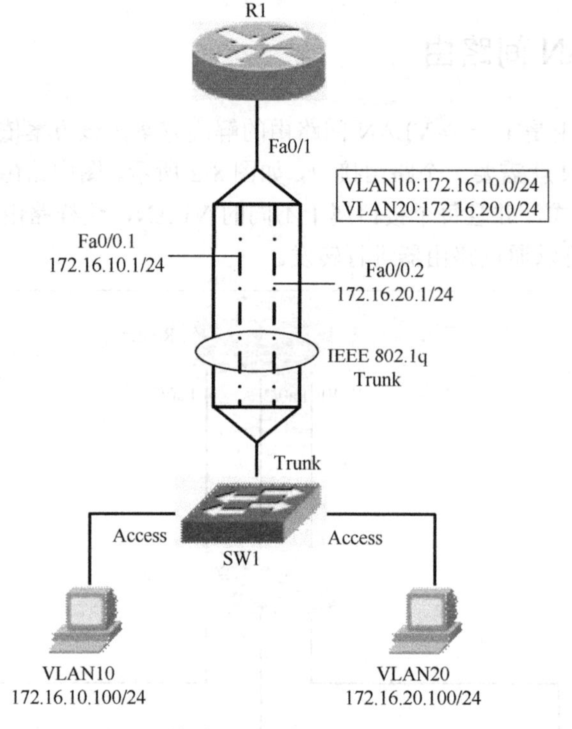

图 8-3 单臂路由器实现 VLAN 间路由

图 8-3 中交换机和路由器连接的接口设置成为 Trunk 接口，路由器的物理接口只需要开启即可，但逻辑上路由器启用了子接口功能，网络中有多少个需要进行互相通信的 VLAN，就设置多少个子接口，子接口同样进行 IEEE 802.1q 的封装再配置 IP 地址作为相应 VLAN 的网关地址，最终实现单臂路由 VLAN 间通信。

8.2.3 多层交换机 VLAN 间路由

虽然单臂路由器 VLAN 间路由技术提高了传统技术的复用率，但它价格昂贵。还需要单独的路由器来实现 VLAN 间路由，所以在现实网络环境中使用的也比较少。那么现实的网络环境中使用什么样的 VLAN 间路由技术呢？我们先观察图 8-4 的网络工程案例。

可以看到在实际工程案例中，企业网络由交换机和少量的防火墙及外网设备构成，没有单独的路由设备，所以 VLAN 间路由采用的更多的是多层交换机 VLAN 间路由，多层交换机可以同时执行二层交换功能和三层路由功能，不需要单独的路由器即可完成路由，本书使用的 Cisco Catalyst 3560v2 系列交换机支持 SVI 功能、静态路由和动态路由，可以完整地展示思科三层交换功能，下面将着重介绍三层交换技术。

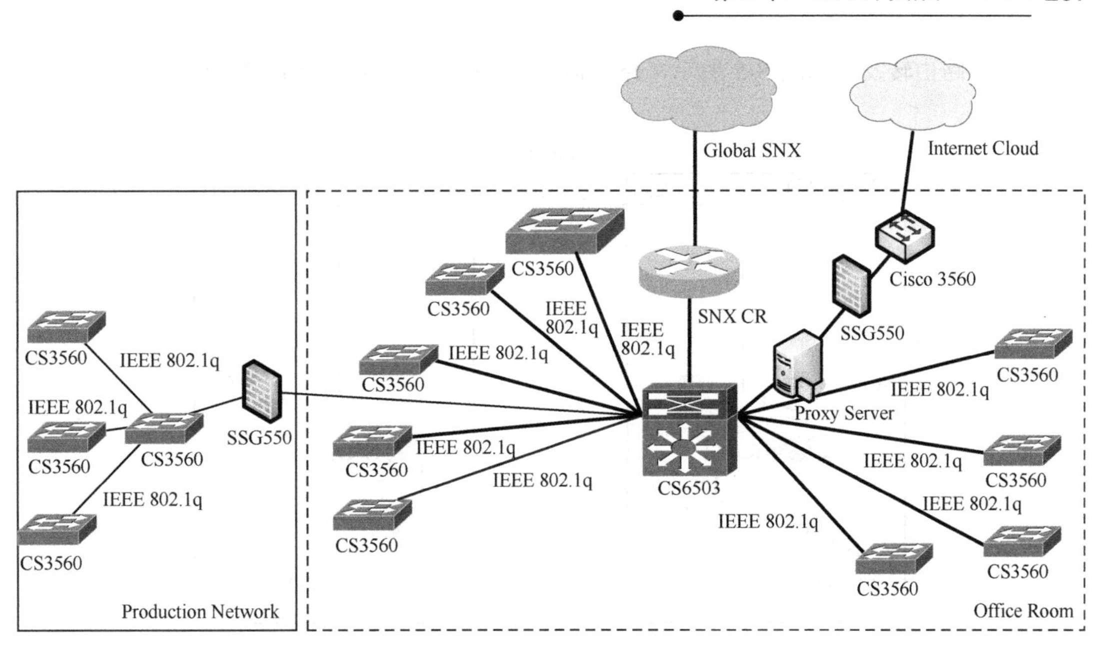

图 8-4　网络工程案例

8.3　三层交换

从网络管理员的角度理解，三层交换是二层交换扩展路由功能，那么三层交换机则是具有路由特性的二层交换机。企业网络中使用三层交换代替路由的最大动力是数据包的交换速度快，一般来说传统路由器提供的数据包交换速率在 100 000 packet/s 级别，而三层交换由于使用思科快速转发机制 CEF 技术，一般数据包交换速率在 1 000 000 packet/s 级别，这是一个质的提升。

思科 Catalyst 系列交换机主要采用以下 2 种类型的第三层接口。

- 交换虚拟接口（SVI）：VLAN 的虚拟路由接口；
- 路由接口：类似思科路由器的纯三层接口。

Catalyst 系列交换机根据不同型号默认接口类型是不相同的，例如，本书使用的 Catalyst 3560v2 系列交换机所有接口默认均使用 Switchport，Catalyst 6500 系列交换机所有接口默认均使用路由接口（No Switchport）。

8.3.1　基于 SVI 的 VLAN 间路由

根据思科的三层模型，接入层设备都被划分在单独的 VLAN 中，每个 VLAN 相当于一个单独的子网。因此对于每个子网来说需要配置一个出口网关，分布层设备主要提供接入层的出口网关进行路由转发，如图 8-5 所示，路由器的两个接口分别作为 VLAN10 和 VLAN20 设备的出口网关。

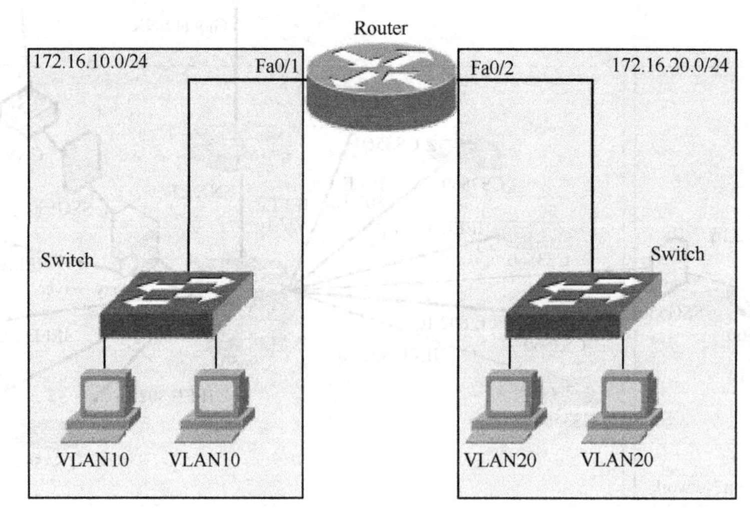

图 8-5　路由器接口的作用

三层交换机替代路由器后，这些路由器上的物理接口转变成了多层交换上的虚拟接口，即 SVI，如图 8-6 所示是 SVI 是配置在多层交换上的虚拟接口。交换机可以为任何 VLAN 创建 SVI 接口，它们可以像路由器的接口一样执行相同的功能，并且 SVI 接口也为自己的 VLAN 提供 VLAN 间路由。

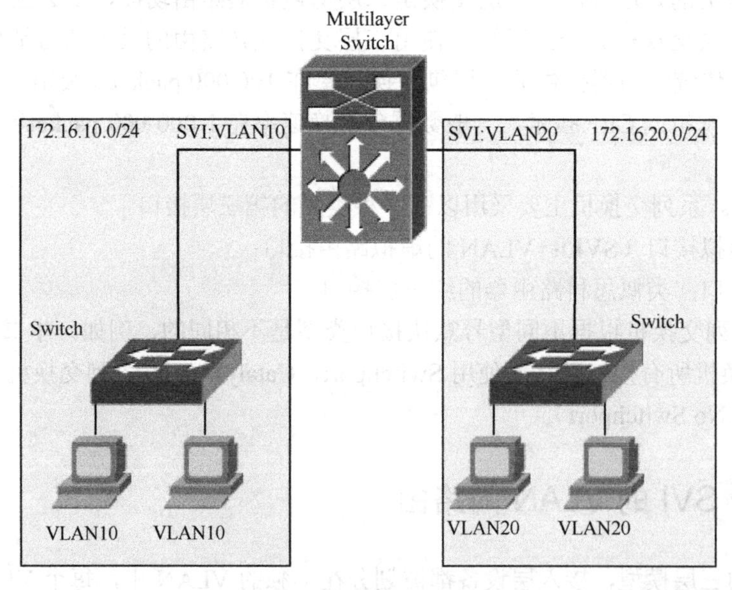

图 8-6　交换虚拟接口的应用

SVI 接口创建前请确保对应的 VLAN 已经在交换机中创建，默认情况下我们使用 VLAN1 的 SVI 接口对交换机进行远程管理，使用 SVI 接口进行 VLAN 间路由的好处有很多，下面罗列了几点主要的优势：

- 因为交换机使用硬件交换转发，并且思科还是用了自己特有的 CEF 快速转发机制，所以从路由速率来看比单臂路由器要快，延迟也更短；
- 流量转发不需要离开交换机到其他网络设备中，也没有额外的链路开销；
- 交换链路可以使用 EtherChannel 技术进行更快的扩展以获得更大的带宽。

8.3.2 基于路由接口的 VLAN 间路由

路由接口顾名思义是路由器的接口，这些接口通常是网段的网关，也为网络提供路由功能。在多层交换机中也有可以提供路由接口功能的设备，例如，本书的 Catalyst 3560v2，要配置路由接口只需在接口配置子模式下输入 no switchport 命令，这些接口将自动取消二层功能，比如 STP 在路由接口上就不能使用，但 EtherChannel 依然能在路由接口上使用，并且交换机的路由接口不与任何 VLAN 关联，如图 8-7 所示是网络中使用交换机路由接口配置网络的示例图。

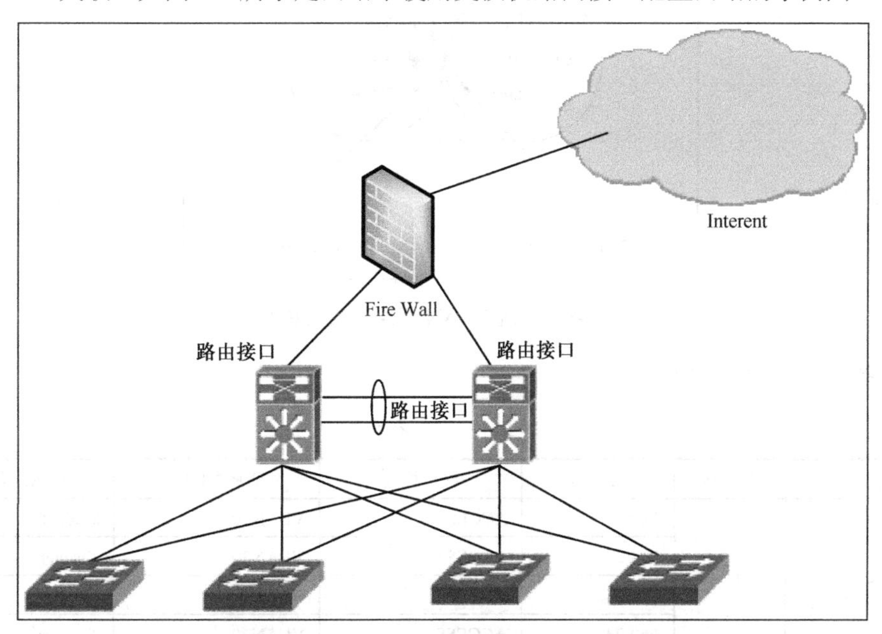

图 8-7 交换机路由接口的应用

与路由器的路由接口不同，交换机的路由接口不支持子接口等功能，所以不能武断地认为交换机的路由接口可以全面替代路由器的接口。

8.4 实训一：传统 VLAN 间路由

【实验目的】

- 理解传统 VLAN 间路由的概念；
- 掌握传统 VLAN 间路由的配置方法。

【实验拓扑】

实验拓扑如图 8-8 所示。

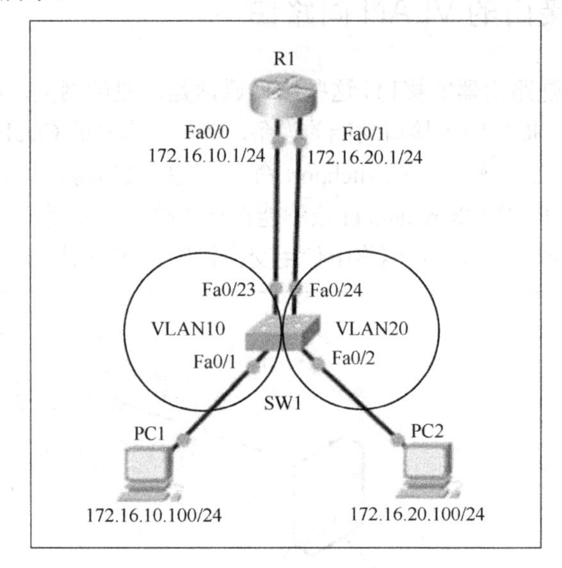

图 8-8 传统 VLAN 间路由实验拓扑

设备参数如表 8-1 所示。

表 8-1 设备参数表

设 备	名 称	接 口	接口模式	所属 VLAN	VLAN 名称
C3560v2	SW1	Fa0/1	ACCESS	VLAN10	Student
		Fa0/2	ACCESS	VLAN20	Teacher
		Fa0/23	ACCESS	VLAN10	Student
		Fa0/24	ACCESS	VLAN20	Teacher
设 备	名 称	接 口	IP 地址	子网掩码	默认网关
C2811	R1	Fa0/0	172.16.10.1	255.255.255.0	
		Fa0/1	172.16.20.1	255.255.255.0	
Computer	PC1	NIC	172.16.10.100	255.255.255.0	172.16.10.1
	PC2	NIC	172.16.20.100	255.255.255.0	172.16.20.1

【实验任务】

传统 VLAN 间路由配置在现在网络中基本不使用了，它的扩展性、便捷性和可用性都存在较大的局限。但作为第一种使 VLAN 间通信的技术，理解它的原理还是很有必要的，这为今后学习其他类型的 VLAN 间路由奠定基础。

1. 交换机 SW1 的配置

（1）交换机 VLAN 配置

```
SW1(config)#vlan 10
SW1(config-vlan)#name Student
SW1(config-vlan)#exit
SW1(config)#vlan 20
SW1(config-vlan)#name Teacher
//按照拓扑要求创建 VLAN10 和 VLAN20 并为两个 VLAN 命名
```

（2）交换机接口配置

```
SW1(config)#interface range fastEthernet 0/1 , fastEthernet 0/23
//在使用 range 命令同时配置多个接口时可以使用"-"符号添加连续的接口，也可以使用"，"添加不连续的接口
SW1(config-if-range)#switchport mode access
SW1(config-if-range)#switchport access vlan 10
SW1(config-if-range)#exit
SW1(config)#interface range fastEthernet 0/2 , fastEthernet 0/24
SW1(config-if-range)#switchport mode access
SW1(config-if-range)#switchport access vlan 20
```

2. 路由器 R1 的配置

（1）路由器接口 IP 配置

```
R1(config)#interface fastEthernet 0/0
R1(config-if)#ip address 172.16.10.1 255.255.255.0
R1(config-if)#no shutdown
R1(config-if)#exit
R1(config)#interface fastEthernet 0/1
R1(config-if)#ip address 172.16.20.1 255.255.255.0
R1(config-if)#no shutdown
```

（2）查看路由器 IP 接口简明信息

```
R1#show ip interface brief
//查看 IP 接口简明信息
Interface              IP-Address      OK? Method Status                  Protocol
FastEthernet0/0        172.16.10.1     YES manual up                      up
FastEthernet0/1        172.16.20.1     YES manual up                      up
Serial0/3/0            unassigned      YES unset  administratively down down
Serial0/3/1            unassigned      YES unset  administratively down down
```

3. PC1 和 PC2 的配置

如表 8-2 所示是 PC1 和 PC2 上静态地址配置参数表，这里需要配置的参数有 IP address、Netmask 和 Default Gateway。

表 8-2　PC1 和 PC2 配置参数表

PC1	**IP ADDRESS**
	172.16.10.100
	NETMASK
	255.255.255.0
	DEFAULT GATEWAY
	172.16.10.1
PC2	**IP ADDRESS**
	172.16.20.100
	NETMASK
	255.255.255.0
	DEFAULT GATEWAY
	172.16.20.1

（1）查看 R1 路由器路由表

实验中在 PC 间进行数据传输时，传输路径从一台 PC 经过交换机到达路由器再由路由器传输到另一台 PC，交换机在实验中是二层设备，所以这就需要在路由器的路由表中存在网络中 PC1 和 PC2 所在的网段信息。

```
R1#show ip route
//查看路由器路由表
     172.16.0.0/24 is subnetted, 2 subnets
C        172.16.20.0 is directly connected, FastEthernet0/1
C        172.16.10.0 is directly connected, FastEthernet0/0
```

```
//PC1 和 PC2 的网段都在路由表中，可以进行连通性测试
```

（2）PC 间连通性测试

从 PC1 上通过 ping 命令测试和 PC2 设备的连通性，完成传统 VLAN 间路由实验，图 8-9 是 PC 连通性测试结果。

图 8-9 PC1 使用 ping 命令

从 ping 测试结果看 PC1 可以 ping 通 PC2，实验成功。

8.5 实训二：单臂路由器 VLAN 间路由

【实验目的】

- 理解路由器子接口的概念；
- 掌握路由器子接口的配置方法；
- 掌握实现单臂路由的配置过程。

【实验拓扑】

实验拓扑如图 8-10 所示。

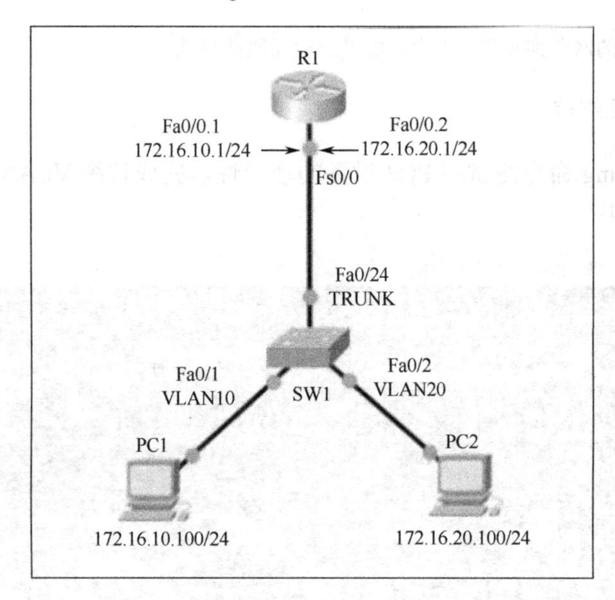

图 8-10 单臂路由器 VLAN 间路由实验拓扑

设备参数如表 8-3 所示。

表 8-3 设备参数表

设 备	名 称	接 口	接口模式	所属 VLAN	VLAN 名称
C3560v2	SW1	Fa0/1	ACCESS	VLAN10	Student
		Fa0/2	ACCESS	VLAN20	Teacher
		Fa0/24	TRUNK		
设 备	名 称	接 口	IP 地址	子网掩码	封装方式
C2811	R1	Fa0/0.1	172.16.10.1	255.255.255.0	IEEE 802.1Q
		Fa0/0.2	172.16.20.1	255.255.255.0	IEEE 802.1Q
设 备	名 称	接 口	IP 地址	子网掩码	默认网关
Computer	PC1	NIC	172.16.10.100	255.255.255.0	172.16.10.1
	PC2	NIC	172.16.20.100	255.255.255.0	172.16.20.1

【实验任务】

单臂路由器 VLAN 间路由是传统 VLAN 间路由的改进方式，它主要提高了链路的复用性，使用一条链路可以完成以前需要多条链路才能完成的任务。在现代企业网络中有一定的应用，但是总的来说应用不是很广泛，因为容易出现“单点故障”。

学好单臂路由器 VLAN 间路由对我们深入了解路由原理很有帮助。

1. 交换机 SW1 的配置

（1）SW1 VLAN 的配置

```
SW1(config)#vlan 10
SW1(config-vlan)#name Student
SW1(config-vlan)#exit
SW1(config)#vlan 20
SW1(config-vlan)#name Teacher
```

（2）SW1 接口的配置

```
SW1(config)#interface fastEthernet 0/1
SW1(config-if)#switchport mode access
SW1(config-if)#switchport access vlan 10
//将和 PC1 相连的接口设置为 Access 模式，加入 VLAN10
SW1(config-if)#exit
SW1(config)#interface fastEthernet 0/2
SW1(config-if)#switchport mode access
SW1(config-if)#switchport access vlan 20
//将和 PC2 相连的接口设置为 Access 模式，加入 VLAN20
SW1(config)#interface fastEthernet 0/24
SW1(config-if)#switchport trunk encapsulation dot1q
SW1(config-if)#switchport mode trunk
//将和路由器相连的接口设置为 Trunk 模式，选择 IEEE 802.1q 封装方式
```

2. R1 路由器的配置

（1）R1 路由器 Fa0/0 接口的配置

```
R1(config)#interface fastEthernet 0/0
R1(config-if)#no shutdown
//路由器母接口只需要打开即可，不需要其他操作
```

（2）R1 路由器子接口的配置

```
R1(config)#interface fastEthernet 0/0.1
//进入子接口 Fa0/0.1
R1(config-subif)#encapsulation dot1Q 10
//设置子接口 Fa0/0.1 所属 VLAN 及封装方式
R1(config-subif)#ip address 172.16.10.1 255.255.255.0
```

```
//设置子接口 Fa0/0.1 的 IP 地址
R1(config-subif)#no shutdown
//打开子接口 Fa0/0.1
R1(config-subif)#exit
R1(config)#interface fastEthernet 0/0.2
//进入子接口 Fa0/0.2
R1(config-subif)#encapsulation dot1Q 20
//设置子接口 Fa0/0.2 所属 VLAN 及封装方式
R1(config-subif)#ip address 172.16.20.1 255.255.255.0
//设置子接口 Fa0/0.2 的 IP 地址
R1(config-subif)#no shutdown
//打开子接口 Fa0/0.2
```

3. PC1 和 PC2 的配置

如表 8-4 所示是 PC1 和 PC2 上静态地址配置参数表，这里需要配置的参数有 IP Address、Netmask 和 Default Gateway。

表 8-4　PC1 和 PC2 配置参数表

PC1	**IP ADDRESS**
	172.16.10.100
	NETMASK
	255.255.255.0
	DEFAULT GATEWAY
	172.16.10.1
PC2	**IP ADDRESS**
	172.16.20.100
	NE TMASK
	255.255.255.0
	DEFAULT GATEWAY
	172.16.20.1

4. 配置结果的查看和连通性测试

（1）查看路由器子接口 VLAN 等信息

```
R1#show vlans
//查看路由器 VLAN 等信息
```

```
Virtual LAN ID:   1 (IEEE 802.1Q Encapsulation)

   VLAN Trunk Interface:    FastEthernet0/0

  This is configured as native Vlan for the following interface(s) :
FastEthernet0/0

   Protocols Configured:   Address:              Received:       Transmitted:
         Other                                      0                 6

   2 packets, 120 bytes input
   6 packets, 455 bytes output

Virtual LAN ID:   10 (IEEE 802.1Q Encapsulation)

   VLAN Trunk Interface:    FastEthernet0/0.1

   Protocols Configured:   Address:              Received:       Transmitted:
           IP              172.16.10.1              2                 0
         Other                                      0                 2
//子接口 Fa0/0.1 所属 VLAN、封装模式和 IP 地址等信息
   2 packets, 128 bytes input
   2 packets, 92 bytes output

Virtual LAN ID:   20 (IEEE 802.1Q Encapsulation)

   VLAN Trunk Interface:    FastEthernet0/0.2

   Protocols Configured:   Address:              Received:       Transmitted:
           IP              172.16.20.1              0                 0
//子接口 Fa0/0.2 所属 VLAN、封装模式和 IP 地址等信息
   0 packets, 0 bytes input
   0 packets, 0 bytes output
```

（2）查看 R1 路由器的路由表

```
R1#show ip route
     172.16.0.0/24 is subnetted, 2 subnets
```

```
C        172.16.20.0 is directly connected, FastEthernet0/0.2
C        172.16.10.0 is directly connected, FastEthernet0/0.1
//两个 PC 的网段都存在于 R1 的路由表中
```

和传统 VLAN 间路由一样，单臂路由器 VLAN 间路由也需要路由器存在 PC 的网段进行三层路由，确认路由器的路由表中存在路由信息后就可以进行连通性测试了。

（3）测试 PC 间连通性

在 PC1 上测试与 PC2 主机之间的连通性，图 8-11 所示是测试结果。

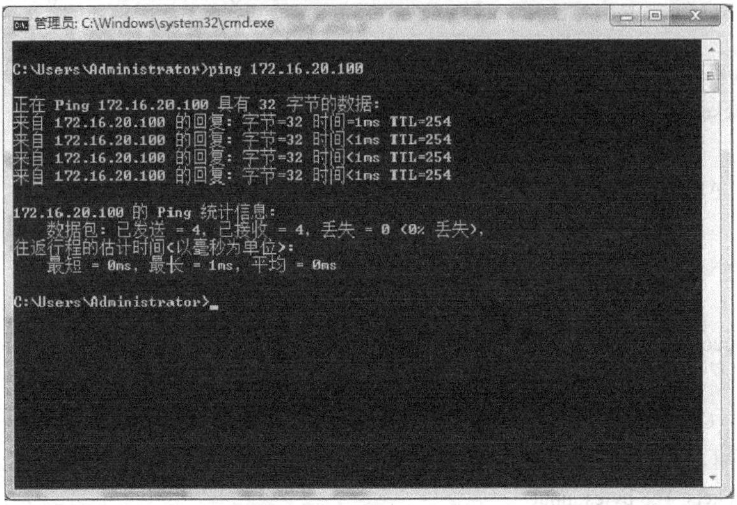

```
管理员: C:\Windows\system32\cmd.exe

C:\Users\Administrator>ping 172.16.20.100

正在 Ping 172.16.20.100 具有 32 字节的数据:
来自 172.16.20.100 的回复: 字节=32 时间=1ms TTL=254
来自 172.16.20.100 的回复: 字节=32 时间<1ms TTL=254
来自 172.16.20.100 的回复: 字节=32 时间<1ms TTL=254
来自 172.16.20.100 的回复: 字节=32 时间<1ms TTL=254

172.16.20.100 的 Ping 统计信息:
    数据包: 已发送 = 4，已接收 = 4，丢失 = 0 (0% 丢失)，
往返行程的估计时间(以毫秒为单位):
    最短 = 0ms，最长 = 1ms，平均 = 0ms

C:\Users\Administrator>_
```

图 8-11　PC1 使用 ping 命令

从 ping 测试结果看，PC1 可以 ping 通 PC2，实验成功。

8.6　实训三：SVI 的 VLAN 间路由

【实验目的】

- 理解三层交换的概念；
- 理解 SVI 实现路由的概念；
- 掌握 SVI 接口的 VLAN 间路由配置方法。

【实验拓扑】

实验拓扑如图 8-12 所示。
设备参数如表 8-5 所示。

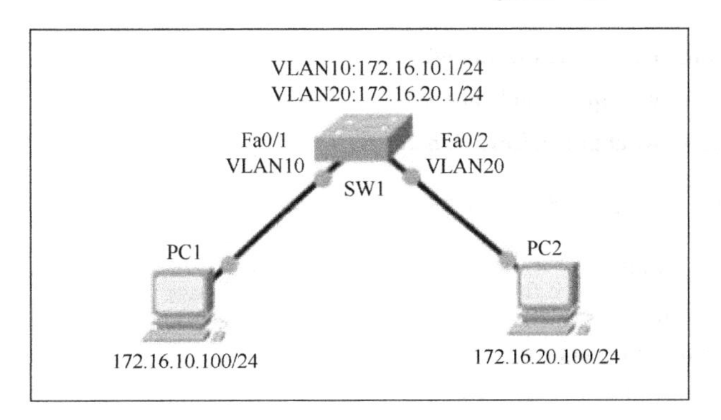

图 8-12 SVI 的 VLAN 间路由实验拓扑

表 8-5 设备参数表

设 备	名 称	接 口	IP 地址	子网掩码	默认网关
C3560v2	SW1	VLAN10	172.16.10.1	255.255.255.0	
		VLAN20	172.16.20.1	255.255.255.0	
Computer	PC1	NIC	172.16.10.100	255.255.255.0	172.16.10.1
	PC2	NIC	172.16.20.100	255.255.255.0	172.16.20.1

【实验任务】

SVI 的 VLAN 间路由是当今主流的 VLAN 间路由技术，该技术相比之前两种 VLAN 间路由技术的优势是不使用路由器即可满足需求，这大大降低了企业的成本，提高了企业设备的利用率，所以在当今企业网络中应用较普遍。

1. 交换机 SW1 的配置

（1）交换机 SW1 的 VLAN 配置

```
SW1 (config)#vlan 10
SW1 (config-vlan)#name Student
SW1 (config-vlan)#exit
SW1 (config)#vlan 20
SW1 (config-vlan)#name Teacher
SW1 (config-vlan)#exit
```

（2）交换机 SW1 的接口配置

```
SW1 (config)#interface fastEthernet 0/1
SW1 (config-if)#switchport mode access
SW1 (config-if)#switchport access vlan 10
SW1 (config-if)#exit
```

```
SW1(config)#interface fastEthernet 0/2
SW1 (config-if)#switchport mode access
SW1 (config-if)#switchport access vlan 20
```

（3）交换机 SW1 的路由配置

```
SW1(config)#ip routing
//开启交换机路由功能
SW1 (config)#interface vlan 10
//进入 VLAN10 接口
SW1 (config-if)#ip address 172.16.10.1 255.255.255.0
//配置 SVI 的地址
SW1 (config-if)#no shutdown
//打开 SVI 接口
SW1 (config-if)#exit
SW1(config)#interface vlan 20
//进入 VLAN20 接口
SW1 (config-if)#ip address 172.16.20.1 255.255.255.0
//配置 SVI 的地址
SW1 (config-if)#no shutdown
//打开 SVI 接口
```

2. PC1 和 PC2 的配置

表 8-6 所示是 PC1 和 PC2 上静态地址配置参数表，这里需要配置的参数有 IP Address、Netmask 和 Default Gateway。

表 8-6 PC1 和 PC2 配置参数表

PC1	**IP ADDRESS**
	172.16.10.100
	NETMASK
	255.255.255.0
	DEFAULT GATEWAY
	172.16.10.1
PC2	**IP ADDRESS**
	172.16.20.100
	NE TMASK
	255.255.255.0
	DEFAULT GATEWAY
	172.16.20.1

3. 配置结果的查看和连通性测试

（1）查看 SW1 的路由表

```
SW1#show ip route
        172.16.0.0/16 is variably subnetted, 4 subnets, 2 masks
C       172.16.10.0/24 is directly connected, Vlan10
L       172.16.10.1/32 is directly connected, Vlan10
C       172.16.20.0/24 is directly connected, Vlan20
L       172.16.20.1/32 is directly connected, Vlan20
//交换机 SW1 上的路由表中出现了 PC1 和 PC2 所在的网段，它们是通过 VLAN10 和 VLAN20 进行学习的，现在可以进行 VLAN 间路由
```

从交换机的接口 IP 表和路由表可以看到，原本在路由器上的功能被“移植”到了交换机上。当交换机开启路由功能后，就可以执行原先只能由路由器执行的三层路由功能了。此时可通过验证 PC 之间的连通性检测实验是否成功。

（2）测试 PC 间连通性

在 PC1 上测试与 PC2 主机之间的连通性，图 8-13 所示是测试结果。

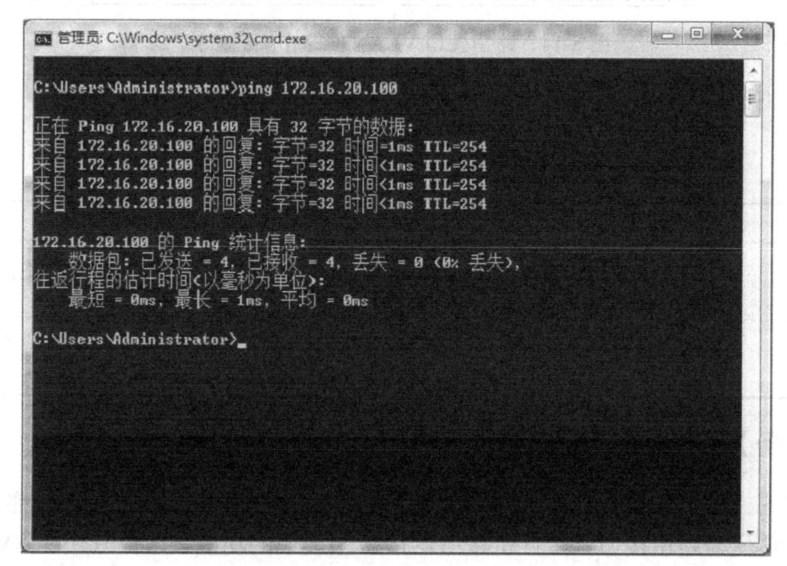

图 8-13　PC1 使用 ping 命令

从 ping 测试结果看 PC1 可以 ping 通 PC2，实验成功。

8.7 实训四：路由接口的 VLAN 间路由

【实验目的】

- 了解交换机路由接口的概念；
- 掌握交换机路由接口的配置方法。

【实验拓扑】

实验拓扑如图 8-14 所示。

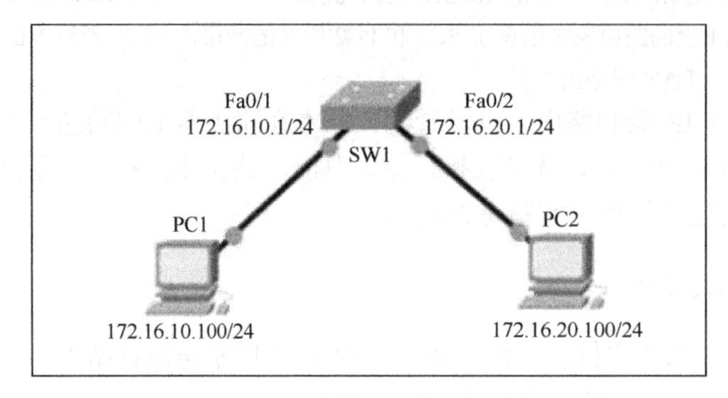

图 8-14 路由接口 VLAN 间路由实验拓扑

设备参数如表 8-7 所示：

表 8-7 设备参数表

设 备	名 称	接 口	IP 地址	子网掩码	默认网关
C3560v2	SW1	Fa0/1	172.16.10.1	255.255.255.0	
		Fa0/2	172.16.20.1	255.255.255.0	
Computer	PC1	NIC	172.16.10.100	255.255.255.0	172.16.10.1
	PC2	NIC	172.16.20.100	255.255.255.0	172.16.20.1

【实验任务】

路由接口的 VLAN 间路由原理是在交换机接口上开启路由接口功能，这样交换机上的交换接口就可以转变为路由接口，拥有和路由器接口相类似的功能，这种方式和 SVI 方式相比牺牲了一些速度，但是提高了便利性是企业网络使用频率非常高的一种 VLAN 间路由方式，学会这种方式对于企业网络多种 VLAN 间路由技术的使用带来了更大的灵活性。

1. 交换机 SW1 的配置

交换机 SW1 路由接口设置如下：

```
SW1(config)#ip routing
SW1(config)#interface fastEthernet 0/1
SW1(config-if)#no switchport
SW1(config-if)#ip address 172.16.10.1 255.255.255.0
SW1(config-if)#no shutdown
SW1(config-if)#exit
SW1(config)#interface fastEthernet 0/2
SW1(config-if)#no switchport
SW1(config-if)#ip address 172.16.20.1 255.255.255.0
SW1(config-if)#no shutdown
```

2. PC1 和 PC2 的配置

表 8-8 所示是 PC1 和 PC2 上静态地址配置参数表，这里需要配置的参数有 IP Address、Netmask 和 Default Gateway。

表 8-8　PC1 和 PC2 配置参数表

PC1	**IP ADDRESS**
	172.16.10.100
	NETMASK
	255.255.255.0
	DEFAULT GATEWAY
	172.16.10.1
PC2	**IP ADDRESS**
	172.16.20.100
	NE TMASK
	255.255.255.0
	DEFAULT GATEWAY
	172.16.20.1

3. 配置结果的查看和连通性测试

（1）查看 SW1 的路由表

```
SW1#show ip route
        172.16.0.0/16 is variably subnetted, 4 subnets, 2 masks
C       172.16.10.0/24 is directly connected, FastEthernet0/1
L       172.16.10.1/32 is directly connected, FastEthernet0/1
C       172.16.20.0/24 is directly connected, FastEthernet0/2
```

```
L        172.16.20.1/32 is directly connected, FastEthernet0/2
//交换机 SW1 上的路由表中出现了 PC1 和 PC2 所在的网段，它们是通过 Fa0/1 和 Fa0/2 进行学习的，现在可以进行 VLAN 间路由
```

从上面两个 show 命令可以看出，与 SVI 的 VLAN 间路由相比，原先属于 VLAN10 和 VLAN20 接口的 IP 地址和路由等信息在使用路由接口后，直接配置在了路由接口上，这样这台交换机的这些接口就和路由器的接口基本相同，运行三层功能也得心应手。最后测试 PC 的连通性。

（2）测试 PC 间连通性

在 PC1 上测试与 PC2 主机间的连通性，图 8-15 所示是测试结果。

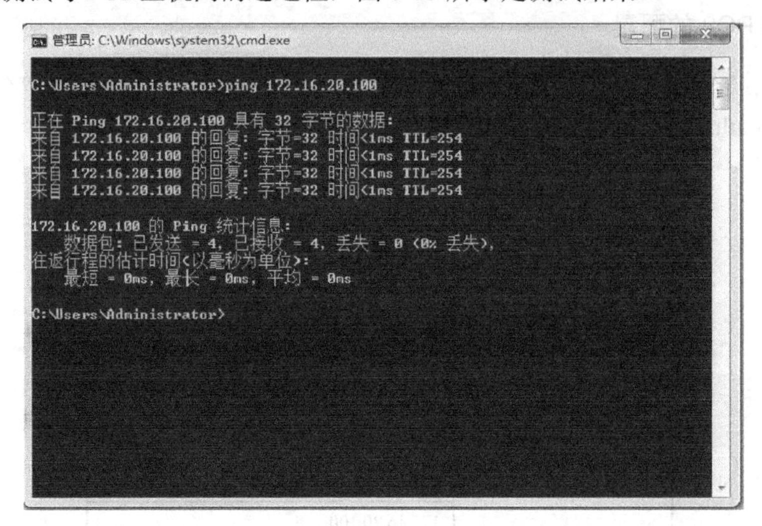

图 8-15　PC1 使用 ping 命令

从 ping 测试结果看 PC1 可以 ping 通 PC2，实验成功。

第9章 >>>

生成树协议

本章要点

- STP 概述
- RSTP
- PVST+
- MSTP
- 实训一：STP 与 PVST+配置
- 实训二：Rapid-PVST+配置
- 实训三：Cisco STP 高级特性
- 实训四：MSTP 配置

对现代企业网络来说，总成本、可用性和安全性等方面是企业非常关注的，其中可用性最重要。如果企业网络可用性差、容错率低，那其他方面的性能也将变得毫无意义。网络的高可用性在很大程度上依赖于良好的网络设计和交换技术，实现的方法有很多，例如，在企业交换网络中实施链路级、模块级和设备级的冗余等。但是，交换网络中的冗余又可能导致环路，数据流可能在环路内无限循环，降低网络可用性，使网络设备出现物理故障，这就需要一些技术来解决这些问题。本章将讨论网络二层环路问题的产生及危害，并介绍生成树协议如何识别并解决二层环路问题。

9.1 STP 概述

STP（Spanning Tree Protocol，生成树协议，IEEE 802.1d）的用途主要是解决冗余网络中交换设备带来的二层环路问题。通过采用逻辑阻塞物理接口的办法，STP 能够确保交换网络中两个信息点之间有且仅有一条转发路径，避免网络中的环路出现。如果网络中某条链路失效，那么原先处于阻塞状态的备份接口将可能转变为转发状态，最大限度地保障网络的正常运行。

9.1.1 二层环路问题

思科网络分层设计模型将网络分为接入层、分布层和核心层，三层之间分工协作组建企业网络。但是传统的思科三层模型容易出现单点故障，如图 9-1 所示是网络出现单点故障的情况，此时网络中 PC 的外网服务将中断，严重影响企业人员使用网络访问外网。

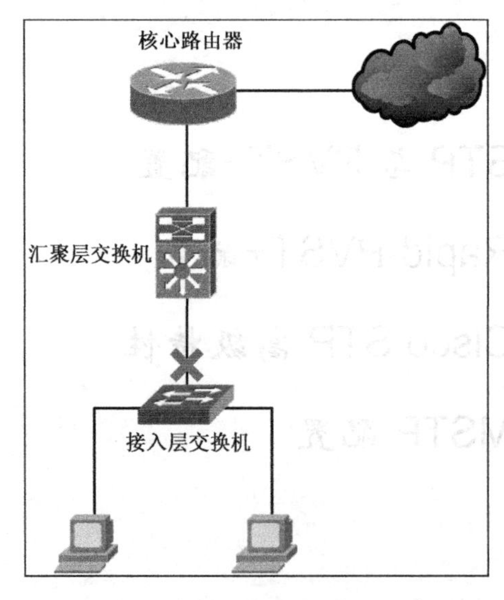

图 9-1 单点故障导致网络不可用

如果分层设计模型中的交换机之间使用多条线路进行物理冗余，这将极大地提高网络的可用性和可靠性，避免网络中的单点故障产生，让用户在物理链路中断时继续使用备份链路访问网络资源，下面举例说明冗余网络如何在网络中发挥作用。

PC-1 通过配置冗余链路有两条到达 PC-2 的链路，默认情况下 PC 间通过交换机 SW-1 和 SW-2 之间的 Fa0/23 进行通信，如图 9-2 所示。

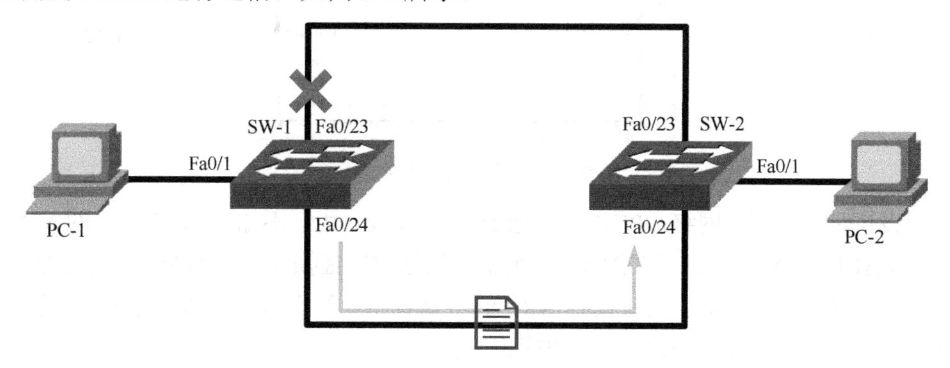

图 9-2　冗余网络在二层交换中的作用

由于网络物理故障问题，SW-1 和 SW-2 之间的 Fa0/23 口发生故障，交换机之间自动调整 PC-1 和 PC-2 之间的链路，启动 Fa0/24 口继续为 PC 之间提供通信。

当网络恢复后，Fa0/24 的链路自动又调整为备份链路，PC 之间重新启动交换机 Fa0/23 接口进行通信。

可以说冗余设计是企业交换网络设计中的一个重要环节，但是交换网络的冗余设计又可能会带来二层环路问题。二层环路是由于交换机自身的学习和转发功能引起的，如果冗余网络中的交换机没有使用生成树协议，将出现环路，二层环路主要会导致以下 3 个问题。

1. 广播风暴

交换机收到广播帧后，会从除了入站接口之外的其他所有接口转发出去，这确保了同一广播域中所有设备都能收到这个广播帧，但如果网络出现环路则会引起广播风暴问题。广播风暴是由于网络中的广播帧过多，导致网络带宽被耗尽，正常的数据流无法使用带宽，造成企业网络服务中断，这实际上属于无意识的拒绝服务攻击，对网络危害极大。

广播帧和数据包的传输机制不同，数据包可以通过使用生存时间（TTL）值规定每个数据包最大不能超过 255 跳，但是广播帧没有对应的终止机制，这些数据帧会在网络中一直传播下去，直到网络中出现物理问题导致链路中断为止。以图 9-3 拓扑图为例简要介绍广播风暴发生步骤。

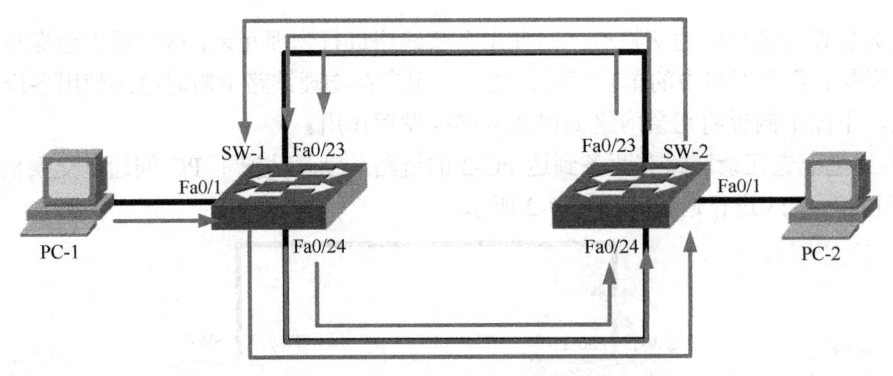

图 9-3　广播风暴的产生原因

① 假设这是一个新建网络，PC-1 要发送数据给 PC-2，由于不知道 PC-2 的目的 MAC 地址，PC-1 将发送 ARP 广播帧请求 PC-2 的 MAC 地址，发送时广播帧的目的 MAC 地址设置为全 F。

② 交换机 SW-1 从 Fa0/1 接口收到 ARP 的广播帧后，查看目的 MAC 是全 F，那么它将从除了 Fa0/1 接口外的其他所有接口将广播帧转发出去。

③ SW-2 从 Fa0/24 接口接收到了从 SW-1 发出的 ARP 广播帧，它也会从除了接收口外的其他接口再转发出去，广播帧又会被转发给 SW-1。

④ 这样无休止的循环转发会在两台交换机之间一直传递下去，广播风暴会占据网络中所有的带宽，正常数据流量将无法被转发，最终引起交换机的宕机。

思科交换机在没有 STP 的环路网络中瞬间便可形成广播风暴，交换机的表现为所有接口指示灯亮起并且不停闪烁。此时需要立刻切断交换机电源，排除故障点后再加载电源。

2. MAC 地址表不稳定

交换机在进行 MAC 地址表更新时，默认使用最新收到的 MAC 地址条目替换表中现有的条目，这个交换机学习功能特点在环路中却可能引起 MAC 地址表的不断更新，最终导致 MAC 地址表不稳定。以图 9-4 为例，介绍 MAC 地址表不稳定出现的原因。

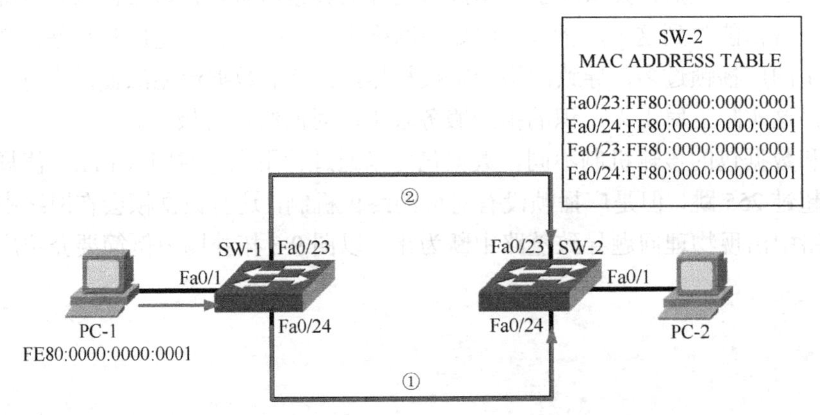

图 9-4　MAC 地址表不稳定产生的原因

① 假设 PC-1 的 MAC 地址是 FE80:0000:0000:0001，PC-1 想发送文件给 PC-2，但由于是新建网络不知道 PC-2 的 MAC 地址，PC-1 会先发送 ARP 广播帧请求 PC-2 的 MAC 地址。

② 当 SW-1 收到这个广播帧后会从除了接收口以外的所有接口将广播帧发送出去，所以 SW-1 从 Fa0/1 接收到的广播帧会从 Fa0/23 和 Fa0/24 接口再转发出去。

③ 假设先到达 SW-2 的广播帧是从 Fa0/24 接口发出的，此时 SW-2 会在自己的 MAC 地址表中添加 Fa0/24 FE80:0000:0000:0001 的条目，此时 SW-2 上有流量要到达 PC-1，那交换机会从 Fa0/24 接口将流量转发出去。

④ 随着从 SW-1 的 Fa0/23 接口发送的广播帧到达 SW-2 后，交换机的 MAC 地址表又会进行更新操作，即在 MAC 地址表最上方添加 Fa0/23 FE80:0000:0000:0001 的条目，在 MAC 地址表最上方的条目优先进行转发。

⑤ 如果网络中一直存在广播帧，那 SW-2 将一直不停地更新 MAC 地址表，此时 MAC 地址表会极不稳定，一直处于变化状态，正常的地址条目有可能无法添加，导致网络出现故障。

这个过程在广播帧的作用下会不断地重复，直到交换机 CPU 负载过高导致物理宕机才会停止。由于网络中不断发送相同的广播帧，交换机无法处理正常的网络流量，这将导致企业网络瘫痪。值得注意的是广播风暴和 MAC 地址表不稳定的问题在环路网络中通常是相伴发生的，它们互相作用扩大对网络的破坏，对企业网络甚至是物理设备都具有很大的杀伤力。

3. 多播帧拷贝

以上两个问题主要是广播帧在环路网络中产生的，那么单播帧呢？其实单播帧在环路网络中也会出现问题，这个问题会使目的地设备同时收到多个相同的单播帧。下面以图 9-5 为例，介绍多播帧拷贝问题出现的原因。

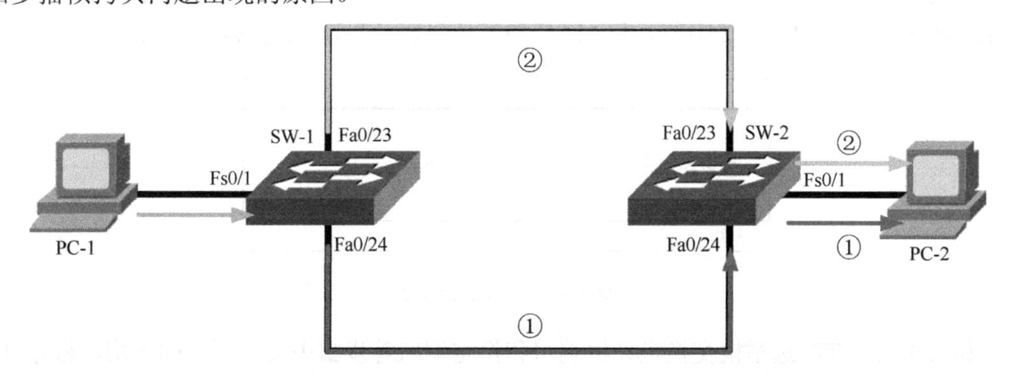

图 9-5 多播帧拷贝产生的原因

① 假设 PC-1 想发送文件给 PC-2，PC-1 以单播帧的形式将数据发送给 SW-1，而由于 SW-1 上的 MAC 地址表中并没有相应的地址条目，那么 SW-1 会进行单播帧泛洪，将数据帧从除了接收口外的其他所有接口转发出去。

② SW-2 会从 Fa0/23 接口和 Fa0/24 接口收到两份 PC-1 发送给 PC-2 的数据帧。

③ SW-2 会将这两个相同的数据帧都转发给 PC-2。

这些二层环路问题是上层协议无法识别的，交换机也没有类似三层 TTL 机制消除网络中数据帧的无限循环问题，所以为了解决这些问题，STP 环路避免机制被开发了出来。

为了避免冗余网络中的环路问题，必须在交换网络中的所有交换机上运行生成树协议。默认情况下，思科所有的交换机默认运行了生成树协议来防止二层环路的发生。

9.1.2 生成树算法

STP（Spanning Tree Protocol，生成树协议）是国际标准化组织 IEEE 802.1d 标准协议，使用根交换机、根端口和指定端口等概念有意识地阻塞一些冗余网络中的端口，建立到网络中任何目的地的无环网络。生成树算法则是实现 STP 的最重要手段，本章将详细讨论生成树算法中网桥 ID、BPDU 报文、端口状态和路径开销等概念，为在接下来的 STP 选举中为冗余网络中选举过程提供依据。

STP 中会用到网桥（Bridge）的概念，我们可以认为它和交换机（Switch）是等价的。它们都是二层设备，网桥使用软件进行数据交换，交换速度非常慢，而交换机使用硬件进行数据交换，交换速度非常快，所以在交换机面世后网桥逐步退出了网络的舞台。但在制定 STP 协议时，网络中运行的二层设备是网桥，所以 STP 里面会出现许多网桥的名词其实泛指当今网络中的交换机，学习时需要特别注意。

1. 网桥 ID

STP 为每台参与生成树的网络或交换机分配网络中唯一的 ID 值，这个值称为网桥 ID，它由两部分组成：优先级值（2 字节）和 MAC 地址值（6 字节），如图 9-6 所示：

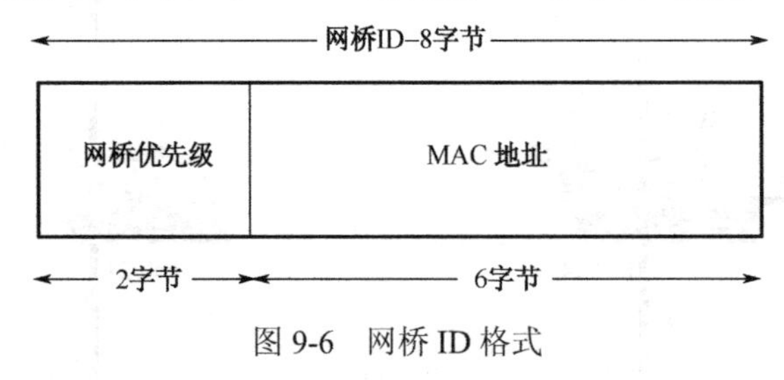

图 9-6　网桥 ID 格式

网桥 ID 在 STP 选举根交换机、根端口和指定端口等步骤中发挥巨大的作用，根据 IEEE 802.1d 的规定，优先级值的取值范围是 0～65535，思科交换机默认优先级值为 32768。MAC 地址是交换机自身的 MAC 地址，因为 MAC 地址是唯一的，所以网桥 ID 值也总是唯一的。

2. BPDU 报文

运行 STP 的交换机相互传递 BPDU（网桥协议数据单元）协商根网桥、根端口、指定端口、阻塞端口和端口之间状态的变化等信息，可以说 BPDU 是 STP 协议的“搬运工”，它可以帮助交换机完成以下任务：

- 选举根网桥；
- 选举根端口和指定端口；
- 选举阻塞端口避免环路；
- 监视生成树的状态；
- 向阻塞端口通告拓扑变化。

表 9-1 是 BPDU 帧包含的字段及其简单描述，BPDU 帧包含 12 个不同的字段，通过这些字段可以确定根网桥和到达根网桥最近的路径。

表 9-1 BPDU 帧格式

字节	字段	描述
2	协议 ID	值一般为 0
1	版本	STP 版本（IEEE 802.1D 为 0）
1	消息类型	BPDU 类型（普通 BPDU 为 0，TCN BPDU 为 80）
1	标志	LSB（最低有效位）=TCN 标志；MSB（最高有效位）=TCA 标志
8	根 ID	根网桥的网桥 ID
4	路径开销	到达根网桥的开销值
8	网桥 ID	BPDU 发送的网桥 ID
2	端口 ID	BPDU 发送的端口 ID
2	消息老化时间	和 TTL 值的概念相同，每经过一台网桥递减 1，当为 0 时丢弃数据帧
2	最大老化时间	最大保留根网桥 ID 的时间
2	Hello 时间	根网桥发送 BPDU 的时间间隔
2	转发延迟	网桥在监听和学习状态停留的时间

默认情况下，在运行 STP 的冗余网络中，BPDU 信息总是根网桥中的根端口连续不断地向非根网桥发送，非根网桥从不向根网桥发送配置 BPDU 的信息，如图 9-7 所示是思科模拟器 Packet Tracer 中 STP BPDU 和封装 BPDU 的以太网数据帧的截图。

在这个实例中，表 9-1 的 12 个字段在图中都有显示，BPDU 封装在 Ethernet 802.3 帧中，IEEE 802.3 帧头部指出了源和目的 MAC 地址，这个数据帧的 DEST ADDR 是 0180.C200.0000，这是该 STP 的组播地址。所有运行 STP 的交换机会接收并读取帧信息，其他设备则将忽略此信息。

BPDU 主要有以下两种类型。

① 配置 BPDU：这种 BPDU 是在新建 STP 或 STP 稳定后，由根网桥周期性地发送给网络的， BPDU 中包含了 STP 的主要参数，对于 STP 的稳定起着重要的作用。

② TCN BPDU：TCN（Topology Change Notification，拓扑变更通告） BPDU 是在交换机的拓扑发生变化时产生的，主要作用是启用备份链路，最大限度地降低拓扑变化对网络运行的影响。

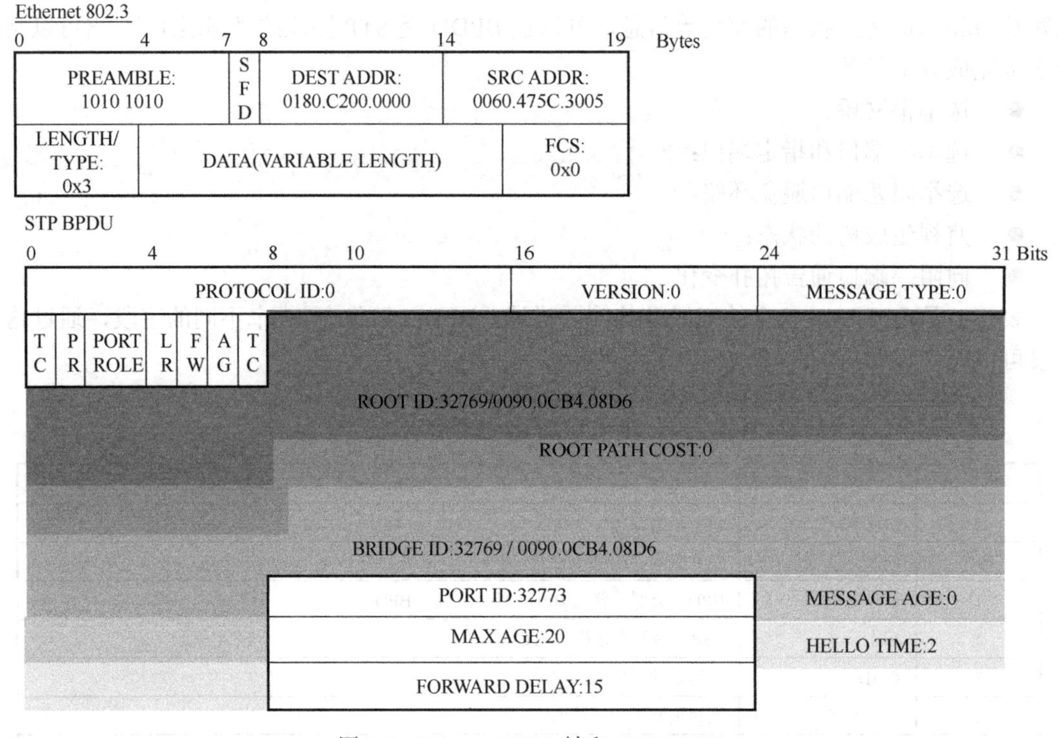

图 9-7 Ethernet 802.3 帧和 STP BPDU

3. 端口状态

交换机在建立 STP 时，端口状态会发生变化。例如，当新建 STP 时会选择一些端口为根端口，一些端口为指定端口，这些端口会逐渐过渡到转发状态，而其他端口会逐渐过渡到阻塞状态。而当 STP 稳定后，如果转发端口发生异常，网络拓扑将发生改变，原来处于阻塞状态的端口有可能过渡到转发状态，替代异常端口进行数据转发。

理解端口的状态机对于理解 STP 很有帮助，图 9-8 是 STP 主要的 5 个工作状态机示意图。

（1）监听（Listening）状态

交换机在进行根交换机、根端口、指定端口和非指定端口选举时，默认所有交换机的所有端口都处于监听状态，在监听状态下端口不能学习和转发数据帧，对收到的数据帧做丢弃处理，监听状态的端口会等待 15 s 后进入下一个状态。

（2）学习（Learning）状态

在 STP 选举过程完成后，交换机的端口将进入学习状态，准备进行数据帧转发或称为阻塞端口，该状态下端口可以接收数据帧的源 MAC 地址，但不能进行数据转发，对收到的数据帧还是做丢弃处理，学习状态的端口会等待 15 s 后进入下一个状态。

（3）转发（Forwarding）状态

处于转发状态的端口可以进行正常的数据转发，端口学习接收帧的源 MAC 地址，并根据目的 MAC 地址将帧在适当的端口进行转发。

（4）阻塞（Blocking）状态

处于阻塞状态的端口不参与数据帧的转发，但是会监听 BPDU 信息，一旦拓扑发生变化，阻塞端口会随时进入监听状态（最大等待时间是 20 s）保证网络的稳定运行，处于阻塞状态的端口不能进行 MAC 地址的学习和转发。

（5）禁用（Disabled）状态

处于禁用状态的端口不参与 STP 的选举，也不进行数据帧的转发。

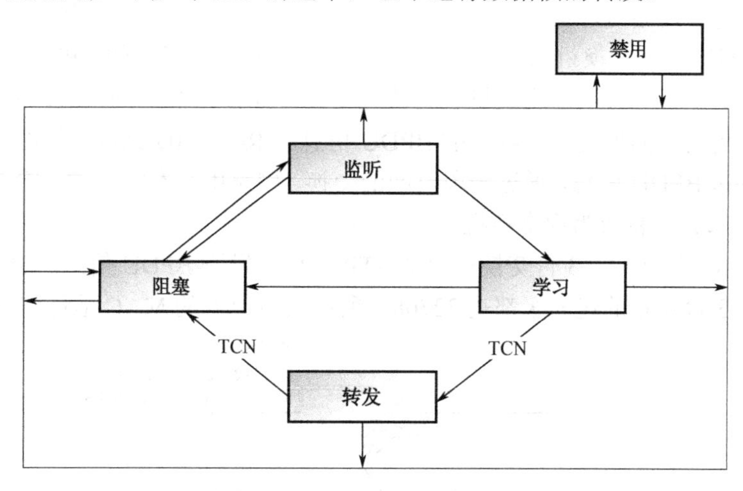

图 9-8　STP 工作的 5 个状态机

4. 路径开销

STP 在选举完根网桥后，生成树算法就开始计算网络内非根交换机到根交换机的最佳路径。这种计算采用将沿途经过的每个端口开销值相加的方法，而每个端口的开销值是根据端口速率决定的。如表 9-2 所示，早先 IEEE 制定的端口开销值采用线性比例变化，并且链路速度 1 000 Mbps 及其更大的速率开销值都为 1，而新规定的开销值采用非线性的计算方法，100 Mbps 开销值为 19，1 000 Mbps 开销值为 4，10 000 Mbps 开销值为 2。

表 9-2 链路速率的开销值

链路速率	修订后的开销值	修订前的开销值
10 Gbps	2	1
1 Gbps	4	1
100 Mbps	19	10
10 Mbps	100	100

9.1.3 STP 的选举过程

STP 一般通过以下几个选举步骤对冗余网络内端口角色进行设定，阻塞一些端口最终达到逻辑无环拓扑。

1. 选举一个根网桥

STP 在创建无环网络时，第一步就是选举一个根网桥，根网桥是整个无环网络的中心点。在 STP 启动后，网络中的交换机都假设自己是根网桥，并将自己发出的 BPDU 信息中 ROOT ID 设置为自己发送给相邻交换机。交换机之间彼此交换 BPDU 信息，网桥 ID 越低的交换机成为根交换机的概率更高，如果交换机收到的 BPDU 信息中 ROOT ID 比自己的网桥 ID 数值更低，那么它将不再发送 BPDU 信息。通过一段时间的交换，网络中只有唯一的一台交换机持续发送着 BPDU 信息，那么它将成为根交换机。

在图 9-9 所示的例子中，3 台交换机启动 STP 后相互发送 BPDU 信息，BPDU 中配置自己为根网桥，默认 3 台设备的优先级都是 32768，所以具有更低的 MAC 地址将成为根交换机。

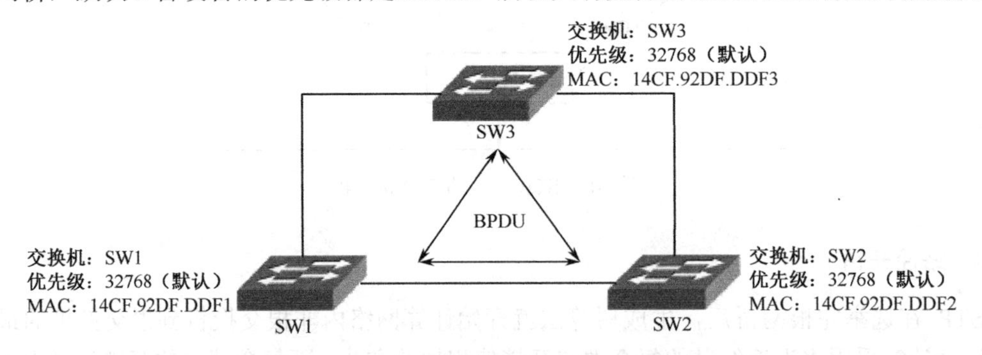

图 9-9 根网桥的选举

SW1 和 SW2 之间的比较过程如下：SW1 收到 SW2 的 BPDU 信息后比较参数中的网桥 ID，网桥 ID 更低的将成为根网桥。而网桥 ID 由优先级和 MAC 地址组成，那么它们会先比较优先级，两台设备优先级都是 32768，之后比较 MAC 地址，SW1 的更低，所以 SW1 会继续向外发送 BPDU。同理，SW2 收到 SW1 的 BPDU 信息比较后发现 SW1 的网桥 ID 更低，SW2

会停止向外发送 BPDU。通过一段时间网络内交换机的两两比较，最后网络中只有 SW1 发送 BPDU，那么它将成为根网桥。

图 9-10 举例说明了将根网桥设置到网络中心位置的重要性，图中 SW1 通过正常选举成为了根网桥，但是 SW1 和 SW2 是接入层设备，SW3 是汇聚层设备。网络拓扑中 SW3 应该设置为根网桥，这样接入层中任意两台主机之间所经过的路径都是最优的。为了通过手工方式更改根网桥的位置，我们可以将 SW3 的优先级设置为 4096，这样在不改变拓扑结构的情况下，SW3 拥有最低的优先级它将成为根网桥，这样的操作也使网络中拓扑的转发路径保持最优状态。

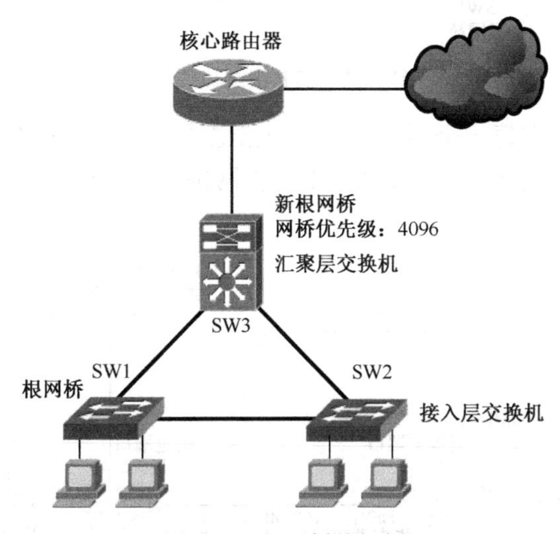

图 9-10 根网桥的规划

2. 在非根网桥上选举根端口和指定端口

选择完根网桥后，在所有非根网桥中选择一个到达根网桥最近的端口作为根端口，之后再选择一些指定端口。在整个决策的过程中，交换机主要依据以下 4 个标准进行端口选择。

① 到达根网桥的路径开销值越低越优先。

② 发送方的网桥 ID 越低越优先。

③ 端口优先级越低越优先。

④ 端口 ID 越低越优先。

例如，在图 9-11 所示的例子中，SW1 是根网桥，SW2 和 SW3 是非根网桥。SW2 到达根网桥 SW1 有两条线路，分别是从 SW2 的 Fa0/1 接口到达 SW1 的路径和从 SW2 的 Fa0/2 经过 SW3 再到达 SW1 的路径。根据前面学习的路径开销值的知识，SW2 的 Fa0/1 到达根网桥的路径开销值为 19，而 Fa0/2 到达根网桥的路径开销值为 19+19=38，由于 Fa0/1 到达根网桥的路径开销值更低，它将被选为 SW2 的根端口，同理可得 SW3 的根端口是 Fa0/1。

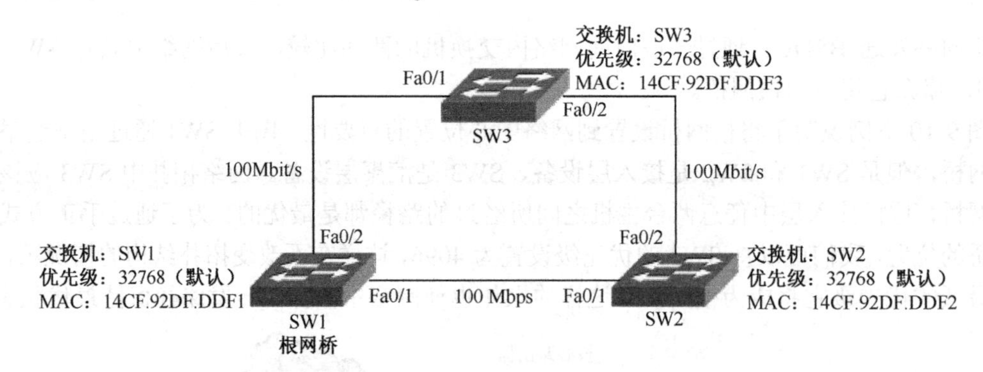

图 9-11　STP 根端口选举

选举完根端口后需要在每一个网段选择一个指定端口进行流量转发，网段中到达根网桥路径开销值最低的将成为指定端口。需要注意的是根网桥上的所有端口都是指定端口，如图 9-12 所示。

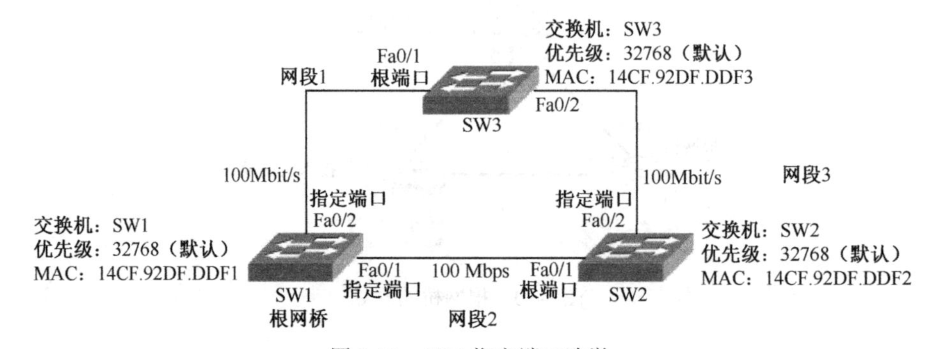

图 9-12　STP 指定端口选举

根网桥上的所有端口都是指定端口，那么网段 1 和网段 2 的指定端口分别是 SW1 的 Fa0/2 和 SW1 的 Fa0/1 端口，网段 3 的指定端口选举第一步看网段 3 中的端口到达根网桥的路径开销值，这里两个端口的开销值都是 38；第二步看端口所在交换机的网桥 ID 值，根据这个标准 SW2 的 Fa0/2 端口所在的交换机网桥 ID 比 SW3 的 Fa0/2 端口网桥 ID 更低，最终选择 SW2 的 Fa0/2 端口最为网段 3 的指定端口。

3. 阻塞端口形成无环网络

最后一步要进行的是阻塞端口的选举，阻塞端口顾名思义就是逻辑处于关闭状态的端口，也可以称为备份端口，一旦网络中出现故障，这些备份端口将重新被启用，最大限度地保证网络的正常运行。

在网络中经过前两步的选举已经选出根端口和指定端口，那么网络中剩下的既不是根端口也不是指定端口的端口将被逻辑阻塞，变为阻塞端口，在图 9-13 的例子中所示，SW1 上的端口都是指定端口，SW2 上 Fa0/1 为根端口，Fa0/2 为指定端口，SW3 上 Fa0/1 为根端口，Fa0/2 既不是根端口也不是指定端口，所以这个端口成为阻塞端口起备份作用，网络中的环路也消失了。

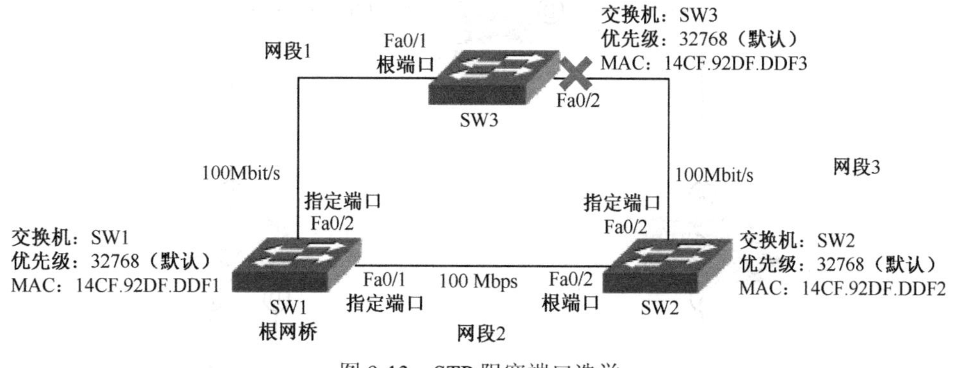

图 9-13　STP 阻塞端口选举

9.2　RSTP

RSTP（Rapid Spanning Tree Protocol，快速生成树协议，IEEE 802.1w）是由 STP 演变而来，收敛速度快于 STP，当网络拓扑发生变化时，RSTP 能够快速地重新计算网络中的可用路径，减少网络停摆时间。RSTP 在定义端口角色时除了保留 STP 所使用的根端口和指定端口外，还删除了阻塞端口，新增了替代端口和备份端口。这些改变都是为了快速地处理网络拓扑变化。

STP 标准设计的初衷是在发生网络中断的情况时，能够在 60 s 内判断并最大限度地恢复网络连接。但随着局域网中 3 层交换的出现，交换技术与路由技术解决方案在 LAN 中相互竞争。路由技术中 OSPF（Open Shortest Path First，开放式最短路径优先）和 EIGRP（Enhanced Interior Gateway Routing Protocol，增强型内部网关路由选择协议）能够在几秒钟内提供可替换路径，这比 STP 的最长 50 s 的等待时间显然要快很多，所以交换网络中急需一种新的生成树协议加快收敛速度，RSTP 协议就应运而生了。

9.2.1　RSTP 端口角色

RSTP 运行后会为相关交换机端口分配端口角色，端口角色描述了端口与根网桥的关系及是否能够转发流量，端口角色主要有以下 5 种。

1. 根端口

所有运行 RSTP 的非根交换机都会选举一个到达根交换机最近的端口，这个端口称为根端口，如图 9-14 所示的网络中接口“R”代表根端口。根交换机是唯一不具有根端口的交换设备，RSTP 的根端口与 STP 的根端口名称和功能基本一致。

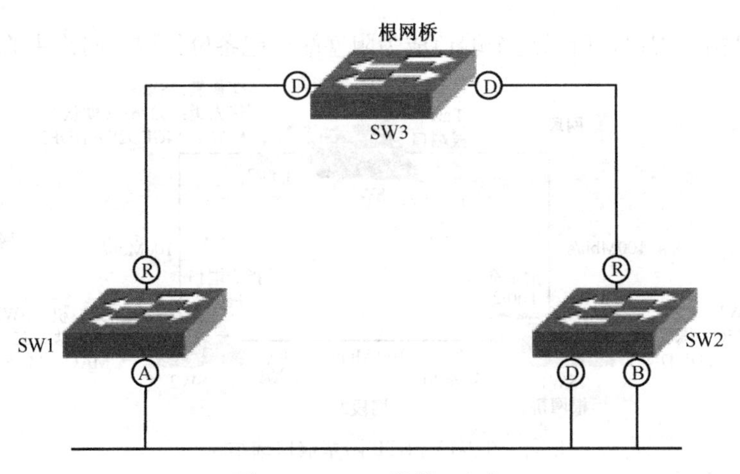

图 9-14 RSTP 的端口角色

2. 指定端口

和 STP 内规定的指定端口概念相似，RSTP 网络中只有根端口和指定端口允许转发流量，每个网段都会选举出一个指定端口，并且根网桥上所有端口都默认成为指定端口，图 9-14 中接口“D”代表指定端口。

3. 替代端口

替代端口是 RSTP 设计的新端口角色，它用来作为交换机根端口的备份，如果交换机根端口发生故障，那么替代端口将立即启用成为该交换机的根端口，图 9-14 中 SW1 上接口标识为“A”的端口就是 SW1 根端口的替代端口。

4. 备份端口

备份端口也是 RSTP 设计的端口新角色，它的作用是担任指定端口的备份，如图 9-14 中 SW2 上接口标识为“B”的端口就是 SW2 指定端口的备份端口，如果 SW2 的指定端口发生故障，那么备份端口“B”将立即成为指定端口转发流量。

5. 禁用端口

在生成树工作过程中，禁用端口是关闭的交换机端口，不担任任何角色。从端口角色的介绍可以了解到，RSTP 运行效率比 STP 高的原因主要是在 STP 端口角色中既不是根端口也不是指定端口的端口处于阻塞状态，如果网络拓扑发生变化，阻塞端口再重新进入监听状态，开始重新选举成为根端口或指定端口替换原先故障端口进行数据转发，效率是比较低下的。但是 RSTP 在选举完根端口和指定端口后，还会尽可能的选举根端口的备份即替代端口和指定端口的备份即备份端口，这样的好处是一旦网络中端口出现故障，它的备份端口会立刻替代它继续为网络提供服务，效率比 STP 高很多。

9.2.2　RSTP 的优点

RSTP（IEEE 802.1w）标准是 STP（IEEE 802.1d）标准的一种进化版本，而非创新版本。所以 STP 中的大部分参数并未做出修改，对于理解了 STP 标准的读者来说，在配置 RSTP 时可以找到许多熟悉的感觉。但 RSTP 毕竟是一种进化版本，它克服了许多 STP 标准的局限性，相比 STP 标准主要有下列两个优点。

1. 快速过渡到转发状态

快速过渡到转发状态是快速生成树协议（IEEE 802.1w）提出的最重要的特性之一。在 RSTP 之前的 STP 时代中，端口过渡到转发状态之前，生成树计算需要等待 30～50 s 时间进行被动网络收敛，而新的 RSTP 实现端口的快速收敛主要靠下面 2 种技术。

（1）边缘端口

交换机的交换端口除了一些是连接其他交换机组建交换网络的外，更多的端口是直接连接终端用户设备例如台式计算机、笔记本电脑和打印机等的，它们不需要参与生成树的计算过程，所以这些端口应当跳过监听和学习状态直接进入到转发状态，这种类型的端口被称为边缘端口。如果边缘端口接收到 BPDU 信息，那么它们会立即从转发状态过渡到监听状态参与快速生成树的选举。

（2）点对点链路

传统的 STP 协议，当根端口和指定端口选举完成后，在端口过渡到转发状态之前，还需要经过监听状态（15 s）和学习状态（15 s）总共 30 s 的被动等待时间。而在 RSTP 中如果是如图 9-15 所示的点对点链路，过渡是非常快的，通常在 1 s 之内就可以完成过渡。

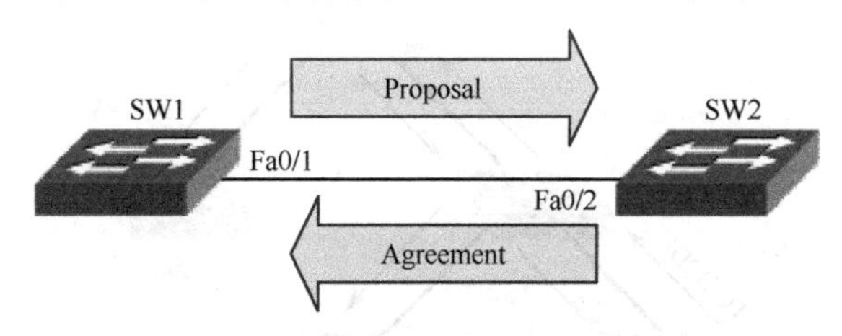

图 9-15　点对点链路的快速过渡

在图 9-15 的点对点链路中，快速过渡的步骤有下列 4 步。

① 根交换机 SW1 的 Fa0/1 和 SW2 的 Fa0/2 开始进入学习状态，Fa0/1 端口发送包含 proposal 比特的 BPDU 给 Fa0/2 端口。

② SW2 的 Fa0/2 端口接收到这个 BPDU 后，由于是点对点链路并且根交换机上的所有端口都是指定端口，所以 Fa0/2 立即将自身设置为根端口。

③ SW2 再向 SW1 发送包含 agreement 比特的 BPDU，Fa0/2 端口进入转发状态。

④ SW1 收到来自 SW2 的包含 agreement 比特的 BPDU 后也将 Fa0/1 端口直接过渡到转发状态，交换网络收敛完成。

2. 更优化的拓扑变更机制

当运行 STP 的交换机检测到拓扑发生变更时，这台交换机首先通过可靠的机制通知根网桥。当根网桥收到网络拓扑发生变更的消息后，它将发出包含 TC 标识的 BPDU 给网络中的非根交换机。当非根交换机收到根网桥发出的 BPDU 后，它们会清除相应的路径，等待网络收敛后添加新的路径，图 9-16 所示是这一过程的示意图。

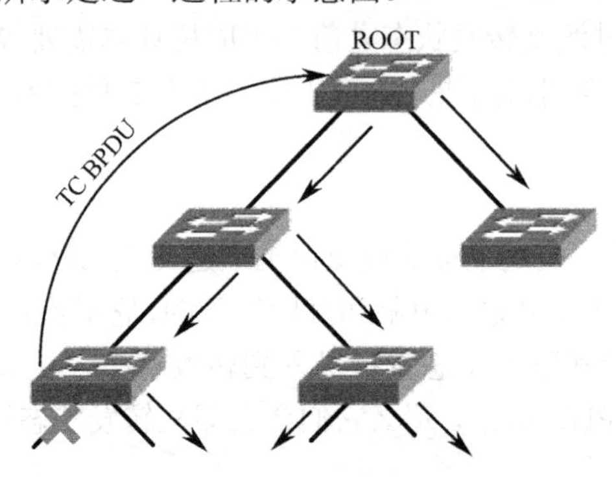

图 9-16　STP 拓扑变更机制

STP 的这种拓扑变更机制效率非常低，对网络延时敏感的企业不可能出现网络故障后等待 60 s 进行 STP 的收敛，所以 RSTP 提供了一套更优化的拓扑变更机制。

如图 9-17 所示，当 RSTP 检测到网络拓扑发生变更后，它将执行下列步骤。

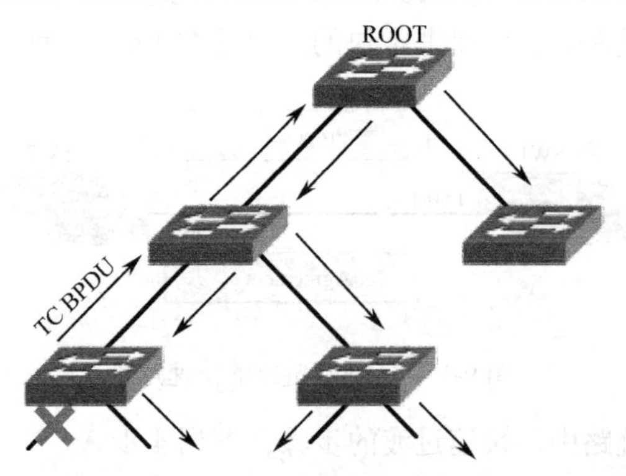

图 9-17　RSTP 拓扑变更机制

① 发生故障的端口启动 TC While 计时器，时间是 4 s，这个计时器是 RSTP 交换机主动通

知拓扑发生变化所需要的时间间隔。

② RSTP 清除所有非边缘端口的 MAC 地址。

③ 端口在启动 TC While 计时器的同时，主动向网络中其他交换机发送包含 TC 比特的 BPDU 甚至包括根网桥。

当故障点相邻的交换机收到包含 TC 比特的 BPDU 信息时将执行下列步骤。

① 交换机将清除除了接收到 BPDU 端口以外的所有 MAC 地址。

② 交换机启动 TC While 计时器，并从自己所有的根端口和指定端口上发送收到的包含 TC 比特的 BPDU。

STP 的包含 TC 比特的故障 BPDU 信息只能由根网桥发送，而在 RSTP 中，根网桥不需要等待被通知故障后再向全网发送 BPDU 信息，这种机制比 STP 机制速度更快，并且可以在一定的时间内维护网络拓扑的稳定性。

9.3　PVST+

PVST+（Per VLAN Spanning Tree Plus，增强型每个 VLAN 一个生成树）是思科公司根据 STP（IEEE 802.1d）协议改进后推出的思科私有协议，它为网络中每一个 VLAN 单独创建一个生成树，它的收敛时间和 IEEE 802.1d 相同，思科交换机默认的 STP 都是采用 PVST+的。

9.3.1　PVST+协议的概念

STP 和 RSTP 是国际标准化组织 IEEE 定义的 CST（公共生成树），这类生成树的共性是整个交换网络中只存在一个生成树协议，缺点是不论网络中有多少台交换机和多少个网段都只生成一个 STP。思科开发的 PVST+为每个 VLAN 维护一个单独的生成树，如果配置得当，PVST+能够为网络中所有 VLAN 提供整体的负载均衡，它通过在交换网络中为每个 VLAN 创建不同根交换机、根端口、指定端口和阻塞端口策略，进而确保所有 VLAN 均衡使用所有链路，而不会过度使用某一条链路。

运行 PVST+网络中的每一个 VLAN 都有单独的根网桥，每个 VLAN 的根网桥有可能是不同交换机，如图 9-18 所示，在 3 台交换机 SW1、SW2 和 SW3 中，VLAN10 的根网桥是 SW1、VLAN20 的根网桥是 SW2，VLAN30 的根网桥是 SW3，那么 SW1 作为根网桥只向网络中其他两台交换机传播与 VLAN10 相关的生成树信息。交换机的端口角色在不同的生成树中也是不同的，例如，SW1 的 Fa0/1 接口在 VLAN10 的 STP 中是指定端口，在 VLAN20 的 STP 中是根端口，在 VLAN30 的 STP 中是阻塞端口。通过不同的端口角色合理调节根网桥和链路路径进行负载均衡，为每个 VLAN 提供不同的根网桥，获得更加稳定的网络。

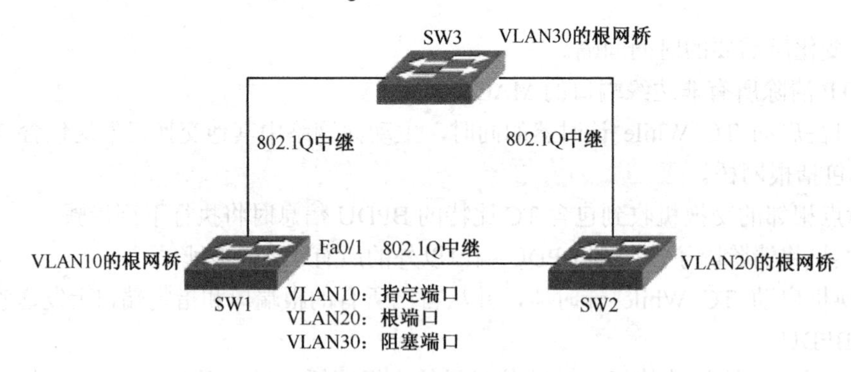

图 9-18 PVST+实例

在多 VLAN 的 PVST+环境中，可以通过调节生成树参数使网络中每条上行中继链路都参与数据转发，进行网络层面的负载均衡，如图 9-19 所示。

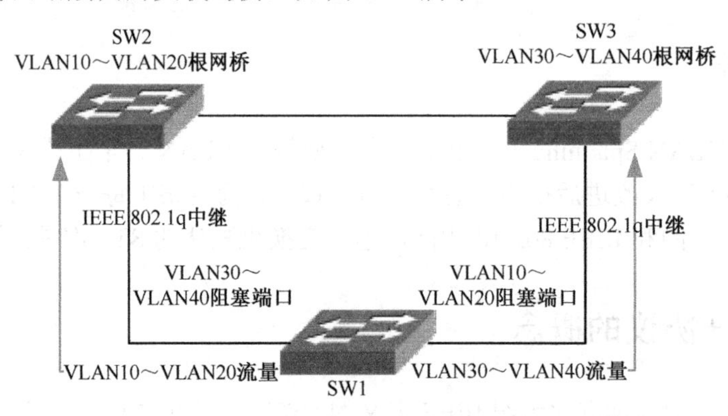

图 9-19 PVST+负载均衡

SW1～SW2 之间和 SW1～SW3 之间是两条上行中继链路，链路 1 和链路 2。为了配置网络使链路 1 为 VLAN10～VLAN20，链路 2 为 VLAN30～VLAN40 工作，我们可以通过配置 SW2 为 VLAN10～VLAN20 的根网桥，再配置 SW3 为 VLAN30～VLAN40 的根网桥的方式提高网络的冗余性。

9.3.2 PVST+协议的优缺点

PVST+作为思科交换机默认的生成树协议，在兼容性、功能性和自适应性等方面表现出色，PVST+的优点和缺点如下所述。

1. 强大兼容性的私有协议

思科根据 STP 协议改进的第一个生成树协议叫 PVST，它的 BPDU 格式和 STP/RSTP 完全不一样，并且在中继传输时使用的 Trunk 分装是 ISL，所以 PVST 与 STP/RSTP 这些共有协议不兼容。

随着思科认识到不兼容公有协议的 PVST 在推广上遇到很大的阻力后，很快又推出了改进的 PVST+协议，并最终成为了思科交换机的标配生成树协议。经过改进的 PVST+可以在所有接口默认所属的 VLAN1 上运行普通 STP 协议，而在其他 VLAN 上运行 PVST 协议。这样 PVST+协议就实现了与 STP/RSTP 互通，在 VLAN1 上生成树按照 STP 协议计算，在其他 VLAN 上，普通的交换机将 PVST BPDU 只当作多播报文进行转发，这样实现了和 STP/RSTP 等共有协议的兼容。

2. 完善功能的多实例生成树

与 STP/RSTP 这类 CST（公共生成树）相比，由于每个 VLAN 都会维护一个独立的生成树，单生成树的两种缺陷都被克服了。

- 第一个缺陷：由于整个交换网络只维护一个生成树，在交换设备比较多、网络规模比较大的时候网络发生一点变化都会导致较长的收敛时间，影响网络正常运行。
- 第二个缺陷：在 IEEE 802.1q 为主流的交换网络中，单生成树可以很好地应对对称型网络拓扑，但在不对称网络拓扑中，单生成树可能会影响网络基本连通性，而 PVST+没有这个问题，并且会带来二层负载均衡的好处。

3. 自动 MAC 地址分配与缩减

思科 Catalyst 系列交换机的 MAC 地址池最多可以容纳 1 024 个地址。交换机按照次序为每个 VLAN 分配地址，例如，将地址池中第一个地址分配给 VLAN1，第二个分配给 VLAN2，以此类推，最后一个地址保留给带内管理接口。但如果交换机拥有的 MAC 地址数少于网络中创建的 VLAN 数，那么交换机将根据 MAC 地址缩减特性使 MAC 地址数量能够满足 VLAN 的需要。

在启用了 MAC 地址缩减特性的交换机上，被保存到生成树 BPDU 中的网桥 ID 将包含一个新的附加字段 System ID Extension（系统扩展 ID），如图 9-20 所示。

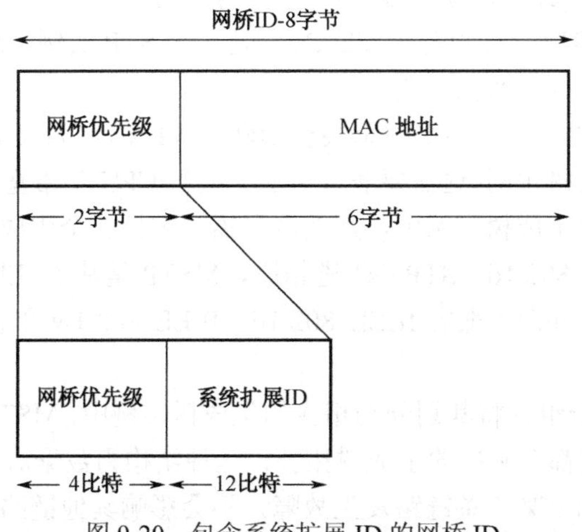

图 9-20 包含系统扩展 ID 的网桥 ID

如果启动了 MAC 地址缩减特性，网络优先级就变成了 4096 的倍数（16 位 2 进制，后面 12 位为 0，前面 4 位任意，最终取值为 4096～61440）再加上 VLAN ID。

PVST+在使用过程中也存在一些弊端，主要有以下 3 个缺陷。

（1）BPDU 通信量的增加

由于每个 VLAN 都需要维护一个生成树，PVST+的 BPDU 通信量比单生成树要多很多倍，过多的 BPDU 会消耗网络的带宽资源。

（2）CPU 资源的高消耗

在 VLAN 个数较多的网络中，维护多个生成树的计算量和设备资源消耗量将急剧增长，特别是当 Trunk 链路端口发生变化时，所有经过的 VLAN 的生成树都需要重新计算，这将消耗大量的 CPU 资源。

（3）协议的私有性

由于协议的私有性，PVST+协议不能像 STP/RSTP 标准那样得到厂商广泛支持，不同厂商的设备在这一模式下虽然能够兼容，但当网络规模较大时这种兼容可能影响网络的运行效率。

一般来说，如果网络拓扑在稳定后不会频繁发生变化，PVST+还是能够很好地在网络中稳定的运行，这也是思科一直将它作为默认生成树协议的原因。

9.4 MSTP

MSTP（Multiple Spanning Tree Protocol，多生成树协议，IEEE 802.1s）是国际标准化组织将 IEEE 802.1w 的快速生成树算法扩展到多个生成树上的一种应用。它在交换网络中创建多个生成树实例，但不像 PVST+那样为每个 VLAN 创建一个 STP 实例，这样做的主要目的是降低与网络物理拓扑匹配的生成树实例总数。

举例来说，如图 9-21 所示，网络中总共有 100 个 VLAN。如果采用 PVST+，那么每台交换机需要维护 100 个生成树实例，这需要非常多的交换机 CPU 和带宽资源，而如果采用 MSTP，100 个 VLAN 映射到 2 个生成树实例中，那么就只需要维护 2 个生成树实例。

与 PVST+基于 IEEE 802.1d（STP）改进相比，MSTP 是基于 IEEE 802.1w（RSTP）改进的，所以收敛速度更快，并向下兼容 IEEE 802.1d、IEEE 802.1w 和思科私有的 PVST+等生成树协议。

通过对 VLAN 进行分组并将其划分到相应的生成树实例中，MSTP 允许在 Trunk 链路上组建多个生成树。每个实例都有独立的生成树拓扑，这种结构为数据流提供了多条转发路径，并支持全局的负载均衡。如果某一条链路发生故障，不会影响其他链路上 VLAN 数据的转发，从而大大提高了网络的容错能力。

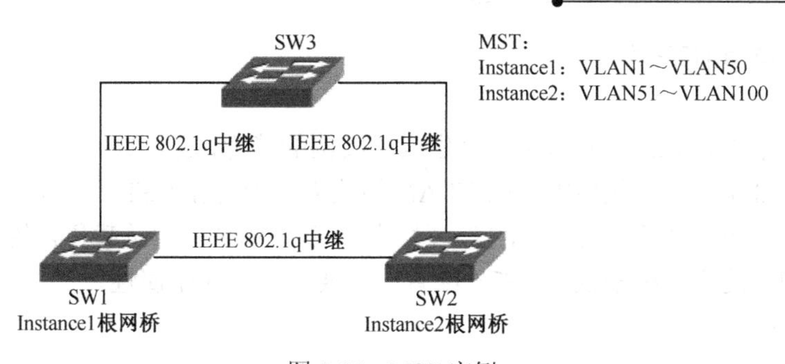

图 9-21 MST 实例

9.4.1 MSTP 的融合性

在思科 PVST+环境中，通过调整 STP 的参数，交换机能够实现均衡负载的目的，例如，设置特定的 VLAN 经过特定的 Trunk 链路进行转发，在图 9-21 中，通过设置 VLAN1～VLAN50 的根网桥为 SW1，VLAN51～VLAN100 的根网桥为 SW2，交换网络能够在接入层和分布层之间实现负载均衡。而 PVST+是为每个 VLAN 创建一个生成树，这就意味着网络中需要创建 100 个生成树实例，这将耗费大量的交换机资源。

简言之，PVST+具有下列两个特性：

① 最好的负载均衡能力。

② 为每个 VLAN 创建生成树需要非常高的 CPU 利用率。

而在 CST（Common Spanning Tree，公共生成树）环境中，它本质上只创建一个生成树实例，与 VLAN 多少无关，这意味着需要的交换机资源量非常少，STP/RSTP 都是典型的 CST。简言之，CST 具有下列两个特性：

① 没有负载均衡能力，因为一条链路会阻塞所有 VLAN。

② 因为仅创建一个生成树，所以交换机的 CPU 利用率非常低。

MSTP 结合了 PVST+和 CST 的优点， MSTP 的优势在于大多数网络不需要为每个 VLAN 创建生成树，通过将 VLAN 映射到实例中的方法，既可以有效地减少生成树的数量，又具有负载均衡能力。

如图 9-21 所示，因为只存在两种不同的生成树逻辑拓扑，所以只需要两个生成树实例就可以满足网络需求。从技术角度来看，使用 MSTP 将所有 VLAN 分别映射进两个实例是网络最好的 STP 解决方案。

在运行 MSTP 的网络中，具有下列两个特性：

① 少量的生成树实例有效地降低了交换机资源消耗量。

② 少量的生成树实例仍然可以获得较好的负载均衡能力。

9.4.2 MSTP 的区域

MSTP 具有将多个 VLAN 映射到一个生成树实例的能力，这需要交换机具有接收到生成树的 BPDU 信息后准确判断实例所映射的 VLAN 的能力。因为在 CST 中，所有实例都是映射到一个生成树中，复杂度较低。而在 PVST+环境中，每个 VLAN 都承载各自的 BPDU 信息。所以对于运行 MSTP 的交换机来说，MSTP 配置中需要有以下 3 个属性。

- 实例名称；
- 版本号；
- 一张最大能映射 4 096 个 VLAN 的要素表。

同时为了确保 VLAN 和实例之间映射的一致性，MSTP 必须能够准确地识别出区域的边界。基于这个目的，区域属性也被包含在 MSTP 的 BPDU 中，因为交换机需要知道收到的 BPDU 是不是同一个区域内的交换机发出的。不同区域之间的 MSTP 是可以相互通信的，不过是作为一个整体进行相互通信的。

简单来说，如图 9-22 所示，因为 SW1 位于 MSTP 的区域 A 中，SW2 和 SW3 位于 MSTP 的区域 B 中，对于 SW1 来说，SW2 和 SW3 是一个整体，而非独立的两台交换机。

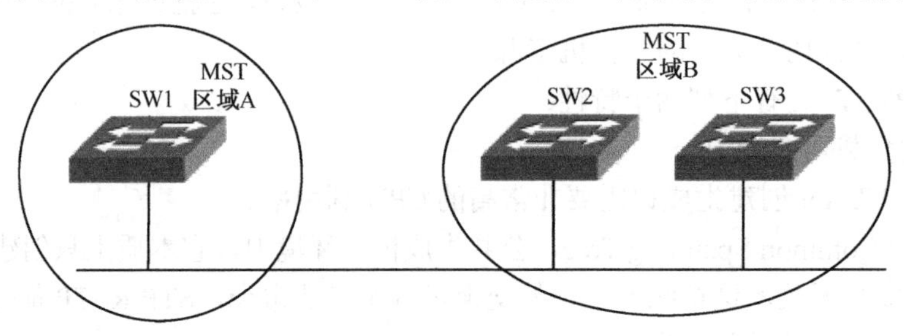

图 9-22 不同 MST 区域交换机

9.5 实训一：STP 与 PVST+配置

【实验目的】

- 掌握单 VLAN PVST 的配置及验证方法；
- 掌握多 VLAN PVST 的配置及验证方法；
- 了解 PVST 根网桥的控制方法；
- 了解 PVST 指定端口的控制方法。

【实验拓扑】

实验拓扑如图 9-23 所示。

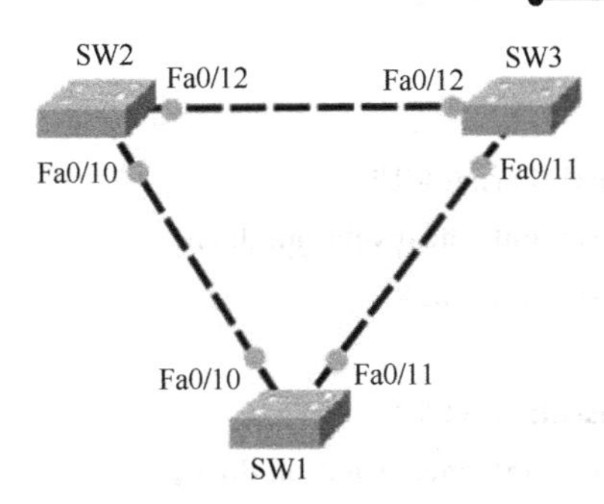

图 9-23 STP 与 PVST+配置实验拓扑

【实验任务】

PVST+为每个 VLAN 创建一个 STP 生成树，实验会从单 VLAN PVST+实验即 STP 基础实验着手，再到多 VLAN PVST+实验，最后进行根网桥和指定端口的控制方法实验，逐步开启生成树的实验环节。

9.5.1 单 VLAN PVST+基础配置及验证

1. 交换机基本配置

（1）SW1 的 Trunk 配置

```
SW1(config)#interface fastEthernet 0/10
SW1(config-if)#switchport trunk encapsulation dot1q
SW1(config-if)#switchport mode trunk
SW1(config)#interface fastEthernet 0/12
SW1(config-if)#switchport trunk encapsulation dot1q
SW1(config-if)#switchport mode trunk
```

交换机 SW2 和 SW3 的配置与交换机 SW1 的配置除了进入的接口名称有所不同外其余配置均相同，这里只列出不解释。

（2）SW2 的 Trunk 配置

```
SW2(config)#interface fastEthernet 0/11
SW2(config-if)#switchport trunk encapsulation dot1q
SW2(config-if)#switchport mode trunk
SW2(config-if)#exit
SW2(config)#interface fastEthernet 0/12
SW2(config-if)#switchport trunk encapsulation dot1q
SW2(config-if)#switchport mode trunk
```

（3）SW3 的 Trunk 配置

```
SW3(config)#interface fastEthernet 0/10
SW3(config-if)#switchport trunk encapsulation dot1q
SW3(config-if)#switchport mode trunk
SW3(config-if)#exit
SW3(config)#interface fastEthernet 0/11
SW3(config-if)#switchport trunk encapsulation dot1q
SW3(config-if)#switchport mode trunk
```

思科交换机模式的 STP 为 PVST+，所以完成基础配置后 3 台交换机的生成树协议就自动开始运行了，接下来交换机默认进行 STP 验证。

2. 交换机生成树协议的验证

（1）查看 SW1 的生成树协议

```
SW1#show spanning-tree
//查看 SW1 的生成树
VLAN0001
  Spanning tree enabled protocol ieee
          //ieee 表示使用 IEEE 802.1d 生成树
  Root ID      Priority      32769
          //根网桥的优先级，32768+VLAN ID
               Address       2037.06dc.2d00
          //根网桥 MAC 地址
               This bridge is the root
          //根网桥地址和 SW1 的 MAC 地址相同，所以成为根
               Hello Time   2 sec   Max Age 20 sec   Forward Delay 15 sec
               //Hello 时间、最大老化时间和转发延迟时间

//交换机自身的网桥 ID 信息
Bridge ID   Priority      32769   (priority 32768 sys-id-ext 1)
               Address       2037.06dc.2d00
               Hello Time   2 sec   Max Age 20 sec   Forward Delay 15 sec
               Aging Time   300 sec

Interface            Role Sts Cost        Prio.Nbr Type
------------------ ---- --- --------- -------- --------------------------------
Fa0/10                Desg FWD 19          128.12    P2p
```

```
//Fa0/10 端口角色是指定端口，处于转发状态，端口开销值是 19，优先级 128，点对点类型
Fa0/12              Desg FWD 19         128.14    P2p
//Fa0/12 端口角色是指定端口，处于转发状态
```

（2）查看 SW2 的生成树协议

```
SW2#show spanning-tree
//查看 SW2 的生成树
VLAN0001
<省略部分输出>
Interface           Role Sts Cost       Prio.Nbr Type
------------------- ---- --- --------- -------- --------------------------------
Fa0/11              Desg FWD 19         128.13    P2p
// Fa0/11 端口角色是指定端口，处于转发状态
Fa0/12              Root FWD 19         128.14    P2p
// Fa0/12 端口角色是根端口，处于转发状态
```

（3）查看 SW3 的生成树协议

```
SW3#show spanning-tree
//查看 SW3 的生成树
VLAN0001
  <省略部分输出>
Interface           Role Sts Cost       Prio.Nbr Type
------------------- ---- --- --------- -------- --------------------------------
Fa0/10              Root FWD 19         128.12    P2p Peer(STP)
// Fa0/10 端口角色是根端口，处于转发状态
Fa0/11              Altn BLK 19         128.13    P2p Peer(STP)
// Fa0/11 端口角色是替换端口，处于阻塞状态
```

9.5.2 多 VLAN PVST 配置及验证

1. 交换机新建 VLAN

（1）SW1 新建 VLAN20

```
SW1(config)#vlan 20
```

（2）SW2 新建 VLAN20

```
SW2(config)#vlan 20
```

（3）SW2 新建 VLAN20

```
SW3(config)#vlan 20
```

2. 交换机生成树协议的验证

（1）查看 SW1 的生成树协议

```
SW1#show spanning-tree
//查看 SW1 的生成树
VLAN0001
  Spanning tree enabled protocol ieee
  Root ID      Priority       32769
                Address        2037.06dc.2d00
                This bridge is the root
                Hello Time     2 sec    Max Age 20 sec    Forward Delay 15 sec

  Bridge ID   Priority       32769    (priority 32768 sys-id-ext 1)
                Address        2037.06dc.2d00
                Hello Time     2 sec    Max Age 20 sec    Forward Delay 15 sec
                Aging Time    300 sec

Interface                  Role Sts Cost          Prio.Nbr Type
------------------- ---- --- --------- -------- --------------------------------
Fa0/10                     Desg FWD 19            128.12      P2p
//在 VLAN1 中，Fa0/10 端口角色是指定端口，处于转发状态
Fa0/12                     Desg FWD 19            128.14      P2p
//在 VLAN1 中，Fa0/12 端口角色是指定端口，处于转发状态

VLAN0020
  Spanning tree enabled protocol ieee
  Root ID      Priority       32788
                Address        2037.06dc.2d00
                This bridge is the root
                Hello Time     2 sec    Max Age 20 sec    Forward Delay 15 sec

  Bridge ID   Priority       32788    (priority 32768 sys-id-ext 20)
                Address        2037.06dc.2d00
                Hello Time     2 sec    Max Age 20 sec    Forward Delay 15 sec
```

```
            Aging Time    300 sec

Interface           Role Sts Cost       Prio.Nbr Type
------------------- ---- --- --------- -------- --------------------------------
Fa0/10              Desg FWD 19         128.12    P2p
//在 VLAN20 中，Fa0/10 端口角色是指定端口，处于转发状态
Fa0/12              Desg FWD 19         128.14    P2p
//在 VLAN20 中，Fa0/12 端口角色是指定端口，处于转发状态
```

（2）查看 SW2 的生成树协议

```
SW2#show spanning-tree
//查看 SW2 的生成树
VLAN0001
<省略部分输出>

Interface           Role Sts Cost       Prio.Nbr Type
------------------- ---- --- --------- -------- --------------------------------
Fa0/11              Desg FWD 19         128.13    P2p
//在 VLAN1 中，Fa0/11 端口角色是指定端口，处于转发状态
Fa0/12              Root FWD 19         128.14    P2p
//在 VLAN1 中，Fa0/12 端口角色是根端口，处于转发状态

VLAN0020
<省略部分输出>

Interface           Role Sts Cost       Prio.Nbr Type
------------------- ---- --- --------- -------- --------------------------------
Fa0/11              Desg FWD 19         128.13    P2p
//在 VLAN20 中，Fa0/11 端口角色是指定端口，处于转发状态
Fa0/12              Root FWD 19         128.14    P2p
//在 VLAN20 中，Fa0/12 端口角色是根端口，处于转发状态
```

（3）查看 SW3 的生成树协议

```
SW3#show spanning-tree
//查看 SW3 的生成树
VLAN0001
<省略部分输出>
```

```
Interface          Role Sts Cost      Prio.Nbr Type
------------------ ---- --- --------- -------- --------------------------------
Fa0/10             Root FWD 19        128.12   P2p Peer(STP)
//在 VLAN1 中，Fa0/10 端口角色是根端口，处于转发状态
Fa0/11             Altn BLK 19        128.13   P2p Peer(STP)
//在 VLAN1 中，Fa0/11 端口角色是替代端口，处于阻塞状态

VLAN0020
<省略部分输出>

Interface          Role Sts Cost      Prio.Nbr Type
------------------ ---- --- --------- -------- --------------------------------
Fa0/10             Root FWD 19        128.12   P2p Peer(STP)
//在 VLAN20 中，Fa0/10 端口角色是根端口，处于转发状态
Fa0/11             Altn BLK 19        128.13   P2p Peer(STP)
//在 VLAN20 中，Fa0/11 端口角色是替代端口，处于阻塞状态
```

9.5.3 根网桥的控制

目前 SW1 是 VLAN1 和 VLAN20 的根网桥，可以通过优先级的设置使 SW2 成为 VLAN20 的根网桥，优化资源配置。

1. 控制根网桥的配置

```
SW2(config)#spanning-tree vlan 20 priority ?
//查看 VLAN20 生成树优先级可设置的值
  <0-61440>   bridge priority in increments of 4096
//所设置的值是 4096 的倍数
SW2(config)#spanning-tree vlan 20 priority 4096
//设置 VLAN20 生成树的优先级为 4096
```

2. 验证根网桥的配置

VLAN20 根网桥发生变化后网络中的端口角色也发生了相应的变化，在配置过程中要特别注意。

（1）查看 SW2 的生成树

```
SW2#show spanning-tree vlan 20
```

```
//查看 SW2 的 VLAN20 生成树
VLAN0020
  Spanning tree enabled protocol ieee
  Root ID     Priority     4116
              Address      2037.06dc.4600
              This bridge is the root
              // SW2 成为了 VLAN20 的根网桥
<省略部分输出>
Interface           Role Sts Cost      Prio.Nbr Type
------------------- ---- --- --------- -------- --------------------------------
Fa0/11              Desg FWD 19        128.13   P2p
//在 VLAN20 中，Fa0/11 端口角色是指定端口，处于转发状态
Fa0/12              Desg FWD 19        128.14   P2p
//在 VLAN20 中，Fa0/12 端口角色是指定端口，处于转发状态
```

（2）查看 SW1 的生成树

```
SW1#show spanning-tree vlan 20
//查看 SW1 的 VLAN20 生成树
VLAN0020
<省略部分输出>
Interface           Role Sts Cost      Prio.Nbr Type
------------------- ---- --- --------- -------- --------------------------------
Fa0/10              Desg FWD 19        128.12   P2p
//在 VLAN20 中，Fa0/10 端口角色是指定端口，处于转发状态
Fa0/12              Root FWD 19        128.14   P2p
//在 VLAN20 中，Fa0/10 端口角色是根端口，处于转发状态
```

（3）查看 SW3 的生成树

```
SW3#show spanning-tree vlan 20
//查看 SW3 的 VLAN20 生成树

VLAN0020
<省略部分输出>
Interface           Role Sts Cost      Prio.Nbr Type
------------------- ---- --- --------- -------- --------------------------------
Fa0/10              Altn BLK 19        128.12   P2p Peer(STP)
//在 VLAN20 中，Fa0/10 端口角色是替代端口，处于阻塞状态
```

```
Fa0/11              Root FWD 19        128.13    P2p Peer(STP)
//在 VLAN20 中，Fa0/11 端口角色是根端口，处于转发状态
```

9.5.4 指定端口的控制

通过设置比根网桥优先级高，比普通网桥优先级低的辅助根网桥，可以使辅助根网桥上的端口成为指定端口。

1. 控制指定端口的设置

```
SW3(config)#spanning-tree vlan 1 root secondary
//设置 SW3 的 VLAN1 生成树为辅助根网桥
```

2. 查看 VLAN1 生成树的非根交换机端口变化

（1）查看 SW3 的生成树

```
SW3#show spanning-tree vlan 1
//查看 SW3 的 VLAN1 生成树
VLAN0001
<省略部分输出>
Interface           Role Sts Cost      Prio.Nbr Type
------------------- ---- --- --------- -------- --------------------------------
Fa0/10              Desg FWD 19        128.12    P2p Peer(STP)
//在 VLAN1 中，Fa0/10 端口角色是指定端口，处于转发状态
Fa0/11              Desg FWD 19        128.13    P2p Peer(STP)
//在 VLAN1 中，Fa0/11 端口角色是指定端口，处于转发状态
```

（2）查看 SW2 的生成树

```
SW2#show spanning-tree vlan 1
//查看 SW2 的 VLAN1 生成树
VLAN0001

Interface           Role Sts Cost      Prio.Nbr Type
------------------- ---- --- --------- -------- --------------------------------
Fa0/11              Root FWD 19        128.13    P2p
//在 VLAN1 中，Fa0/11 端口角色是根端口，处于转发状态
Fa0/12              Altn BLK 19        128.14    P2p
//在 VLAN1 中，Fa0/12 端口角色是替代端口，处于阻塞状态
```

9.6 实训二：Rapid-PVST+配置

【实验目的】

- 掌握交换机 Rapid-PVST 的配置及验证方法；
- 掌握负载均衡的配置；
- 了解交换机链路类型配置。

【实验拓扑】

实验拓扑如图 9-24 所示。

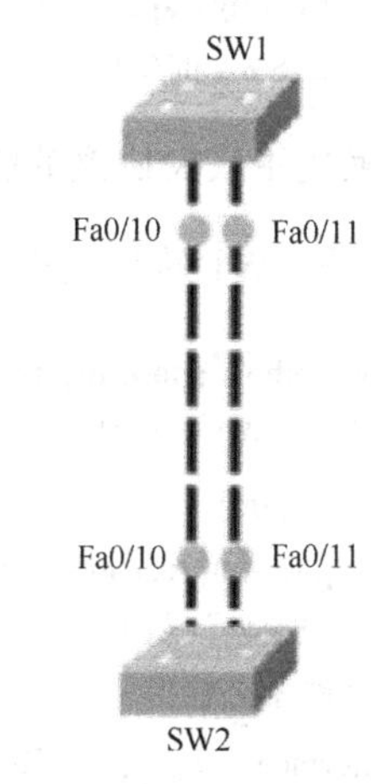

图 9-24 Rapid-PVST 配置实验拓扑

【实验任务】

快速 PVST+和 PVST+相比绝大多数的参数没有发生改变，思科交换机也只需进行少量的配置即可完成快速 PVST+的切换，在实验中除了正常的配置及验证过程外，还会对负载均衡功能进行分析，它不是快速 PVST+私有的，PVST+、MST 甚至是 STP 都可以配置这一功能，最后对快速 PVST+的链路类型进行设置与查看。

1. 交换机基础配置

（1）SW1 的 Trunk 配置

```
SW1(config)#interface range fastEthernet 0/10 - 11
SW1(config-if-range)#switchport trunk encapsulation dot1q
SW1(config-if-range)#switchport mode trunk
```

（2）SW2 的 Trunk 配置

```
SW2(config)#interface range fastEthernet 0/10 - 11
SW2(config-if-range)#switchport trunk encapsulation dot1q
SW2(config-if-range)#switchport mode trunk
```

2. 交换机 VLAN 及生成树设置

（1）SW1 的 VLAN 及生成树配置

```
SW1(config)#vlan 10
SW1(config-vlan)#exit
SW1(config)#spanning-tree mode rapid-pvst
```

```
//设置 SW1 的生成树为快速 PVST 模式
```

（2）SW1 的 VLAN 及生成树配置

```
SW2(config)#vlan 10
SW2(config-vlan)#exit
SW2(config)#spanning-tree mode rapid-pvst
//设置 SW1 的生成树为快速 PVST 模式
```

3. 交换机生成树协议的验证

（1）查看 SW1 的生成树协议

```
SW1#show spanning-tree
//查看 SW1 的生成树
VLAN0001
  Spanning tree enabled protocol rstp
//生成树协议从 IEEE 变为了 RSTP，因为快速 PVST+是由 IEEE 802.1w（RSTP）进化而来
<省略部分输出>
Interface            Role Sts Cost      Prio.Nbr Type
------------------- ---- --- --------- -------- --------------------------------
Fa0/10               Desg FWD 19        128.12   P2p
Fa0/11               Desg FWD 19        128.13   P2p

VLAN0010
  Spanning tree enabled protocol rstp
<省略部分输出>
Interface            Role Sts Cost      Prio.Nbr Type
------------------- ---- --- --------- -------- --------------------------------
Fa0/10               Desg FWD 19        128.12   P2p
Fa0/11               Desg FWD 19        128.13   P2p
```

（2）查看 SW2 的生成树协议

```
SW2#show spanning-tree
VLAN0001
  Spanning tree enabled protocol rstp
<省略部分输出>
Interface            Role Sts Cost      Prio.Nbr Type
------------------- ---- --- --------- -------- --------------------------------
```

```
Fa0/10              Root FWD 19         128.12    P2p
Fa0/11              Altn BLK 19         128.13    P2p

VLAN0010
  Spanning tree enabled protocol rstp
<省略部分输出>
Interface           Role Sts Cost       Prio.Nbr Type
------------------- ---- --- --------- -------- --------------------------------
Fa0/10              Root FWD 19         128.12    P2p
Fa0/11              Altn BLK 19         128.13    P2p
```

4. 交换机负载均衡的配置

（1）修改接口的开销值

```
SW2(config)#interface fastEthernet 0/11
SW2(config-if)#spanning-tree vlan 10 cost 5
//将 VLAN10 的生成树开销值修改为 5
```

（2）查看修改后的 SW2 生成树

```
SW2#show spanning-tree
VLAN0001
  Spanning tree enabled protocol rstp
  Root ID    Priority    32769
             Address     2037.06dc.2d00
             Cost        19
             //VLAN1 的开销值是默认的，因为是 100 Mbps 链路，开销值为 19。
             Port        12 (FastEthernet0/10)
             Hello Time   2 sec  Max Age 20 sec  Forward Delay 15 sec
<省略部分输出>
  Interface          Role Sts Cost       Prio.Nbr Type
------------------- ---- --- --------- -------- --------------------------------
Fa0/10              Root FWD 19         128.12    P2p
Fa0/11              Altn BLK 19         128.13    P2p

VLAN0010
  Spanning tree enabled protocol rstp
  Root ID    Priority    32778
             Address     2037.06dc.2d00
```

```
        Cost         5
        //VLAN10 修改后的开销值为 5
        Port         13 (FastEthernet0/11)
        Hello Time   2 sec   Max Age 20 sec   Forward Delay 15 sec
<省略部分输出>
Interface           Role Sts Cost      Prio.Nbr Type
------------------- ---- --- --------- -------- --------------------------------
Fa0/10              Altn BLK 19        128.12   P2p
Fa0/11              Root FWD 5         128.13   P2p
//修改前 Fa0/11 的角色是替换端口，修改后由于拥有更小的端口开销值，所以成为根端口
```

5. 交换机链路类型配置

（1）查看接口默认链路类型

```
SW2#show spanning-tree vlan 1 interface fastEthernet 0/10 detail
//查看 SW2 的 VLAN1 生成树在 Fa0/10 接口上的详细信息
 Port 12 (FastEthernet0/10) of VLAN0001 is root forwarding
   Port path cost 19, Port priority 128, Port Identifier 128.12.
   Designated root has priority 32769, address 2037.06dc.2d00
   Designated bridge has priority 32769, address 2037.06dc.2d00
   Designated port id is 128.12, designated path cost 0
   Timers: message age 15, forward delay 0, hold 0
   Number of transitions to forwarding state: 1
   Link type is point-to-point by default
   //默认使用点对点链路
   BPDU: sent 5, received 287
```

（2）设置链路类型的方法

```
SW2(config)#interface range fastEthernet 0/10 - 11
SW2(config-if-range)#spanning-tree link-type ?
//查看生成树链路类型的种类
  point-to-point  Consider the interface as point-to-point  //默认设置，可以加快 STP 收敛
  shared          Consider the interface as shared          //设置为共享接口，不常使用
SW2(config-if-range)#spanning-tree link-type point-to-point
//设置接口为点对点类型的链路
```

9.7 实训三：Cisco STP 高级特性

【实验目的】

- 了解 PortFast 的应用环境与配置；
- 了解 BPDU 防护的应用环境与配置；
- 了解 UplinkFast 的应用环境与配置；
- 了解 BackboneFast 的应用环境与配置。

【实验拓扑】

实验拓扑如图 9-25 所示。

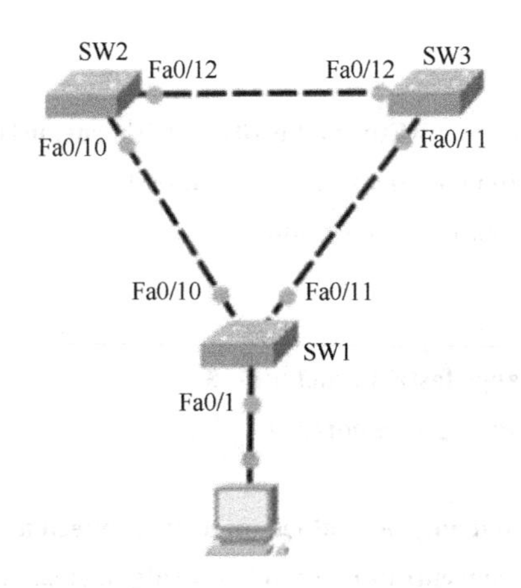

图 9-25 CISCO STP 高级特性配置拓扑

【实验任务】

思科 STP 的高级特性主要用来优化 PVST 协议，这也是 PVST+协议中“+”的原因。这些特性有效地补充了思科私有的生成树协议，加快了收敛的速度，提高了系统的稳定性。实验主要从 PortFast、UplinkFast、BackboneFast 和 BPDU 的防护等方面了解这些特性。

9.7.1 PortFast 和 BPDU 防护

PVST+的 PortFast 特性能够使被配置的二层接口不进行生成树的计算直接进入转发状态。如果接口启动了 STP PortFast 特性，那么当该接口收到 BPDU 时，BPDU 防护功能被激活，接口进入“err-disable”状态。

1. 交换机基础配置

（1）SW1 的基础配置

```
SW1(config)#interface range fastEthernet 0/10 , fastEthernet 0/12
SW1(config-if-range)#switchport trunk encapsulation dot1q
SW1(config-if-range)#switchport mode trunk
```

（2）SW2 的基础配置

```
SW2(config)#interface range fastEthernet 0/11 , fastEthernet 0/12
SW2(config-if-range)#switchport trunk encapsulation dot1q
SW2(config-if-range)#switchport mode trunk
```

（3）SW3 的基础配置

```
SW3(config)#interface range fastEthernet 0/10 , fastEthernet 0/11
SW3(config-if-range)#switchport trunk encapsulation dot1q
SW3(config-if-range)#switchport mode trunk
```

2. PortFast 接口设置

```
SW1(config)#interface range fastEthernet 0/1 – 5
SW1(config-if-range)#spanning-tree portfast
//设置接口为 PortFast 接口
%Warning: portfast should only be enabled on ports connected to a single
 host. Connecting hubs, concentrators, switches, bridges, etc... to this
 interface   when portfast is enabled, can cause temporary bridging loops.
 Use with CAUTION
//接口不再能连接二层设备的警告信息
%Portfast will be configured in 6 interfaces due to the range command
 but will only have effect when the interfaces are in a non-trunking mode.
//接口只能工作在 non-trunking 模式
```

查看接口 PortFast 属性：

```
SW1#show spanning-tree interface fastEthernet 0/1 portfast
//查看 Fa0/1 的生成树 PortFast 特性
VLAN0001              enabled
//在 VLAN1 中接口 Fa0/1 的 PortFast 特性工作正常
```

只有在接口连接了终端设备后，查看命令才会有反馈。

3. 开启交换机 PortFast 的 BPDU 防护功能

```
SW1(config)#spanning-tree portfast bpduguard
//SW1 开启 PortFast 的 BPDU 防护
```

（1）查看 SW1 的 Fa0/1 的正常状态

```
SW1#show interfaces fastEthernet 0/1
//查看 Fa0/1 接口信息
FastEthernet0/1 is up, line protocol is up (connected)
//接口连接 PC 的正常状态
<省略部分输出>
```

（2）查看 Fa0/1 连接交换机后的状态变化

```
*Mar  1 00:36:35.407: %SPANTREE-2-BLOCK_BPDUGUARD: Received BPDU on port FastEthernet0/1 with BPDU Guard enabled. Disabling port.
//交换机发送系统消息，因为在 Fa0/1 接口上收到了 BPDU，关闭该端口
*Mar  1 00:36:35.407: %PM-4-ERR_DISABLE: bpduguard error detected on Fa0/1, putting Fa0/1 in err-disable state
//因为在 Fa0/1 接口检测到 bpdugauard，将该接口设置为 err-disable 状态
SW1#show interfaces fastEthernet 0/1
//查看 Fa0/1 接口信息
FastEthernet0/1 is down, line protocol is down (err-disabled)
//接口连接交换机为 err-diable 状态
<省略部分输出>
```

此时如果想将接口恢复，可以手工 shutdown 该接口后再 no shutdown 打开接口即可。

9.7.2 UplinkFast

如果网络中存在多于一条的冗余链路，PVST+的 UplinkFast 特性能够在直连链路发生故障后提供快速收敛功能。

（1）在交换机上开启 UplinkFast 特性

```
SW3(config)#spanning-tree uplinkfast
//开启 Uplinkfast
```

（2）查看交换机的 UplinkFast 特性

```
SW3#show spanning-tree uplinkfast
```

```
//查看生成树的 Uplinkfast 特性
UplinkFast is enabled
//已开启 uplinkFast
Station update rate set to 150 packets/sec.

UplinkFast statistics
-----------------------
Number of transitions via uplinkFast (all VLANs)              : 0
Number of proxy multicast addresses transmitted (all VLANs) : 0

Name                    Interface List
-------------------- ------------------------------------
VLAN0001                Fa0/10(fwd), Fa0/11
```

9.7.3 BackboneFast

BackboneFast 特性是对 UplinkFast 特性的补充。UplinkFast 只能对直连的交换机所发生的故障进行快速响应，在丢失根端口且备份链路采用不同交换机的情况下，BackboneFast 特性将减少默认的收敛时间，从默认 50 s 减少到 30 s，但它并不能排除转发延迟，也不会对直连路径的失效做出响应。

1. 在交换机上开启 BackboneFast 特性

（1）设置 SW1 的 Backbonefast

```
SW1(config)#spanning-tree backbonefast
//在 SW1 上开启 Backbonefast 特性
```

（2）设置 SW2 的 Backbonefast

```
SW2(config)#spanning-tree backbonefast
```

（3）设置 SW3 的 Backbonefast

```
SW3(config)#spanning-tree backbonefast
```

默认生成树正常运行后断开 SW1 与 SW2 之间的 Fa0/12 接口，在 SW3 上查看 Backbonefast 是否起作用。

2. 查看 Backbonefast 的运行情况

```
SW3#show spanning-tree backbonefast
```

```
//查看生成树 Backbonefast 特性
BackboneFast is enabled

BackboneFast statistics
-----------------------
Number of transition via backboneFast (all VLANs)                    : 0
Number of inferior BPDUs received (all VLANs)                        : 1
//由于 SW1 与 SW2 之间链路断开 SW3 收到的内部 BPDU 数量，这为 SW3 提供快速响应的依据
Number of RLQ request PDUs received (all VLANs)                      : 0
Number of RLQ response PDUs received (all VLANs)                     : 0
Number of RLQ request PDUs sent (all VLANs)                          : 0
Number of RLQ response PDUs sent (all VLANs)                         : 0
SW3#show spanning-tree backbonefast
```

9.8 实训四：MSTP 配置

【实验目的】

- 掌握交换机 MSTP 的配置方法；
- 掌握交换机 MSTP 的验证方法。

【实验拓扑】

实验拓扑如图 9-23 所示。

【实验任务】

MSTP 是一种广泛使用的公有协议生成树，它和前几个实验中生成树的配置大同小异，本实验中相同部分不做过多解释，主要分析不同的部分。

1. 交换机基本配置

（1）SW1 的 Trunk 配置

```
SW1(config)#interface range fastEthernet 0/10 , fastEthernet 0/12
SW1(config-if-range)#switchport trunk encapsulation dot1q
SW1(config-if-range)#switchport mode trunk
```

（2）SW2 的 Trunk 配置

```
SW2(config)#interface range fastEthernet 0/11 , fastEthernet 0/12
```

```
SW2(config-if-range)#switchport trunk encapsulation dot1q
SW2(config-if-range)#switchport mode trunk
```

（3）SW1 的 Trunk 配置

```
SW3(config)#interface range fastEthernet 0/10 , fastEthernet 0/11
SW3(config-if-range)#switchport trunk encapsulation dot1q
SW3(config-if-range)#switchport mode trunk
```

2. 交换机的 VLAN 配置

（1）SW1 的 VLAN 配置

```
SW1(config)#vlan 2-10
```

（2）SW2 的 VLAN 配置

```
SW2(config)#vlan 2-10
```

（3）SW3 的 VLAN 配置

```
SW2(config)#vlan 2-10
```

3. 交换机的 MST 配置

（1）SW1 的 MST 配置

```
SW1(config)#spanning-tree mode mst
//设置生成树模式为 MST
SW1(config)#spanning-tree mst configuration
//进入 MST 配置模式
SW1(config-mst)#name MST-CONF
//设置 MST 的名称
SW1(config-mst)#revision ?
  <0-65535>    Configuration revision number
// MST 的修订号选择区间为 0～65535
SW1(config-mst)#revision 1
//设置 MST 的修订号为 1
SW1(config-mst)#instance 1 vlan 1-5
//将 VLAN1～VLAN5 加入到实例 1 中
SW1(config-mst)#instance 2 vlan 6-10
//将 VLAN6～VLAN10 加入到实例 2 中
```

```
SW1(config-mst)#exit
SW1(config)#spanning-tree mst 1 priority ?
  <0-61440>   bridge priority in increments of 4096
//MST 的优先级设置为 4096 的倍数
SW1(config)#spanning-tree mst 1 priority 4096
//设置 MST 实例 1 的优先级为 4096
SW1(config)#spanning-tree mst 2 priority 8192
//设置 MST 实例 2 的优先级为 8192
```

（2）SW2 的 MST 配置

```
SW2(config)#spanning-tree mst configuration
SW2(config-mst)#name MST-CONF
SW2(config-mst)#revision 1
SW2(config-mst)#instance 1 vlan 1-5
SW2(config-mst)#instance 2 vlan 6-10
SW2(config-mst)#exit
SW2(config)#spanning-tree mst 1 priority 8192
//设置 MST 实例 1 的优先级为 8192
SW2(config)#spanning-tree mst 2 priority 4096
//设置 MST 实例 2 的优先级为 4096
```

（3）SW3 的 MST 配置

```
SW3(config)#spanning-tree mst configuration
SW3(config-mst)#name MST-CONF
SW3(config-mst)#revision 1
SW3(config-mst)#instance 1 vlan 1-5
SW3(config-mst)#instance 2 vlan 6-10
```

4. 交换机 MST 的验证

（1）查看 SW1 的 MST 配置

```
SW1(config)#spanning-tree mst configuration
//进入 MST 配置模式
SW1(config-mst)#show current
//查看 SW1 当前 MST 的配置
Current MST configuration
Name        [MST-CONF]
```

```
Revision   1      Instances configured 3

Instance   Vlans mapped
--------   -------------------------------------------------------------
0          11-4094
1          1-5
2          6-10
-------------------------------------------------------------------------
//当前实例为 3 个，默认所有 VLAN 在实例 0 中。
```

（2）查看 SW1 的生成树

```
SW1#show spanning-tree
MST0
  Spanning tree enabled protocol mstp
//SW1 使用的是 MSTP 生成树协议
 <省略部分输出>
Interface            Role Sts Cost      Prio.Nbr Type
------------------ ---- --- --------- -------- ----------------------------
Fa0/10               Desg FWD 200000    128.12   P2p
//在实例 0 中，Fa0/10 端口角色是指定端口，处于转发状态
Fa0/12               Desg FWD 200000    128.14   P2p
//在实例 0 中，Fa0/12 端口角色是指定端口，处于转发状态

MST1
  Spanning tree enabled protocol mstp
<省略部分输出>
Interface            Role Sts Cost      Prio.Nbr Type
------------------ ---- --- --------- -------- ----------------------------
Fa0/10               Desg FWD 200000    128.12   P2p
//在实例 1 中，Fa0/10 端口角色是指定端口，处于转发状态
Fa0/12               Desg FWD 200000    128.14   P2p
//在实例 1 中，Fa0/12 端口角色是指定端口，处于转发状态

MST2
  Spanning tree enabled protocol mstp
<省略部分输出>
Interface            Role Sts Cost      Prio.Nbr Type
```

```
------------------ ---- --- --------- -------- --------------------------------
Fa0/10              Desg FWD 200000      128.12     P2p
//在实例 2 中，Fa0/10 端口角色是指定端口，处于转发状态
Fa0/12              Root FWD 200000      128.14     P2p
//在实例 2 中，Fa0/12 端口角色是根端口，处于转发状态
```

（3）查看 SW2 的生成树

```
SW2#show spanning-tree
MST0
  Spanning tree enabled protocol mstp
<省略部分输出>
Interface           Role Sts Cost        Prio.Nbr Type
------------------ ---- --- --------- -------- --------------------------------
Fa0/11              Desg FWD 200000      128.13     P2p
//在实例 0 中，Fa0/11 端口角色是指定端口，处于转发状态
Fa0/12              Root FWD 200000      128.14     P2p
//在实例 0 中，Fa0/12 端口角色是根端口，处于转发状态

MST1
  Spanning tree enabled protocol mstp
<省略部分输出>
Interface           Role Sts Cost        Prio.Nbr Type
------------------ ---- --- --------- -------- --------------------------------
Fa0/11              Desg FWD 200000      128.13     P2p
//在实例 1 中，Fa0/11 端口角色是指定端口，处于转发状态
Fa0/12              Root FWD 200000      128.14     P2p
//在实例 1 中，Fa0/12 端口角色是根端口，处于转发状态

MST2
  Spanning tree enabled protocol mstp
<省略部分输出>
Interface           Role Sts Cost        Prio.Nbr Type
------------------ ---- --- --------- -------- --------------------------------
Fa0/11              Desg FWD 200000      128.13     P2p
//在实例 2 中，Fa0/11 端口角色是指定端口，处于转发状态
Fa0/12              Desg FWD 200000      128.14     P2p
//在实例 2 中，Fa0/12 端口角色是指定端口，处于转发状态
```

（4）查看 SW3 的生成树

```
SW3#show spanning-tree
MST0
  Spanning tree enabled protocol mstp
<省略部分输出>
Interface              Role Sts Cost      Prio.Nbr Type
------------------ ---- --- --------- -------- --------------------------------
Fa0/10                 Root FWD 200000    128.12   P2p
//在实例 0 中，Fa0/10 端口角色是根端口，处于转发状态
Fa0/11                 Altn BLK 200000    128.13   P2p
//在实例 0 中，Fa0/11 端口角色是替代端口，处于阻塞状态

MST1
  Spanning tree enabled protocol mstp
<省略部分输出>
Interface              Role Sts Cost      Prio.Nbr Type
------------------ ---- --- --------- -------- --------------------------------
Fa0/10                 Root FWD 200000    128.12   P2p
//在实例 1 中，Fa0/10 端口角色是根端口，处于转发状态
Fa0/11                 Altn BLK 200000    128.13   P2p
//在实例 1 中，Fa0/11 端口角色是替代端口，处于阻塞状态

MST2
  Spanning tree enabled protocol mstp
<省略部分输出>
Interface              Role Sts Cost      Prio.Nbr Type
------------------ ---- --- --------- -------- --------------------------------
Fa0/10                 Altn BLK 200000    128.12   P2p
//在实例 2 中，Fa0/10 端口角色是替代端口，处于阻塞状态
Fa0/11                 Root FWD 200000    128.13   P2p
//在实例 2 中，Fa0/11 端口角色是根端口，处于转发状态
```

第10章 >>>

IPv6路由协议

本章要点

- IPv6 协议
- RIPng 路由协议
- IPv6 EIGRP 路由协议
- OSPFv3 路由协议
- 实训一：IPv6 网络静态路由
- 实训二：Ipv6 汇总静态路由与默认路由
- 实训三：RIPng 配置
- 实训四：IPv6 EIGRP 配置
- 实训五：OSPFv3 配置

IPv6 是下一代互联网的关键协议，国内几大运营商已经在核心网络部署了 IPv6 网络的基础架构。IPv6 最终取代 IPv4 的必然趋势是不会改变的，IPv6 必将成为未来网络的国际协议。

10.1 IPv6 协议

现在广泛使用的是 20 世纪 70 年代末设计的 IPv4，从计算机本身发展以及从互联网规模和网络传输速率来看，现在 IPv4 已很不适用。其中最主要的问题是 32 bit 的 IP 地址空间已经无法满足迅速膨胀的互联网规模。

要解决 IP 地址耗尽的问题主要由以下措施：

- 采用无类别编址 CIDR，使 IP 地址的分配更加合理；
- 采用网络地址转换 NAT 方法以节省全球 IP 地址；
- 采用具有更大地址空间的新版本的 IP 协议 IPv6。

10.1.1 IPv6 的优势

IPv6 所引进的主要变化如下。

- 更大的地址空间：IPv6 将地址从 IPv4 的 32 bit 增大到了 128 bit；
- 灵活的首部格式：用以改进数据包的处理能力；
- 流标签功能：提供强大的 QoS 保障机制；
- 支持即插即用（即自动配置）和资源的预分配。

10.1.2 IPv6 消息格式

IPv6 将首部长度变为固定的 40 字节，称为基本首部（Base Header）。将不必要的功能取消，首部的字段数减少到只有 8 个。取消了首部的检验和字段，加快了路由器处理数据报的速度。在基本首部的后面允许有零个或多个扩展首部。所有的扩展首部和数据合起来叫作数据报的有效载荷（Payload）或净负荷，图 10-1 为 IPv6 首部格式。

- 版本：4 bit，对于 IPv6，该字段的值为 6。
- 流量类型：8 bit，该字段以 DSCP 标记 IPv6 数据包，提供 QoS 服务。
- 流标签：20 bit，用来标记 IPv6 数据的一个流，让路由器或者交换机基于流而不是数据包来处理数据。
- 有效载荷长度：16 bit，用来表示有效载荷的长度，即 IPv6 数据包的数据部分。
- 下一包头：8 bit，该字段定义紧跟 IPv6 基本包头的信息类型。
- 跳数限制：8 bit，用来定义 IPv6 数据包过经过的最大跳数。
- 源 IPv6 地址、目的 IPv6 地址：各 128 bit，用来标识 IPv6 数据包发送和接收方的

IPv6 地址。

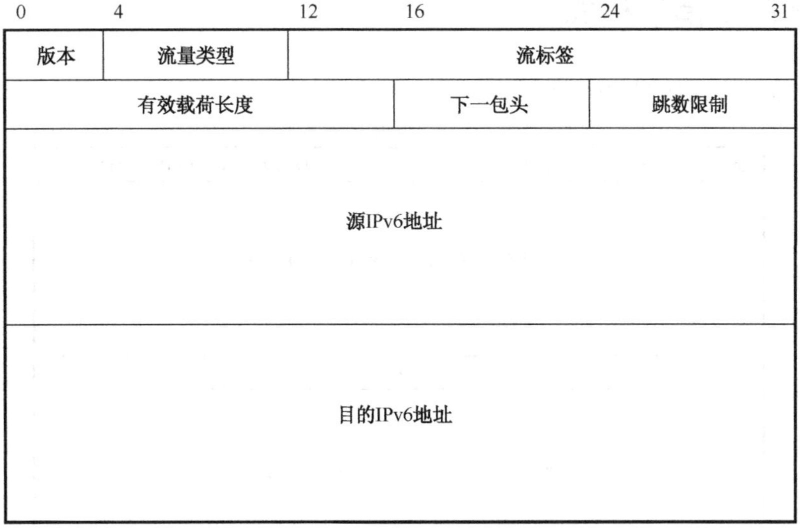

0	4	12	16	24	31
版本	流量类型	流标签			
有效载荷长度			下一包头	跳数限制	
源IPv6地址					
目的IPv6地址					

图 10-1　IPv6 首部格式

IPv6 的表示方法是：每个 16 bit 的值用十六进制值表示，各值之间用冒号分隔。例如，68E6:8C64:FFFF:FFFF:0:1180:960A:FFFF。

IPv6 地址可以使用零压缩（zero compression），即一连串连续的零可以用一对冒号所取代，FF05:0:0:0:0:0:0:B3 可以写成：FF05::B3。一个 IPv6 地址中，零压缩只能使用一次。

10.2　RIPng 路由协议

10.2.1　RIPng 概述

RIPng（Routing Information Protocol next generation），下一代路由信息协议，是 RIP 协议在 IPv6 网络中对应的路由协议，RIPng 也是距离矢量路由协议，以跳数作为度量，16 跳表示不可达。

Cisco 路由器运行 RIPng 协议在计算度量时会把宣告路由器度量加 1，这是与 IPv4 网络中 RIP 协议的重大差别。例如，路由器 A 向路由器 B 发送一条关于自己的质量网络信息，路由器 A 宣告的跳数为 1，接收该信息的路由器 B 在将该条路由加入路由表时会将度量加 1，也就是度量为 2。

RIPng 协议也是基于 UDP 协议发送报文的，端口为 521，支持定期更新和触发更新，使用抑制计时器，防止路由环路，使用水平分割或水平分割加毒性逆转防止环路，能够支持认证。

10.2.2 RIPng 消息格式

RIPng 的报文格式如图 10-2 所示。

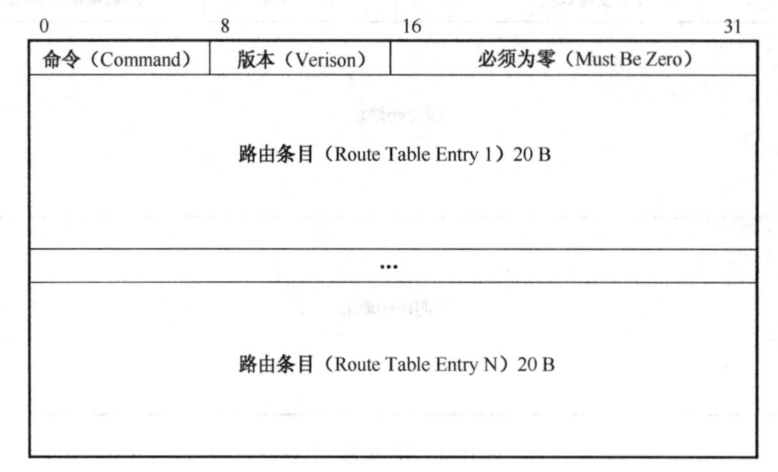

图 10-2 RIPng 报文格式

每一个路由表条目的格式如图 10-3 所示。

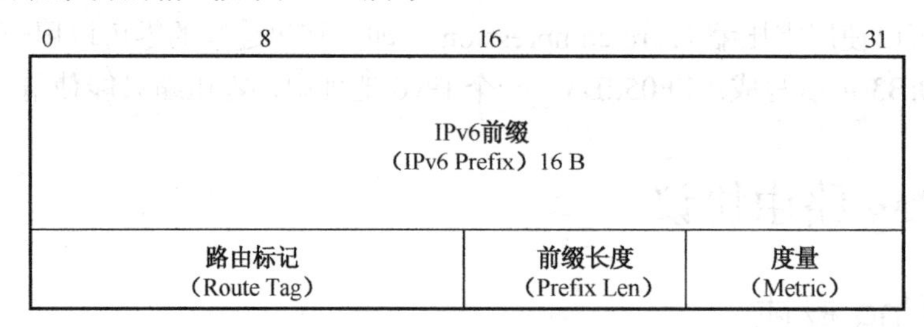

图 10-3 路由表条目格式

相关字段的含义如下。

- 命令：1 表示请求，2 表示响应消息。
- 版本：目前版本是 1。
- IPv6 前缀：128 bit 的目的地 IPv6 地址。
- 路由标记：在进行路由通告时用于标识路由的类型，可以用来区分内部路由与外部路由（从其他 IGP 或 EGP 引入的路由）。
- 前缀长度：网络前缀的长度。
- 度量：指到达目的网络的开销。

10.3　IPv6 EIGRP 路由协议

IPv6 EIGRP 协议是与 IPv4 EIGRP 协议对应的路由协议，运行在 IPv6 网络上，其主要功能与 IPv4 EIGRP 协议基本相同，其主要的特点如下。

- IPv6 EIGRP 是一种距离矢量路由协议；
- 使用带宽、延迟、可靠性、负载来作为它的复合度量，默认情况只使用带宽和延迟；
- 使用 RTP 协议能可靠、有序地和邻居交换路由信息；
- 使用 DUAL 算法计算路由，包括后继路由、可行后继路由、可行距离、通告距离等；
- 当网络结构发生变化时进行增量更新，而不是定期更新；
- 邻居发现使用 Hello 协议，并且使用链路本地地址实现邻居发现，建立邻居关系；
- 使用组播地址 224.0.0.10 对应的 IPv6 地址 FF02:10 发送消息，使用出接口的链路本地地址作为消息的源地址；
- 支持 MD5 认证。

10.4　OSPFv3 路由协议

10.4.1　OSPFv3 概述

OSPFv3 路由协议是在 IPv6 网络中使用链路状态路由协议，2008 年由 R.Coltun 等人发布的 RFC 5340 对 OSPFv3 进行了修改，OSPFv3 的工作原理与 OSPFv2 相似，主要有以下特点。

- OSPFv3 是一种链路状态路由协议；
- 使用开销作为其度量，默认情况以 10^8/带宽来计算；
- 工作机制中使用与 OSPFv2 相同的 5 种类型的数据包：Hello、DBD、LSR、LSU、LSACK；
- 广播与非广播多路访问网络需要进行 DR 与 BDR 的选举；
- 使用链路本地地址，通过 Hello 数据包来建立和维护邻居关系；
- 使用与 IPv4 对应的 IPv6 组播地址 FF02::5 与 FF02::6 发送数据包；
- 支持简单明文或 MD5 认证。

10.4.2　OSPFv3 消息格式

OSPFv3 在工作机制中使用了 5 种类型的数据包，而所有类型的报文都有一个 16 字节头部，头部的编码格式如图 10-4 所示。

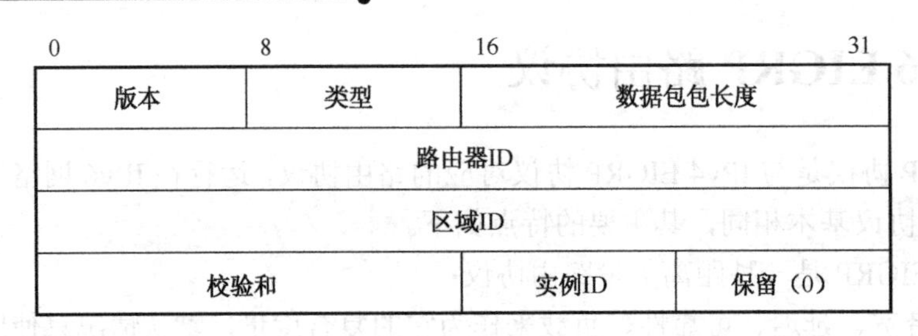

图 10-4 OSPFv3 头部

OSPFv3 头部个字段含义如下。

- 版本：OSPF 的版本号，Version 3；
- 类型：指明 OSPF 报文类型，Hello=1，DBD=2，LSR=3，LSU=4，LSAck=5；
- 路由器 ID：源路由器的 ID；
- 区域 ID：源数据包的区域 ID；
- 校验和：对整个 IPv6 报文的校验和；
- 实例 ID：OSPF 允许在单条链路上运行多个实例，每个实例会分配一个实例 ID，实例 ID 只有链路本地意义。

OSPFv3 通过 Hello 报文来建立和维护邻居关系，其 Hello 报文的格式如图 10-5 所示。

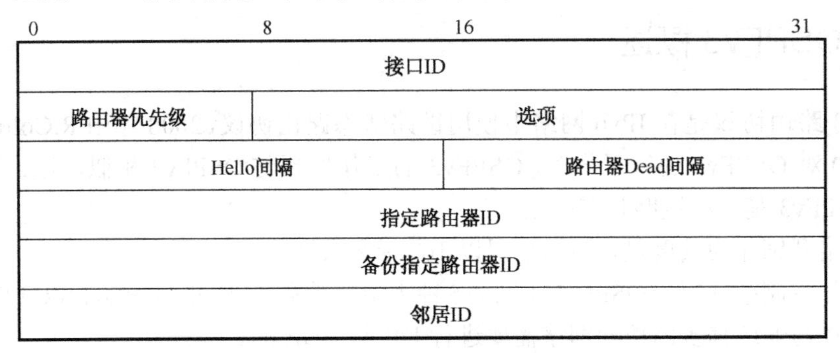

图 10-5 OSPFv3 hello 数据包

OSPFv3 Hello 数据包各字段含义如下。

- 接口 ID：路由器接收报文的接口 ID，32 bit；
- 路由器优先级：用于 DR/BDR 的选举，0 表示永远不参与选举；
- Hello 间隔：路由器发送 Hello 报文的时间间隔；
- Dead 间隔：路由器宣布邻居失效的等待时间；
- 指定路由器 ID：DR 的路由器 ID，如果没有则以 0.0.0.0 填充；
- 备份指定路由器 ID：BDR 的路由器 ID，如果没有则以 0.0.0.0 填充；
- 邻居 ID：所有邻居的路由器 ID。

10.5　实训一：IPv6 网络静态路由

【实验目的】

- 熟悉 IPv6 网络；
- 掌握 IPv6 地址配置方法；
- 部署 IPv6 静态路由；
- 验证配置。

【实验拓扑】

实验拓扑如图 10-6 所示。

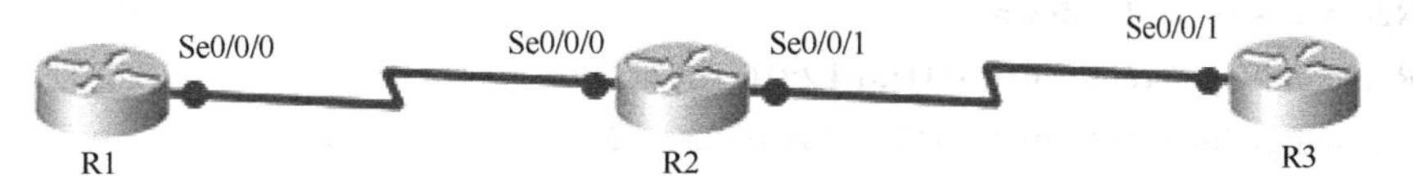

图 10-6　实验拓扑

设备参数如表 10-1 所示。

表 10-1　设备参数表

设　备	接　口	IPv6 地址
R1	Loopback0	2016:1111::1/64
	S0/0/0	2016:1212::1/64
R2	S0/0/0	2016:1212::2/64
	S0/0/1	2016:2323::2/64
R3	Loopback0	2016:3333::3/64
	S0/0/1	2016:2323::3/64

【实验内容】

1. R1 的配置

```
R1(config)#ipv6 unicast-routing                    //开启 IPv6 路由
R1(config)#interface loopback 0
R1(config-if)#ipv6 address 2016:1111::1/64    //配置 IPv6 地址
R1(config-if)#no shutdown
R1(config-if)#exit
R1(config)#interface serial 0/0/0
R1(config-if)#ipv6 address 2016:1212::1/64
R1(config-if)#no shutdown
```

```
R1(config)#ipv6 route 2016:3333::/64 2016:1212::2    //配置 IPv6 静态路由
R1(config)#ipv6 route 2016:2323::/64 2016:1212::2
```

2. R2 的配置

```
R2(config)#ipv6 unicast-routing
R2(config)#interface serial 0/0/0
R2(config-if)#ipv6 address 2016:1212::2/64
R2(config-if)#no shutdown
R2(config-if)#exit
R2(config)#interface serial 0/0/1
R2(config-if)#ipv6 address 2016:3333::2/64
R2(config-if)#no shutdown
R2(config)#ipv6 route 2016:1111::/64 2016:1212::1
R2(config)#ipv6 route 2016:3333::/64 2016:2323::3
```

3. R3 的配置

```
R3(config)#ipv6 unicast-routing
R3(config)#interface loopback 0
R3(config-if)#ipv6 address 2016:3333::3/64
R3(config-if)#exit
R3(config)#interface serial 0/0/1
R3(config-if)#ipv6 address 2016:2323::3/64
R3(config-if)#no shutdown
R3(config-if)#exit
R3(config)#ipv6 route 2016:1111::/64 2016:2323::2
R3(config)#ipv6 route 2016:1212::/64 2016:2323::2
```

4. 接口配置 IPv6 地址使用的命令

```
Router（config-if）#ipv6 address ipv6-address/prefix-length [ link-local | eui-64 ]
```

接口配置 IPv6 地址参数如下。

- ipv6-address：接口的 IPv6 地址；
- prefix-length：IPv6 地址前缀；
- link-local：链路本地地址；
- **eui-64**：使用 eui-64 流程，在 MAC 地址 24 bit 后插入 0Xfffe 生成 64 bit 接口标识从而完成 IPv6 地址配置。

5. IPv6 的静态路由使用 IPv6 Route 全局配置命令进行配置

命令格式如下：

```
Router（config）#ipv6 route ipv6-prefix/prefix-length { ipv6-address | exit-interface}
```

Ipv6 静态路由配置相关参数如下。

- **ipv6-prefix**：远程网络的目的地网络地址；
- **prefix-length**：远程网络的前缀；
- **ipv6-address**：相连路由器将数据包转发到远程网络所使用的下一跳 IPv6 地址；
- **exit-interface**：将数据转发的发送接口，又称送出接口。

在 IPv6 网络中，必须配置 ipv6 unicast-routing 全局配置命令，才能使路由器转发 IPv6 数据包。

6. R1 路由路 IPv6 接口信息

```
R1#show ipv6 interface serial 0/0/0
Serial0/0/0 is up, line protocol is up
  Ipv6 is enabled, link-local address is FE80::D2C2:82FF:FE54:6810
//链路本地地址，此地址以 FE80 开头，通过 eui-64 流程生成，也可以手工指定
  No Virtual link-local address(es):
  Global unicast address(es):        //全球单播地址
    2016:1212::1, subnet is 2016:1212::/64
  Joined group address(es):          //加入的组播地址
    FF02::1
    FF02::2
    FF02::1:FF00:1
    FF02::1:FF54:6810
  MTU is 1500 bytes
  ICMP error messages limited to one every 100 milliseconds
  ICMP redirects are enabled
  ICMP unreachables are sent
  ND DAD is enabled, number of DAD attempts: 1
  ND reachable time is 30000 milliseconds (using 34931)
  Hosts use stateless autoconfig for addresses.
```

7. R1 路由器所有接口的 IPv6 状态和配置概况

```
R1#show ipv6 interface brief
FastEthernet0/0              [administratively down/down]
    unassigned
```

```
FastEthernet0/1              [administratively down/down]
    unassigned
Serial0/0/0                  [up/up]
FE80::D2C2:82FF:FE54:6810
    2016:1212::1
Serial0/0/1                  [administratively down/down]
    unassigned
SSLVPN-VIF0                  [up/up]
    unassigned
Loopback0                    [up/up]
    FE80::D2C2:82FF:FE54:6810
    2016:1111::1
```

8. R1 路由路的路由表信息

```
R1#show ipv6 route
Ipv6 Routing Table – Default – 7 entries
Codes: C – Connected, L – Local, S – Static, U – Per-user Static route
       B – BGP, M – MIPv6, R – RIP, I1 – ISIS L1
       I2 – ISIS L2, IA – ISIS interarea, IS – ISIS summary, D – EIGRP
       EX – EIGRP external
       O – OSPF Intra, OI – OSPF Inter, OE1 – OSPF ext 1, OE2 – OSPF ext 2
       ON1 – OSPF NSSA ext 1, ON2 – OSPF NSSA ext 2
C   2016:1111::/64 [0/0]
     via Loopback0, directly connected
L   2016:1111::1/128 [0/0]
     via Loopback0, receive
//L 用于标识路由器接口分配的地址
C   2016:1212::/64 [0/0]
     via Serial0/0/0, directly connected
L   2016:1212::1/128 [0/0]
     via Serial0/0/0, receive
S   2016:2323::/64 [1/0]              //静态路由
     via 2016:1212::2
S   2016:3333::/64 [1/0]
     via 2016:1212::2
L   FF00::/8 [0/0]
     via Null0, receive
```

【实验测试】

```
R1#ping ipv6 2016:3333::3 source 2016:1111::1

Type escape sequence to abort.
Sending 5, 100-byte ICMP Echos to 2016:3333::3, timeout is 2 seconds:
Packet sent with a source address of 2016:1111::1
!!!!!
Success rate is 100 percent (5/5), round-trip min/avg/max = 0/2/4 ms
```

10.6　实训二：IPv6 汇总静态路由与默认路由

【实验目的】

- 掌握 IPv6 地址汇总方法；
- 掌握 IPv6 静态路由配置方法；
- 掌握 IPv6 汇总静态路由和默认路由方法；
- 验证配置。

【实验拓扑】

实验拓扑如图 10-7 所示。

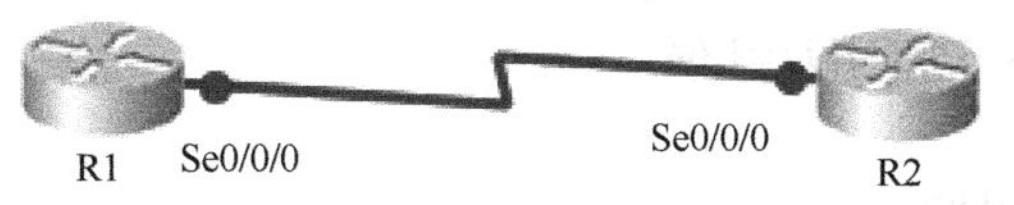

图 10-7　实验拓扑

设备参数如表 10-2 所示。

表 10-2　设备参数表

设　备	接　口	IPv6 地址
R1	Loopback0	2016:1111::1/64
	S0/0/0	2016:1212::1/64
R2	S0/0/0	2016:1212::2/64
	Loopback1	2016:ABCD:1234:1::2/64
	Loopback2	2016:ABCD:1234:2::2/64

续表

设 备	接 口	IPv6 地址
R2	Loopback3	2016:ABCD:1234:3::2/64
	Loopback4	2016:ABCD:1234:4::2/64

IPv6 汇总路由的计算和 IPv4 基本相同，如图 10-8 所示。

2016:ABCD:1234:1	2016:ABCD:1234:000	0001
2016:ABCD:1234:2	2016:ABCD:1234:000	0010
2016:ABCD:1234:3	2016:ABCD:1234:000	0011
2016:ABCD:1234:4	2016:ABCD:1234:000	0100
2016:ABCD:1234:0	2016:ABCD:1234:000	0000

汇总地址 2016:ABCD:1234::/61

图 10-8 IPv6 汇总路由计算

IPv6 网络中多条静态路由可以汇总成一条静态路由需要符合以下条件。

- 目的网络是连续的，可以汇总成一个网络地址；
- 多条静态路由使用相同的下一跳 IPv6 地址或者是送出接口。

【实验内容】

1. R1 的配置

```
R1(config)#ipv6 unicast-routing
R1(config)#interface loopback 0
R1(config-if)#ipv6 address 2016:1111::1/64
R1(config-if)#exit
R1(config)#interface serial 0/0/0
R1(config-if)#ipv6 address 2016:1212::1/64
R1(config-if)#no shutdown
R1(config-if)#exit
R1(config)#ipv6 route 2016:abcd:1234::/61 2016:1212::2    //配置 IPv6 汇总静态路由
```

2. R2 的配置

```
R2(config)#ipv6 unicast-routing
R2(config)#interface serial 0/0/0
R2(config-if)#ipv6 address 2016:1212::2/64
R2(config-if)#no shutdown
```

```
R2(config-if)#exit
R2(config)#interface loopback 1
R2(config-if)#ipv6 address 2016:abcd:1234:1::2/64
R2(config-if)#exit
R2(config)#interface loopback 2
R2(config-if)#ipv6 address 2016:abcd:1234:2::2/64
R2(config-if)#exit
R2(config)#interface loopback 3
R2(config-if)#ipv6 address 2016:abcd:1234:3::2/64
R2(config-if)#exit
R2(config)#interface loopback 4
R2(config-if)#ipv6 address 2016:abcd:1234:4::2/64
R2(config-if)#exit
R2(config)#ipv6 route ::/0 serial 0/0/0                    //配置 IPv6 默认静态路由
```

3. R1 的路由表

```
R1#show ipv6 route static
IPv6 Routing Table - Default - 6 entries
(------省略部分输出------)
S    2016:ABCD:1234::/61 [1/0]
       via 2016:1212::2
```

4. R2 的路由表

```
R2#show ipv6 route static
IPv6 Routing Table - Default - 12 entries
(------省略部分输出------)
S    ::/0 [1/0]
       via Serial0/0/0, directly connected
```

【实验测试】

```
R1#ping ipv6 2016:abcd:1234:1::2 source 2016:1111::1

Type escape sequence to abort.
Sending 5, 100-byte ICMP Echos to 2016:ABCD:1234:1::2, timeout is 2 seconds:
Packet sent with a source address of 2016:1111::1
!!!!!
Success rate is 100 percent (5/5), round-trip min/avg/max = 0/1/4 ms
```

10.7 实训三：RIPng 配置

【实验目的】

- 掌握 RIPng 的配置方法；
- 掌握 RIPng 各种信息查看命令；
- 掌握传播默认路由方法；
- 验证配置。

【实验拓扑】

实验拓扑如图 10-9 所示。

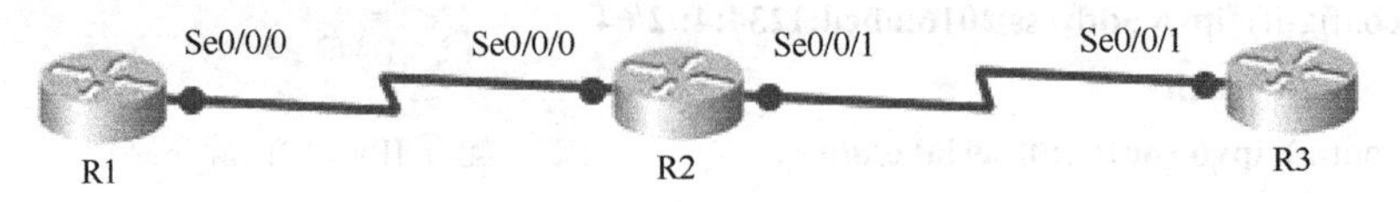

图 10-9 实验拓扑

设备参数如表 10-3 所示。

表 10-3 设备参数表

设 备	接 口	IPv6 地址
R1	Loopback0	2016:1111::1/64
	S0/0/0	2016:1212::1/64
R2	S0/0/0	2016:1212::2/64
	S0/0/1	2016:2323::2/64
R3	Loopback0	2016:3333::3/64
	S0/0/1	2016:2323::3/64

【实验内容】

1. 配置路由信息

（1）R1 的配置

```
R1(config)#ipv6 unicast-routing
R1(config)#ipv6 router rip siso                //启动 IPv6 RIPng 进程，siso 表示进程名
R1(config-rtr)#poison-reverse
//执行毒性逆转，如果启用水平分割了，那么只有水平分割有效
R1(config-rtr)#split-horizon                   //执行水平分割
R1(config-rtr)#exit
```

```
R1(config)#interface loopback 0
R1(config-if)#ipv6 rip siso enable                    //进入接口启用 RIPng
R1(config-if)#exit
R1(config)#interface serial 0/0/0
R1(config-if)#ipv6 rip siso enable
R1(config-if)#exit
```

（2）R2 的配置

```
R2(config)#ipv6 unicast-routing
R2(config)#ipv6 router rip siso
R1(config-rtr)#poison-reverse
R1(config-rtr)#split-horizon
R2(config-rtr)#exit
R2(config)#interface serial 0/0/0
R2(config-if)#ipv6 rip siso enable
R2(config-if)#exit
R2(config)#interface serial 0/0/1
R2(config-if)#ipv6 rip siso enable
R2(config-if)#exit
```

（3）R3 的配置

```
R3(config)#ipv6 unicast-routing
R3(config)#ipv6 router rip siso
R1(config-rtr)#poison-reverse
R1(config-rtr)#split-horizon
R3(config-rtr)#exit
R3(config)#interface loopback 0
R3(config-if)#ipv6 rip siso enable
R3(config-if)#exit
R3(config)#interface serial 0/0/1
R3(config-if)#ipv6 rip siso enable
R3(config-if)#exit
```

2. 查看路由表

（1）R1 的路由表 RIPng 路由

```
R1#show ipv6 route rip
```

```
IPv6 Routing Table - Default - 8 entries
Codes: C - Connected, L - Local, S - Static, U - Per-user Static route
       B - BGP, M - MIPv6, R - RIP, I1 - ISIS L1
       I2 - ISIS L2, IA - ISIS interarea, IS - ISIS summary, D - EIGRP
       EX - EIGRP external
       O - OSPF Intra, OI - OSPF Inter, OE1 - OSPF ext 1, OE2 - OSPF ext 2
       ON1 - OSPF NSSA ext 1, ON2 - OSPF NSSA ext 2
R    2016:2323::/64 [120/2]
      via FE80::D2C2:82FF:FE54:6660, Serial0/0/0
R    2016:3333::/64 [120/3]
      via FE80::D2C2:82FF:FE54:6660, Serial0/0/0
```

（2）R2 的路由表 RIPng 路由

```
R2#show ipv6 route rip
(------省略部分输出------)

R    2016:1111::/64 [120/2]
      via FE80::D2C2:82FF:FE54:6858, Serial0/0/0
R    2016:3333::/64 [120/2]
      via FE80::D2C2:82FF:FE54:6810, Serial0/0/1
```

（3）R3 的路由表 RIPng 路由

```
R3#show ipv6 route rip
(------省略部分输出------)

R    2016:1111::/64 [120/3]
      via FE80::D2C2:82FF:FE54:6660, Serial0/0/1
R    2016:1212::/64 [120/2]
      via FE80::D2C2:82FF:FE54:6660, Serial0/0/1
```

路由表中由 RIPng 协议学习到的路由条目含义如表 10-4 所示。

表 10-4　路由条目描述

输　出	描　述
R	标识路由来源是 RIPng
2016:2323::/64	表示网络前缀和前缀长度
[120/2]	表示管理距离和度量，与 IPv4 不同的是，在 Cisco 的 RIPng 中，邻居路由器收到路由更新信息后会将度量加 1，实际是路由器将自身作为网络跳数 1 了

续表

输　　出	描　　述
via FE80::D2C2:82FF:FE54:6660	下一跳路由器的链路本地地址，所以链路本地地址建议大家手工配置，这样能够方便识别源或目的路由器
Serial0/0/1	通往目的网络的本地接口

（4）查看路由协议

```
R1#show ipv6 protocols
IPv6 Routing Protocol is "connected"
IPv6 Routing Protocol is "rip siso"
//IPv6 进程为 siso
  Interfaces:
    Serial0/0/0
Loopback0
//在接口 Serial0/0/0 和 Loopback0 接口上启用了 RIPng
  Redistribution:
None
//没有进行重分布
```

（5）查看 RIPng 的进程信息

```
R1#show ipv6 rip
RIP process "siso", port 521, multicast-group FF02::9, pid 301
//进程名字 siso，UDP 更新端口为 521，组播地址 FF02::9，进程 ID 为 301
     Administrative distance is 120. Maximum paths is 16
//管理距离为 120，最大支持等价路径为 16 条
     Updates every 30 seconds, expire after 180
//更新周期为 30 s，过期时间为 180 s
     Holddown lasts 0 seconds, garbage collect after 120
//抑制时间持续为 0 s，丢弃时间为 120 s
     Split horizon is on; poison reverse is on
//水平分割已启用，毒性逆转已启用
     Default routes are not generated
//默认路由没有生成
     Periodic updates 145, trigger updates 8
//周期更新 145 次，触发更新 8 次
  Interfaces:
```

```
    Serial0/0/0
    Loopback0
  Redistribution:
    None
```

（6）查看 RIPng 的路由信息库

```
R1#show ipv6 rip database
RIP process "siso", local RIB
 2016:1212::/64, metric 2
     Serial0/0/0/FE80::D2C2:82FF:FE54:6660, expires in 162 secs
//162 表示距离路由条目过期的时间
 2016:2323::/64, metric 2, installed
     Serial0/0/0/FE80::D2C2:82FF:FE54:6660, expires in 162 secs
 2016:3333::/64, metric 3, installed
     Serial0/0/0/FE80::D2C2:82FF:FE54:6660, expires in 162 secs
```

3. 默认路由传播

```
R3(config)#ipv6 route ::/0 null 0
//生成一条默认路由
R3(config)#interface serial 0/0/1
R3(config-if)#ipv6 rip siso default-information originate
//向 IPv6 区域注入默认路由
```

再次查看 RIPng 路由条目。

```
R1#show ipv6 route rip
R    ::/0 [120/3]
      via FE80::D2C2:82FF:FE54:6660, Serial0/0/0
R    2016:2323::/64 [120/2]
      via FE80::D2C2:82FF:FE54:6660, Serial0/0/0
R    2016:3333::/64 [120/3]
      via FE80::D2C2:82FF:FE54:6660, Serial0/0/0
R2#show ipv6 route rip
R    ::/0 [120/2]
      via FE80::D2C2:82FF:FE54:6810, Serial0/0/1
R    2016:1111::/64 [120/2]
      via FE80::D2C2:82FF:FE54:6858, Serial0/0/0
R    2016:3333::/64 [120/2]
      via FE80::D2C2:82FF:FE54:6810, Serial0/0/1
```

以上输出显示，R1 与 R2 路由器都学习到了传播来的默认路由。

4. 验证配置

```
R1#ping ipv6 2016:3333::3

Type escape sequence to abort.
Sending 5, 100-byte ICMP Echos to 2016:3333::3, timeout is 2 seconds:
!!!!!
Success rate is 100 percent (5/5), round-trip min/avg/max = 0/3/4 ms
```

10.8 实训四：IPv6 EIGRP 配置

【实验目的】

- 掌握 IPv6 EIGRP 的配置方法；
- 掌握 IPv6 EIGRP 各种信息查看命令；
- 掌握传播默认路由方法；
- 验证配置。

【实验拓扑】

实验拓扑如图 10-10 所示。

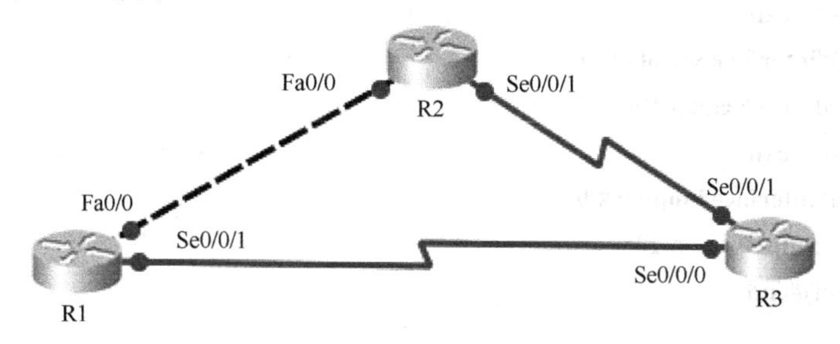

图 10-10 实验拓扑

设备参数如表 10-5 所示。

表 10-5 设备参数表

设　备	接　口	IPv6 地址
R1	Loopback0	2016:1111::1/64
	Fa0/0	2016:1212::1/64
	S0/0/1	2016:1313::1/64

续表

设　备	接　口	IPv6 地址
R2	Fa0/0	2016:1212::2/64
	S0/0/1	2016:2323::2/64
R3	Loopback0	2016:3333::3/64
	S0/0/0	2016:1313::3/64
	S0/0/1	2016:2323::3/64

【实验内容】

1. 配置基本路由

（1）R1 路由器的配置

```
R1(config)#ipv6 unicast-routing                  //开启 IPv6 路由
R1(config)#ipv6 router eigrp 100                 //启动 EIGRP 进程，进程号为 100
R1(config-rtr)#router-id 1.1.1.1                 //设置路由器 ID
R1(config-rtr)#no shutdown
//IPv6 EIGRP 默认情况是关闭的，需要用命令开启
R1(config-rtr)#exit
R1(config)#interface fastEthernet 0/0
R1(config-if)#ipv6 eigrp 100                     //在接口上启用 EIGRP 协议
R1(config-if)#exit
R1(config)#interface serial 0/0/1
R1(config-if)#ipv6 eigrp 100
R1(config-if)#exit
R1(config)#interface loopback 0
R1(config-if)#ipv6 eigrp 100
R1(config-if)#end
```

（2）R2 路由器的配置

```
R2(config)#ipv6 unicast-routing
R2(config)#ipv6 router eigrp 100
R2(config-rtr)#router-id 2.2.2.2
R2(config-rtr)#no shutdown
R2(config-rtr)#exit
R2(config)#interface fastEthernet 0/0
R2(config-if)#ipv6 eigrp 100
```

```
R2(config-if)#exit
R2(config)#interface serial 0/0/1
R2(config-if)#ipv6 eigrp 100
R2(config-if)#end
```

（3）R3 路由器的配置

```
R3(config)#ipv6 unicast-routing
R3(config)#ipv6 router eigrp 100
R3(config-rtr)#router-id 3.3.3.3
R3(config-rtr)#no shutdown
R3(config-rtr)#exit
R3(config)#interface loopback 0
R3(config-if)#ipv6 eigrp 100
R3(config-if)#exit
R3(config)#interface serial 0/0/0
R3(config-if)#ipv6 eigrp 100
R3(config-if)#exit
R3(config)#interface serial 0/0/1
R3(config-if)#ipv6 eigrp 100
R3(config-if)#end
```

2. 查看路由信息

（1）查看 R1 的 EIGRP 路由

```
R1#show ipv6 route eigrp
IPv6 Routing Table - Default - 9 entries
Codes: C - Connected, L - Local, S - Static, U - Per-user Static route
       B - BGP, M - MIPv6, R - RIP, I1 - ISIS L1
       I2 - ISIS L2, IA - ISIS interarea, IS - ISIS summary, D - EIGRP
       EX - EIGRP external
       O - OSPF Intra, OI - OSPF Inter, OE1 - OSPF ext 1, OE2 - OSPF ext 2
       ON1 - OSPF NSSA ext 1, ON2 - OSPF NSSA ext 2
D    2016:2323::/64 [90/2172416]
      via FE80::D2C2:82FF:FE54:6660, FastEthernet0/0
D    2016:3333::/64 [90/2297856]
      via FE80::D2C2:82FF:FE54:6810, Serial0/0/1
```

（2）查看 R2 的 EIGRP 路由

```
R2#show ipv6 route eigrp
IPv6 Routing Table - Default - 8 entries
Codes: C - Connected, L - Local, S - Static, U - Per-user Static route
       B - BGP, M - MIPv6, R - RIP, I1 - ISIS L1
       I2 - ISIS L2, IA - ISIS interarea, IS - ISIS summary, D - EIGRP
       EX - EIGRP external
       O - OSPF Intra, OI - OSPF Inter, OE1 - OSPF ext 1, OE2 - OSPF ext 2
       ON1 - OSPF NSSA ext 1, ON2 - OSPF NSSA ext 2
D    2016:1111::/64 [90/156160]
      via FE80::D2C2:82FF:FE54:6858, FastEthernet0/0
D    2016:1313::/64 [90/2172416]
      via FE80::D2C2:82FF:FE54:6858, FastEthernet0/0
D    2016:3333::/64 [90/2297856]
      via FE80::D2C2:82FF:FE54:6810, Serial0/0/1
```

（3）查看 R3 的 EIGRP 路由

```
R3#show ipv6 route eigrp
IPv6 Routing Table - Default - 9 entries
Codes: C - Connected, L - Local, S - Static, U - Per-user Static route
       B - BGP, M - MIPv6, R - RIP, I1 - ISIS L1
       I2 - ISIS L2, IA - ISIS interarea, IS - ISIS summary, D - EIGRP
       EX - EIGRP external
       O - OSPF Intra, OI - OSPF Inter, OE1 - OSPF ext 1, OE2 - OSPF ext 2
       ON1 - OSPF NSSA ext 1, ON2 - OSPF NSSA ext 2
D    2016:1111::/64 [90/2297856]
      via FE80::D2C2:82FF:FE54:6858, Serial0/0/0
D    2016:1212::/64 [90/2172416]
      via FE80::D2C2:82FF:FE54:6660, Serial0/0/1
      via FE80::D2C2:82FF:FE54:6858, Serial0/0/0
```

从路由器的路由表中看出，IPv6 EIGRP 路由的管理距离是 90，而下一跳地址是以路由器的链路本地地址标识的。

（4）查看 R2 的路由协议

```
R2#show ipv6 protocols
IPv6 Routing Protocol is "connected"
```

```
IPv6 Routing Protocol is "static"
IPv6 Routing Protocol is "eigrp 100"
  EIGRP metric weight K1=1, K2=0, K3=1, K4=0, K5=0
  EIGRP maximum hopcount 100
  EIGRP maximum metric variance 1
  Interfaces:
    FastEthernet0/0
    Serial0/0/1
  Redistribution:
    None
  Maximum path: 16
  Distance: internal 90 external 170
```

IPv6 EIGRP 的基本参数与 IPv4 的参数一致，计算度量时默认只计算带宽与延迟。

（5）查看 R2 的邻居列表

```
R2#show ipv6 eigrp neighbors
IPv6-EIGRP neighbors for process 100
H    Address                 Interface    Hold Uptime    SRTT    RTO    Q    Seq
                                          (sec)          (ms)          (Cnt Num)
1    Link-local address:     Se0/0/1      14 00:05:05    1       200    0    14
     FE80::D2C2:82FF:FE54:6810
0    Link-local address:     Fa0/0        12 01:48:23    332     1992   0    14
     FE80::D2C2:82FF:FE54:6858
```

从邻居关系表中可以看出，与 IPv4 不同的是，它用了 IPv6 链路本地地址来标识 EIGRP 的对等体邻居。

（6）查看 R2 的拓扑表

```
R2#show ipv6 eigrp topology
IPv6-EIGRP Topology Table for AS(100)/ID(2.2.2.2)

Codes: P - Passive, A - Active, U - Update, Q - Query, R - Reply,
       r - reply Status, s - sia Status

P 2016:1212::/64, 1 successors, FD is 28160
        via Connected, FastEthernet0/0
P 2016:1313::/64, 1 successors, FD is 2172416
        via FE80::D2C2:82FF:FE54:6858 (2172416/2169856), FastEthernet0/0
```

```
        via FE80::D2C2:82FF:FE54:6810 (2681856/2169856), Serial0/0/1
P 2016:1111::/64, 1 successors, FD is 156160
        via FE80::D2C2:82FF:FE54:6858 (156160/128256), FastEthernet0/0
P 2016:3333::/64, 1 successors, FD is 2297856
        via FE80::D2C2:82FF:FE54:6810 (2297856/128256), Serial0/0/1
P 2016:2323::/64, 1 successors, FD is 2169856
        via Connected, Serial0/0/1
```

在 R2 路由器上查看的拓扑表中，所有的路由都是被动状态，而且 2016:1313::/64 路由条目包含了后继路由和可行后继路由。IPv6 EIGRP 同样也支持非等价负载均衡，用命令“**variance**”实现。修改 R2 的配置如下。

```
R2(config)#ipv6 router eigrp 100
R2(config-rtr)#variance 2
//启动非等价负载均衡，路径条数必须大于[2681856/2172416+1]
R2#show ipv6 route eigrp
IPv6 Routing Table - Default - 8 entries
Codes: C - Connected, L - Local, S - Static, U - Per-user Static route
       B - BGP, M - MIPv6, R - RIP, I1 - ISIS L1
       I2 - ISIS L2, IA - ISIS interarea, IS - ISIS summary, D - EIGRP
       EX - EIGRP external
       O - OSPF Intra, OI - OSPF Inter, OE1 - OSPF ext 1, OE2 - OSPF ext 2
       ON1 - OSPF NSSA ext 1, ON2 - OSPF NSSA ext 2
D   2016:1111::/64 [90/156160]
     via FE80::D2C2:82FF:FE54:6858, FastEthernet0/0
D   2016:1313::/64 [90/2172416]
     via FE80::D2C2:82FF:FE54:6858, FastEthernet0/0
     via FE80::D2C2:82FF:FE54:6810, Serial0/0/1
D   2016:3333::/64 [90/2297856]
     via FE80::D2C2:82FF:FE54:6810, Serial0/0/1
```

再次查看 R2 的路由表可知，到目的网络 2016:1313::/64 已经执行了非等价负载均衡，只是度量没有分别显示。

（7）查看 R2 的 EIGRP 流量统计

```
R2#show ipv6 eigrp traffic
IPv6-EIGRP Traffic Statistics for AS 100
  Hellos sent/received: 3872/3858
  Updates sent/received: 21/17
  Queries sent/received: 2/2
```

```
Replies sent/received: 2/2
Acks sent/received: 15/19
SIA-Queries sent/received: 0/0
SIA-Replies sent/received: 0/0
Hello Process ID: 302
PDM Process ID: 301
IPv6 Socket queue: 0/50/2/0 (current/max/highest/drops)
Eigrp input queue: 0/2000/2/0 (current/max/highest/drops)
```

（8）查看 R2 的 IPv6 EIGRP 接口

```
R2#show ipv6 eigrp interfaces
IPv6-EIGRP interfaces for process 100

                    Xmit Queue   Mean   Pacing Time   Multicast    Pending
Interface    Peers  Un/Reliable  SRTT   Un/Reliable   Flow Timer   Routes
Fa0/0          1        0/0       332       0/1          1664          0
Se0/0/1        1        0/0         1       0/15           50          0
```

- Interface：运行 IPv6 EIGRP 的接口；
- Peers：接口的邻居个数；
- Xmit Queue Un/Reliable：在不可靠与可靠队列中数据包送出接口的时间间隔；
- Mean SRTT：平均往返时间；
- Pacing Time Un/Reliable：用来确定不可靠与可靠队列中数据包送出接口的时间间隔；
- Multicast Flow Timer：组播数据包发送等待时间；
- Pending Routes：在传送队列中等待被发送的数据包携带的路由条目数。

3. 默认路由传播

R3 路由器作为边缘路由器，配置默认路由，通过 IPv6 EIGRP 传播到网络中。

```
R3(config)#ipv6 route ::0/64 null 0
//配置一条默认静态路由
R3(config-rtr)#redistribute static
//通过路由重分布把默认路由传播给 R1 与 R2 路由器
R3(config-rtr)#end
R1#show ipv6 route eigrp
(------省略部分输出------)
EX   ::/64 [170/2169856]
      via FE80::D2C2:82FF:FE54:6810, Serial0/0/1
D    2016:2323::/64 [90/2172416]
```

```
        via FE80::D2C2:82FF:FE54:6660, FastEthernet0/0
D     2016:3333::/64 [90/2297856]
        via FE80::D2C2:82FF:FE54:6810, Serial0/0/1
R2#show ipv6 route eigrp
(------省略部分输出------)
EX    ::/64 [170/2169856]
        via FE80::D2C2:82FF:FE54:6810, Serial0/0/1
D     2016:1111::/64 [90/156160]
        via FE80::D2C2:82FF:FE54:6858, FastEthernet0/0
D     2016:1313::/64 [90/2172416]
        via FE80::D2C2:82FF:FE54:6858, FastEthernet0/0
        via FE80::D2C2:82FF:FE54:6810, Serial0/0/1
D     2016:3333::/64 [90/2297856]
        via FE80::D2C2:82FF:FE54:6810, Serial0/0/1
```

以上输出显示 R1 与 R2 路由器分别学习到了一条默认路由，管理距离是 170，说明是通过路由重分布学习到的外部路由。

10.9 实训五：OSPFv3 配置

10.9.1 OSPFv3 单区域配置

【实验目的】

- 掌握单区域 OSPFv3 的配置方法；
- 掌握 OSPFv3 的各种信息查看命令；
- 掌握传播默认路由方法；
- 验证配置。

【实验拓扑】

实验拓扑如图 10-11 所示。

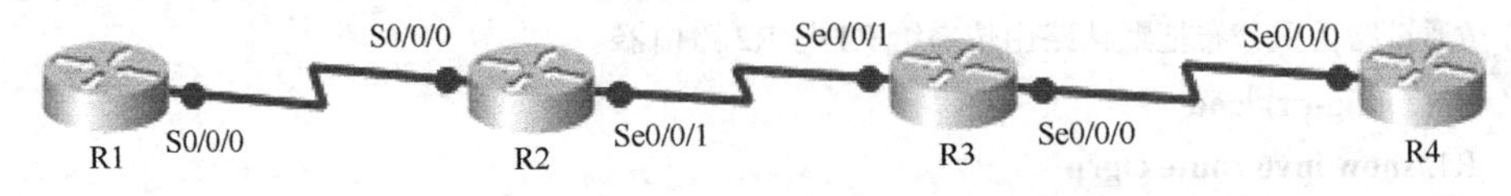

图 10-11 实验拓扑

设备参数如表 10-6 所示。

表 10-6　设备参数表

设　备	接　口	IPv6 地址
R1	S0/0/0	2016:1212::1/64
R2	S0/0/0	2016:1212::2/64
	S0/0/1	2016:2323::2/64
R3	S0/0/0	2016:3434::3/64
	S0/0/1	2016:2323::3/64
R4	S0/0/0	2016:3434::4/64

【实验内容】

1. 配置基本路由

（1）R1 路由器的配置

```
R1(config)#ipv6 unicast-routing                //开启 IPv6 路由
R1(config)#ipv6 router ospf 1                  //开启 OSPFv3 路由，进程号是 1
R1(config-rtr)#router-id 1.1.1.1
//配置 OSPFv3 路由器 ID，由于路由器没有配置 IPv4 地址，路由器无法自动选择路由器 ID，所以必须采用手工方式配置路由器 ID
R1(config-rtr)#exit
R1(config)#interface serial 0/0/0
R1(config-if)#ipv6 ospf 1 area 0               //在接口上启用 OSPFv3 进程
R1(config-if)#exit
```

（2）R2 路由器的配置

```
R2(config)#ipv6 unicast-routing
R2(config)#ipv6 router ospf 1
R2(config-rtr)#router-id 2.2.2.2
R2(config-rtr)#exit
R2(config)#interface serial 0/0/0
R2(config-if)#ipv6 ospf 1 area 0
R2(config-if)#exit
R2(config)#interface serial 0/0/1
R2(config-if)#ipv6 ospf 1 area 0
R2(config-if)#exit
```

（3）R3 路由器的配置

```
R3(config)#ipv6 unicast-routing
R3(config)#ipv6 router ospf 1
R3(config-rtr)#router-id 3.3.3.3
R3(config-rtr)#exit
R3(config)#interface serial 0/0/0
R3(config-if)#ipv6 ospf 1 area 0
R3(config-if)#exit
R3(config)#interface serial 0/0/1
R3(config-if)#ipv6 ospf 1 area 0
R3(config-if)#exit
```

（4）R4 路由器的配置

```
R4(config)#ipv6 unicast-routing
R4(config)#ipv6 router ospf 1
R4(config-rtr)#router-id 4.4.4.4
R4(config-rtr)#exit
R4(config)#interface serial 0/0/0
R4(config-if)#ipv6 ospf 1 area 0
R4(config-if)#exit
```

2. 查看路由信息

（1）查看 R1 的 OSPFv3 路由

```
R1#show ipv6 route ospf
IPv6 Routing Table - Default - 5 entries
Codes: C - Connected, L - Local, S - Static, U - Per-user Static route
       B - BGP, M - MIPv6, R - RIP, I1 - ISIS L1
       I2 - ISIS L2, IA - ISIS interarea, IS - ISIS summary, D - EIGRP
       EX - EIGRP external
       O - OSPF Intra, OI - OSPF Inter, OE1 - OSPF ext 1, OE2 - OSPF ext 2
       ON1 - OSPF NSSA ext 1, ON2 - OSPF NSSA ext 2
O   2016:2323::/64 [110/128]
     via FE80::D2C2:82FF:FE54:6660, Serial0/0/0
O   2016:3434::/64 [110/192]
     via FE80::D2C2:82FF:FE54:6660, Serial0/0/0
```

（2）查看 R2 的 OSPFv3 路由

```
R2#show ipv6 route ospf
IPv6 Routing Table - Default - 6 entries
Codes: C - Connected, L - Local, S - Static, U - Per-user Static route
       B - BGP, M - MIPv6, R - RIP, I1 - ISIS L1
       I2 - ISIS L2, IA - ISIS interarea, IS - ISIS summary, D - EIGRP
       EX - EIGRP external
       O - OSPF Intra, OI - OSPF Inter, OE1 - OSPF ext 1, OE2 - OSPF ext 2
       ON1 - OSPF NSSA ext 1, ON2 - OSPF NSSA ext 2
O    2016:3434::/64 [110/128]
      via FE80::D2C2:82FF:FE54:6810, Serial0/0/1
```

（3）查看 R3 的 OSPFv3 路由

```
R3#show ipv6 route ospf
IPv6 Routing Table - Default - 6 entries
Codes: C - Connected, L - Local, S - Static, U - Per-user Static route
       B - BGP, M - MIPv6, R - RIP, I1 - ISIS L1
       I2 - ISIS L2, IA - ISIS interarea, IS - ISIS summary, D - EIGRP
       EX - EIGRP external
       O - OSPF Intra, OI - OSPF Inter, OE1 - OSPF ext 1, OE2 - OSPF ext 2
       ON1 - OSPF NSSA ext 1, ON2 - OSPF NSSA ext 2
O    2016:1212::/64 [110/128]
      via FE80::D2C2:82FF:FE54:6660, Serial0/0/1
```

（4）查看 R4 的 OSPFv3 路由

```
R4#show ipv6 route ospf
IPv6 Routing Table - Default - 5 entries
Codes: C - Connected, L - Local, S - Static, U - Per-user Static route
       B - BGP, M - MIPv6, R - RIP, I1 - ISIS L1
       I2 - ISIS L2, IA - ISIS interarea, IS - ISIS summary, D - EIGRP
       EX - EIGRP external
       O - OSPF Intra, OI - OSPF Inter, OE1 - OSPF ext 1, OE2 - OSPF ext 2
       ON1 - OSPF NSSA ext 1, ON2 - OSPF NSSA ext 2
O    2016:1212::/64 [110/192]
      via FE80::D2C2:82FF:FE54:6810, Serial0/0/0
O    2016:2323::/64 [110/128]
      via FE80::D2C2:82FF:FE54:6810, Serial0/0/0
```

以上路由表输出显示，每个路由器都通过 OSPFv3 协议学习到了路由，路由条目以大写字母“**O**”标识，管理距离为 **110**。

（5）查看 R2 的 OSPFv3 路由协议

```
R2#show ipv6 protocols
IPv6 Routing Protocol is "connected"
IPv6 Routing Protocol is "ospf 1"
  Interfaces (Area 0):
    Serial0/0/1
    Serial0/0/0
  Redistribution:
    None
```

（6）查看 R2 的 OSPFv3 邻居

```
R2#show ipv6 ospf neighbor

Neighbor ID     Pri   State          Dead Time   Interface ID    Interface
3.3.3.3           1   FULL/  -       00:00:32    7               Serial0/0/1
1.1.1.1           1   FULL/  -       00:00:39    6               Serial0/0/0
```

以上输出显示，R2 路由器有两个邻居 1.1.1.1 与 3.3.3.3。

3. 默认路由传播

在 R4 路由器上传播默认路由到整个 OSPF 区域。

```
R4(config)#ipv6 router ospf 1
R4(config-rtr)#default-information originate always
//传播默认路由，由于 R4 路由器没有配置默认路由，所以最后加上 always 始终通告由默认路由来实现传播
```

再次查看 R1、R2、R3 的路由表。

```
R1#show ipv6 route ospf
IPv6 Routing Table - Default - 6 entries
Codes: C - Connected, L - Local, S - Static, U - Per-user Static route
       B - BGP, M - MIPv6, R - RIP, I1 - ISIS L1
       I2 - ISIS L2, IA - ISIS interarea, IS - ISIS summary, D - EIGRP
       EX - EIGRP external
       O - OSPF Intra, OI - OSPF Inter, OE1 - OSPF ext 1, OE2 - OSPF ext 2
       ON1 - OSPF NSSA ext 1, ON2 - OSPF NSSA ext 2
OE2 ::/0 [110/1], tag 1
```

```
        via FE80::D2C2:82FF:FE54:6660, Serial0/0/0
O    2016:2323::/64 [110/128]
        via FE80::D2C2:82FF:FE54:6660, Serial0/0/0
O    2016:3434::/64 [110/192]
        via FE80::D2C2:82FF:FE54:6660, Serial0/0/0
R2#show ipv6 route ospf
IPv6 Routing Table - Default - 7 entries
Codes: C - Connected, L - Local, S - Static, U - Per-user Static route
       B - BGP, M - MIPv6, R - RIP, I1 - ISIS L1
       I2 - ISIS L2, IA - ISIS interarea, IS - ISIS summary, D - EIGRP
       EX - EIGRP external
       O - OSPF Intra, OI - OSPF Inter, OE1 - OSPF ext 1, OE2 - OSPF ext 2
       ON1 - OSPF NSSA ext 1, ON2 - OSPF NSSA ext 2
OE2 ::/0 [110/1], tag 1
        via FE80::D2C2:82FF:FE54:6810, Serial0/0/1
O    2016:3434::/64 [110/128]
        via FE80::D2C2:82FF:FE54:6810, Serial0/0/1
R3#show ipv6 route ospf
IPv6 Routing Table - Default - 7 entries
Codes: C - Connected, L - Local, S - Static, U - Per-user Static route
       B - BGP, M - MIPv6, R - RIP, I1 - ISIS L1
       I2 - ISIS L2, IA - ISIS interarea, IS - ISIS summary, D - EIGRP
       EX - EIGRP external
       O - OSPF Intra, OI - OSPF Inter, OE1 - OSPF ext 1, OE2 - OSPF ext 2
       ON1 - OSPF NSSA ext 1, ON2 - OSPF NSSA ext 2
OE2 ::/0 [110/1], tag 1
        via FE80::D2C2:82FF:FE54:4068, Serial0/0/0
O    2016:1212::/64 [110/128]
        via FE80::D2C2:82FF:FE54:6660, Serial0/0/1
```

以上输出显示，R1、R2、R3 路由器都学习到了默认路由，字母“**OE2**”表示 OSPF 学习到了外部路由。

10.9.2　OSPFv3 多区域配置

【实验目的】

- 掌握 OSPFv3 多区域的配置方法；

- 验证配置。

【实验拓扑】

实验拓扑如图 10-12 所示。

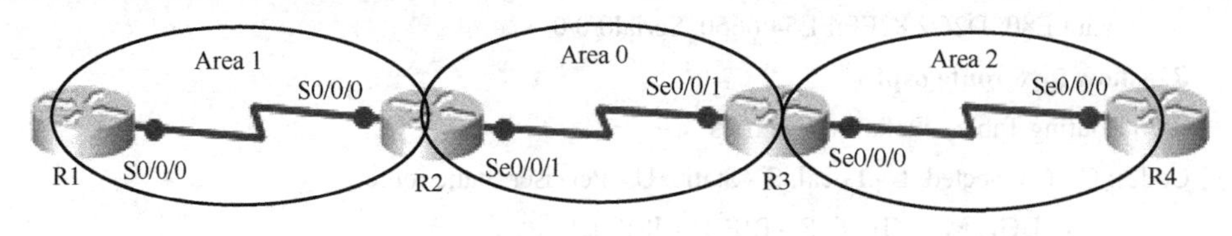

图 10-12　实验拓扑

设备参数如表 10-7 所示。

表 10-7　设备参数表

设　备	接　口	IPv6 地址
R1	S0/0/0	2016:1212::1/64
R2	S0/0/0	2016:1212::2/64
	S0/0/1	2016:2323::2/64
R3	S0/0/0	2016:3434::3/64
	S0/0/1	2016:2323::3/64
R4	S0/0/0	2016:3434::4/64

【实验内容】

1. 配置基本路由

（1）R1 路由器的配置

```
R1(config)#ipv6 unicast-routing                //开启 IPv6 路由
R1(config)#ipv6 router ospf 1                  //开启 OSPFv3 路由，进程号是 1
R1(config-rtr)#router-id 1.1.1.1
//配置 OSPFv3 路由器 ID，由于路由器没有配置 IPv4 地址，路由器无法自动选择路由器 ID，所以必须采用手工方式配置路由器 ID
R1(config-rtr)#exit
R1(config)#interface serial 0/0/0
R1(config-if)#ipv6 ospf 1 area 1               //接口上启用 OSPFv3 进程
R1(config-if)#exit
```

（2）R2 路由器的配置

```
R2(config)#ipv6 unicast-routing
```

```
R2(config)#ipv6 router ospf 1
R2(config-rtr)#router-id 2.2.2.2
R2(config-rtr)#exit
R2(config)#interface serial 0/0/0
R2(config-if)#ipv6 ospf 1 area 1
R2(config-if)#exit
R2(config)#interface serial 0/0/1
R2(config-if)#ipv6 ospf 1 area 0
R2(config-if)#exit
```

（3）R3 路由器的配置

```
R3(config)#ipv6 unicast-routing
R3(config)#ipv6 router ospf 1
R3(config-rtr)#router-id 3.3.3.3
R3(config-rtr)#exit
R3(config)#interface serial 0/0/0
R3(config-if)#ipv6 ospf 1 area 1
R3(config-if)#exit
R3(config)#interface serial 0/0/1
R3(config-if)#ipv6 ospf 1 area 0
R3(config-if)#exit
```

（4）R4 路由器的配置

```
R4(config)#ipv6 unicast-routing
R4(config)#ipv6 router ospf 1
R4(config-rtr)#router-id 4.4.4.4
R4(config-rtr)#exit
R4(config)#interface serial 0/0/0
R4(config-if)#ipv6 ospf 1 area 1
R4(config-if)#exit
```

2. 查看路由信息

（1）查看 R1 的 OSPFv3 路由

```
R1#show ipv6 route ospf
IPv6 Routing Table - Default - 5 entries
Codes: C - Connected, L - Local, S - Static, U - Per-user Static route
```

```
         B - BGP, M - MIPv6, R - RIP, I1 - ISIS L1
         I2 - ISIS L2, IA - ISIS interarea, IS - ISIS summary, D - EIGRP
         EX - EIGRP external
         O - OSPF Intra, OI - OSPF Inter, OE1 - OSPF ext 1, OE2 - OSPF ext 2
         ON1 - OSPF NSSA ext 1, ON2 - OSPF NSSA ext 2
OI   2016:2323::/64 [110/128]
      via FE80::D2C2:82FF:FE54:6660, Serial0/0/0
OI   2016:3434::/64 [110/192]
      via FE80::D2C2:82FF:FE54:6660, Serial0/0/0
```

（2）查看 R2 的 OSPFv3 路由

```
R2#show ipv6 route ospf
IPv6 Routing Table - Default - 6 entries
Codes: C - Connected, L - Local, S - Static, U - Per-user Static route
         B - BGP, M - MIPv6, R - RIP, I1 - ISIS L1
         I2 - ISIS L2, IA - ISIS interarea, IS - ISIS summary, D - EIGRP
         EX - EIGRP external
         O - OSPF Intra, OI - OSPF Inter, OE1 - OSPF ext 1, OE2 - OSPF ext 2
         ON1 - OSPF NSSA ext 1, ON2 - OSPF NSSA ext 2
OI   2016:3434::/64 [110/128]
      via FE80::D2C2:82FF:FE54:6810, Serial0/0/1
```

（3）查看 R3 的 OSPFv3 路由

```
R3#show ipv6 route ospf
IPv6 Routing Table - Default - 6 entries
Codes: C - Connected, L - Local, S - Static, U - Per-user Static route
         B - BGP, M - MIPv6, R - RIP, I1 - ISIS L1
         I2 - ISIS L2, IA - ISIS interarea, IS - ISIS summary, D - EIGRP
         EX - EIGRP external
         O - OSPF Intra, OI - OSPF Inter, OE1 - OSPF ext 1, OE2 - OSPF ext 2
         ON1 - OSPF NSSA ext 1, ON2 - OSPF NSSA ext 2
OI   2016:1212::/64 [110/128]
      via FE80::D2C2:82FF:FE54:6660, Serial0/0/1
```

（4）查看 R4 的 OSPFv3 路由

```
R4#show ipv6 route ospf
IPv6 Routing Table - Default - 5 entries
```

```
Codes: C - Connected, L - Local, S - Static, U - Per-user Static route
       B - BGP, M - MIPv6, R - RIP, I1 - ISIS L1
       I2 - ISIS L2, IA - ISIS interarea, IS - ISIS summary, D - EIGRP
       EX - EIGRP external
       O - OSPF Intra, OI - OSPF Inter, OE1 - OSPF ext 1, OE2 - OSPF ext 2
       ON1 - OSPF NSSA ext 1, ON2 - OSPF NSSA ext 2
OI   2016:1212::/64 [110/192]
      via FE80::D2C2:82FF:FE54:6810, Serial0/0/0
OI   2016:2323::/64 [110/128]
      via FE80::D2C2:82FF:FE54:6810, Serial0/0/0
```

以上输出显示，由于启用了 OSPF 多区域配置，所以路由器学习到了区域间路由，以字母“**OI**”标识。